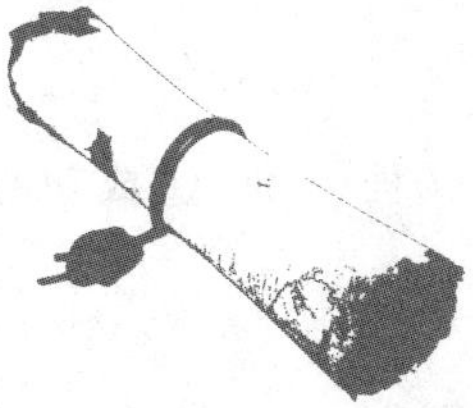

羊皮卷

THE SCROLL MARKED

[美] 奥格·曼狄诺\主编　程华\译

商务印书馆国际有限公司

图书在版编目（CIP）数据

羊皮卷 / （美）奥格·曼狄诺主编；程华译. -- 北京：商务印书馆国际有限公司，2018.6（2024.6重印）

ISBN 978-7-5176-0322-1

Ⅰ. ①羊… Ⅱ. ①奥… ②程… Ⅲ. ①成功心理－通俗读物 Ⅳ. ① B848.4–49

中国版本图书馆CIP数据核字（2018）第041340号

羊皮卷

主　　编　［美］奥格·曼狄诺
译　　者　程　华
出版发行　商务印书馆国际有限公司
地　　址　北京市朝阳区吉庆里 14 号楼
　　　　　佳汇国际中心 A 座 12 层
邮　　编　100020
电　　话　010-65592876（编校部）
　　　　　010-65598498（市场营销部）
网　　址　www.cpi1993.com
经　　销　全国新华书店
印　　刷　三河市紫恒印装有限公司
开　　本　880mm × 1230mm　1/32
字　　数　323 千字
印　　张　12
版　　次　2018 年 6 月第 1 版　2024 年 6 月第 7 次印刷
书　　号　ISBN 978-7-5176-0322-1
定　　价　45.00 元

译者序

奥格·曼狄诺的名字在整个美国闻名遐迩。他是一位赫赫有名的企业家，杂志《成功，永无止境》的创办以及发行让他成为商界领袖；他是一位知识渊博的作家，《世界上最伟大的推销员》中他所有优美的辞藻以及振奋人心的智慧获得世人的赞誉；他还是一名很有说服力的演说家，出口成章，侃侃而谈，人人称赞，人人信服。之所以众所周知，是因为他那五彩斑斓的人生经历，在他成功之前，他是人人唾弃的流氓、一贫如洗的流浪者。

是何缘故让奥格·曼狄诺有如此戏剧化的转变呢？又是何故让身无分文的流浪者摇身变成一名成功的企业家呢？是伟大的智慧。而曼狄诺的智慧并不是完全来自天赋，更多的是他在艰难的环境下生活，所具有的那份热情以及不怕困难的勇气，这就促使他把人生的悲惨遭遇转化为智慧。当年已经结束了艰难生活的曼狄诺对自己说道：“今日，我从伤痕累累的空壳中爬出来，我要去爱整个世界，去迎接新的生活。”在他成功之前，曾经对自己的未来有过很美好的幻想，有着很宏大的人生目标，但一直都没有找到一条实现这些梦想的正确道路。

最后，曼狄诺选择用知识去填充自己的大脑，在学海中寻觅自己的人生道路，在先辈的谆谆教导中体会人生的真谛，更在一部部振奋人心的书籍中获取成功的智慧以及勇敢拼搏的精神，去坚持不懈地实现人生价值。他阅读了很多成功励志的书籍，其中包括一本堪称西方信仰之源的《圣经》，其他的有《钻石宝地》《自我挑战》《最伟大的力量》《富兰克林自传》《我的人生思考》《思考与致富》《从失败到成功的销售经验》《获得成功的积极因素》《神奇的情感力量》《爱的能力》以及《信仰的力量》等。

奥格·曼狄诺从这些经典书籍中寻找到成功的机遇，并在自己的著作《世界上最伟大的推销员》中，将这些书籍淋漓尽致地描绘成智者书籍——羊皮卷。现在我们再次整理以及进行更高层次地编译这些经典佳作，集结《积极心态的力量》《伟大的励志书》《激发无限潜能》《我的人生思考》以及《最伟大的力量》等经典佳作的精华，对这些书籍尽心详细的介绍，让读者们用一种放松自由的方式，在更短的时间内来获取其中的智慧，让读者更快更准地掌握书籍中的精华，从中获取成功的奥秘。

目录
CONTENTS

积极心态的力量

卷一

[美] 拿破仑·希尔

拿破仑·希尔，世界上最早的成功学导师和励志书籍的撰稿人，他的成功之作曾影响着美国两任总统以及成千上万的读者朋友们。

《积极心态的力量》是拿破仑·希尔通过访问世界各地的艺术家、企业家等各行各业的成功人士后，总结出的一部成功法则。自成功问世以来，它就受到很多人的青睐，把很多在痛苦、挫折中挣扎的人们解救出来，指引他们走向幸福快乐的生活，一步步迈向成功的彼岸。

《积极心态的力量》讲述了人与人之间只存在着极小的差异，但是正是这种小的差异往往会酝酿成巨大的差距。而这里很小的差异指的是心态是积极正确的还是消极扭曲的，而巨大的差距就是指成功与失败了。积极的心态是命运的掌舵人，同样也是成功的点金石。

让积极心态成为你的奴隶

在大千世界中，每个人身上都隐藏着一件法宝，正面是“积极的心态”字样，而另一面却是“消极的心态”字样。并不能说一个拥有积极正确心态的人身上，就不会有消极心态的存在，他只是不让自己在消极中沉迷罢了。一个拥有积极心态的人往往会深谋远虑，即使自己陷入消极的处境中，也会以积极乐观的心态帮助自己脱离苦海，迈向成功的彼岸。

积极健康的心态会让一个懦夫变成一个顶天立地的英雄，能让意志薄弱的人变得更加坚强。

在人类的本性中，始终无法消灭的一种心理倾向是：你心中想象中的自我，往往就是现实中的自我。在看待所有事物时，应该进行全面的考虑，生活中既有好的因素，同样也会有坏的因素。但过分强调好的因素，就会产生积极的期盼与结局。

在大千世界中，最重要的人只有你自己，在你的身上同样也隐藏着一件法宝，也同样刻有两面的字样，一面是“积极的心态”，另一面是“消极的心态”。而这件法宝也会产生两股强大的能量：它既能让你拥有无尽的财富、健康以及幸福；同样也会让这些东西永远离你而去，把你生活中一切有价值的东西统统剥夺。积极的心态，可以让你达到人生的成功之巅，并且永远伫立于此，让你享尽人世间的快乐与幸福；而消极的心态，会把你打入一个社会的底层，困苦以及不幸永远环绕在你的身边。当然，还存在另外一种情形，在你达到成功之巅时，消极的心态会让你从顶端滑下，陷入无底的深渊中。对一个生活以及工作同样都成功的人而言，心态是极其重要的。假如你主宰着积极的心态，那么你就会掌控自己的思维，并指引它们服务于你健康快乐的生活中，你就可以尽情地享受以下的好结果：为你带来成功的境遇和意念，身心的健康，独立的经济来源，爱心以及可以表现自我的职业，宁静的内心，坚强的自信心，永恒的情谊，长寿以及平静的生活，保持自由的内心，了解别人以及自己的智慧。

假如你怀揣一种消极的心态，而且让它渗透你的思想，对你的生活以及工作就会产生很大的影响。你就会尝到这样的结果：贫困潦倒的生活；身心的疾病；让自己变得更平庸；养成一种恐惧的心理；受到自我限制；树立敌人，朋友远离；有各种的烦恼；成为消极的牺牲品；深受别人意志的牵制；过着一种颓废绝望的生活。

既然这样，你到底选择哪一种心态呢？假如你未选择积极心态，没有很好地把握它，消极心态就会送上门来，二者没有中立的部分，你只能二选一。

或许会有人反对你的观点，说道："这真的是事实吗？一生中，我遭遇过很多的挫折，也阅读过相关积极心态的书籍，但还是不能解决根本问题。"或许会有人说："这一套的确没有任何作用。当我处于事业低谷时，我也曾试用过这套方法，但是我的生意还是没有任何的好转。积极正确的思维并不能改变现实，要不然我怎么会失败呢？假如你不承认，那么你就如同鸵鸟，只是把头埋在地下，而不敢来面对社会的现实。"

假如你的想法也是如此，你也会对积极正确的心态持以否定态度，那只能说明一点，你并没有完全领悟积极心态的本质。而一个拥有积极健康心态的人并没有否认消极心态的存在，但是他已经学会不让自己陷入其中。积极正确的心态要你时时刻刻保持积极的思想，而积极健康的思想只是一种普通的思维模式，即使在我们面临挫折时，仍能找到最有效的解决方法。换言之，就是即使在绝望的情形下，也会抱有一丝希望。很多的实例表明，只要你保持积极的心态，你获得成功的概率就会很大。积极思维是一种苦思冥想的历程，也是一种非客观的抉择。何谓积极正确的心态呢？让我们通过例子来加以诠释。

不久之前，我的好朋友比尔被解雇了。突如其来的解雇，让他不知所措，而最可恶的是老板并没有做出任何的解答。唯一的原因就是公司政策的变动，现在已经没有适合他的职位了。更可气的是，在几个月前，有一家公司高薪挖他，当他把这件事情告诉自己的老板时，当时的老板极力挽留，还说道："比尔，我们这里更需要你，我们将会给你最光明的前程。"

现如今的结局对于比尔而言，是那么的痛苦。一种被轻视、被拒绝以及没有安全感的心绪围绕着他，他不知所措，自尊心也受到极大的伤害，一个原本充满斗志的比尔变得消极、怨天尤人。在这种心境的驱动下，比尔是不可能重新振作的。

某一天，在无意中他看到了《积极思考的力量》这本书籍。当阅读过一遍之后，他开始审视自己。他此刻的状态是否也会存在一些积极的缘由呢？他没有意识到，但他却意识到很多消极的思想，正是这些消极的因素让他慢慢沉沦。他也认识到，想要改变自己的现状，首先要做的就是祛除这些消极的心绪。

的确，这就是他现在要做的事情。他可以转变自己的思维模式，用积极的心态来取代消极的心绪，让自己的心灵得到净化。他开始有秩序地祈祷："我坚信一切都是上天的安排，我被解雇，亦如此。我不再为自己的遭遇而怨天尤人，我只想很虔诚地问一下上天，导致这事的原因是什么？"当他开始相信造成这一切都有确切的原因之后，他不再埋怨老板，觉得老板也很无可奈何，倘若自己身为老板，也会如此。当他思考之后，整个人的心境发生了翻天覆地的变化，他又找到了适合自己的工作。

为何积极正确的心态会产生如此大的能量呢？事实上，积极的心态并不是一种神奇的魔法，可以给失业者变出一个适合的工作来，但这一切都是有规律的，最重要的还是要靠自己的努力。当比尔内心充满愤恨与埋怨时，他永远不可能有心情去找工作。倘若遇到朋友，他仍保持这种态度，那么他的朋友也不会向别人推荐他。因此，后来转化心态的比尔找到工作一点都不奇怪，他只不过在恰当的时机调整了自己的心态，把自己以前的心态以及思维模式完全颠覆，很真诚地分析问题。

所以积极正确的心态，就是指在看待问题上，应考虑在现实生活中既有好的方面，也有坏的方面，但只要你强调好的因素，就会产生好的结果，达到你期望的目标。当你的思维朝向积极的一面，那么好运就会从天而降。积极正确的心态是一种对现实中的一切所把持的正确、真诚以及有建设性，同时顺应人情的思维、行动以及反响。积极正确的心态可以扩宽你的理想，去克服那些消极的思想。它给予你实现愿望的勇气和信心。当你面临挫折时，积极的心态会给予你“我能行，我可以”的心态。积极正确的心态是成功之路上不可缺失的关键点，它也是成功理论中一条最重要的法则，这项法则可以适用于你的生活、工作以及学习中。

只有自己能够掌控自己的内心

在大千世界中，最重要的人永远是自己，你自己的胜利、康健、快乐、金钱以及你将如何运用积极的心态。

不要因为失败而去抱怨别人，憎恨别人。把你所有的精力投入到你的目标上，让你的心灵远离那些没有任何价值的杂念。

对那些拥有积极正确心态的人而言，每一次的逆境都含有等价或者超价的种子。有时，那些看似消极的东西，却能带来无限的动力源。

决不能忽视消极心态的力量，它能够阻碍人生道路上的机会，让你的人生黯淡无光。你能从绝望中领悟真理，假如绝望被积极正确的心态转化为一种励志型的绝望，把自己的心态重新调整，并把今天的失败看成是明天成功的先兆。

不要让消极心态主宰你的人生。成功是那些有抱负、勇敢之人所能拥有的，并由那些拥有积极心态、勤奋之人不断保持的。在清晨，你是否会时常想起：人活着是多么美好的事情！这是一个多么快乐的早上！我从不曾这样开心过！我预计今天会是最美好的。

寻找儿时吹口哨的心境，让它成为你现在的生活心态。找回那种最纯真的兴趣。事实上，真正意义上的乐趣并不是停留在表面上的，或者遍地都是的，而是一种内心深处的意念，而是因自己的境遇以及所做的事情而感到幸福而已。假如你在生活中留意这类人，就会察觉到他们总是在歌唱或者是吹口哨。

一个晴朗的周末下午，我与太太露丝带着女儿丽莎去散步。我们开心地在一起，玩得也很愉快。我们在公园中走着，步子很快，抬头挺胸，斗志昂扬。我们还齐声说道："挺胸抬头地走路，真是一件有趣的事情。"

我们一起走了一里的路程，感觉神清气爽，活力四射。当我们来到第五大道，经过莱特大厦以及古根汉姆博物馆时，丽莎用一副欣赏的眼神说道："快看，好美！"之前，我从不曾觉得这些建筑有多么的特别，今天丽莎一说，我再次看到，觉得自己这次才真正领悟到建筑师给予这座建筑的灵魂。高高的顶端直穿云霄，传递出一种快乐、活力以及振奋人心。这是我第一次感觉到对它的钟爱，这也是我发自内心的想法。

这是积极正确心态的重中之重。事实上，世界万物早已存在，当你开心时，就会情不自禁地表现出一副快乐的神态，会去欣赏世界万物，心中也会拥有幸福感。亨利·C·林克是一位著名的心理学家，他曾经说过，当他看到自己的病人处于一种消极的状态时，就会让病人们沿着大街快步跑上一番。"快点，围绕着大街跑上十圈，这样可以锻炼大脑的运动量，让血液从你的心绪中流露出来。当你走完之后，就会变得更加理性，而且更容易接受积极正确的思维。"你的健康状态与你对待生活的态度有密切的关系，你处于一种精神焕发、振奋无比的状态时，你的生活就会呈现出新的价值意义。适当的运动以及良好的休息，是心情愉快的重要因素。因此，要获得人生的乐趣，首先一定要感觉准确，而让自己的感觉准确，就要好好爱惜自己的身体。

再者就是思维的正确。要善待自己的心灵，积极正确地思考。一个积极正确思考的人会让自己永远保持一种心情愉快的状态。你渴望快乐，就会很快寻找到快乐。你想要什么，就会得到什么。这就是人类的基本法则。从现在开始寻找快乐，你就不会失望。

住在纽约布鲁克林区的帕尔默夫妇，我的好朋友，曾经写信告诉我他们寻觅以及获取幸福的方法：我们都养成了一个习惯，每天都期盼发生一件惊喜的事，而我每天的期盼都会达成，总而言之，我期盼得越多，我们收获的惊喜就越多。假如我们意志坚定，或者是粗心大意，或者是无精打采，那么我们所碰到的状况就与当天的意念是相影响的。

凡是不断前进之人，期盼做大事之人，他们定会是成功幸福之人。

心态决定一个人是否快乐幸福。你的内心决定着你是快乐的、幸福的，还是悲伤的、消极的。安东尼奥斯曾经说过："假如一个人认为自己不是快乐幸福的，那么他永远都不会快乐幸福。"菲尔普斯也曾说道："那些具有想法的人才是世界上最快乐幸福的人。"

所以，假如你不幸福快乐，你一定先对自己的思维进行改变，才能彻底地享受快乐富足的人生乐趣。假如在你的内心中只有愤慨、妒忌或者自私的意念，那么，快乐之光永远不会穿越到你的内心。你要改变自己的精神世界，用另一种积极正确的态度，这样才能真正享受到人世间的乐趣。

积极心态的原则

积极正确的心态原则是能够让自己的神经系统准备胜利的前提条件。事实上，你现在的思维模式就昭示着你以后能否成功。此刻要对所谓的成功加以定义。这里，并不是纯粹地指代成功，而是指一些很难达成的事件，即该怎样让生活更加丰富多彩，更富有生机活力。它所指代的是，作为一个高等动物，你获得成功了；遭遇挫折，你能掌控，井然有序，不被苦难所击垮，而是寻找解决的方案。我们都为自己设定了目标：享受成功幸福的生活，努力做有创造性的人才。

人所拥有的成功绝不会超过自己的想象，心有多大成就就有多大，燕雀的志向只会是一场儿戏。我认识一位名叫威廉·丹福斯的成功人士，他是布瑞纳公司的总裁。小时候的威廉·丹福斯，身体很瘦弱，就如同健身房在广告中发布的“锻炼之前”的体型。他曾经给我说自己的志向并不远大。他感觉自己很懦弱，再加上自己瘦小的体型，心里的那种不安宁更加强烈。

但后来的一切都发生了巨大的变化，是因为他在学校中遇到一位恩师。某一天，这位老师找他私下谈话，说道：“威廉·丹福斯，你的思想是完全错误的，你在认为自己瘦弱的时刻，你就会真的变成那样的人。但事实上，并不是你想象的那样，我坚信你是一个坚强有能力的孩子。”“老师！您是什么意思呀？”这位小男孩好奇地问道：“你能吹牛说自己很强壮吗？”“当然没问题，不信你站在我面前。”

小威廉·丹福斯站在老师的面前。“就以你的姿态为准，它证明你想象中瘦弱的一面。现在的我要做的是，希望你想象自己强大的一面，挺胸收腹。按照我说的去做，先想象自己是最强大的，相信自己可以做到。然后，真正地去实践，勇敢地去做，靠着自己的双腿站立在成功之巅，活出真正的男儿本色。”

威廉·丹福斯照着他老师的话做了。在我最后一次见他时，他已经是85岁高龄，但是那种精神抖擞、活力四射以及健康的体魄却不曾老去。当我离开时，他说道:“一定要牢记，用自己的双脚站立，活出真正的男儿本色。”在内心世界中，为自己勾画一幅宏伟蓝图是一件很重要的事情，因为蓝图的勾画会让你设想的成功成为现实。

此时的想象并不是虚无缥缈的幻想，想象是一种关于艺术以及摄影的科学技巧，你完全可以把它称之为“成像”。你对自己摄像的样子是十分关键的要点，因为这个影像会成为现实。

思维是行动的先导。假如你想要自己想象中的成功成为现实，你就要付出与今日成功相应的行为。只需我们很好地运用积极正确心态的基本原则，世界上的每个人都会获得成功，即使遭遇到挫折，也不要轻言放弃，不要认为自己与成功从无缘分。即便在最艰难的环境下，也会找出通向胜利的方法，它隐藏着诀窍，它能把你从失败中解脱，迈向成功，让你由绝望转变得更加快乐。

培养积极心态的方法

你一定要培养积极正确的心态，让自己的人生依照自己的意念提供相应的回报，缺失积极正确的心态，就永远不会获得成功。一定要牢记，你的心态，是你唯一可以完全主宰的东西，也只有你可以掌控。不断地练习掌控自己的心态，并用积极正确的心态去指导它。下面的方法是我拜访的一些成功人士在生活以及工作中的经历，值得我们去学习一下：

断绝与过去所有失败经历的一切联系，摒弃那些以积极正确心态适得其反的一切消极因素。找寻自己最渴望获得的东西，并为它付出行动，凭借帮助别人获得同样益处的方式，去寻觅自己的目标。

确定好你所需的能源后，就开始制定如何获取这些能源的策略，不要过度地设定计划，也不要过分不足，别自以为是地认为自己要求不多。一定要记住，贪念是一个有志向者失败的最主要的原因。

培养自己每天说一些令人舒适的话语或者做一些令人舒适的事，你可以用电话、明信片等来达到这一目的。比如，送给别人一本励志的书籍，就会为他的人生增添一些绚丽的色彩。日积一德，就会永远保持一种愉快的心态。

让你自己领悟到，击垮自己的不是困难，而是面对困难时的心态。训练自己在绝望的环境中也不能轻言放弃，要抱有希望。

促使自己养成千锤百炼的习惯，凭借自己的博爱与热情，去让这项习惯得以发挥。假如你可以把这一习惯培养成一种爱好，那就是最完美的事情了。假如不能，你也要记住，懒惰的心态迟早会转化为消极的心态。

当你为问题的答案困扰时，不妨去试着帮别人解答问题，并从中找到你所想要的答案。在帮助别人的同时，你也会思考解决自己问题的策略。

每周都去阅读爱默生的随笔，直到你完全领悟为止，它们可以让你相信，从积极正确的心态中可以获得益处。彻底计算一下你的财富，你就会意识到，自己最有价值的财富就是健全的思维，拥有它，你就可以主宰自己的人生。

与你曾经冒犯过的人联系，并真诚地道歉，这项任务越困难，你就越能在道歉的过程中，完全摆脱内心消极的因素。

我们在世界上所占据的空间，与帮助别人获得利益服务的本质与量化以及服务时所抱有的心态是成正比的。

摒除你的坏毛病。在一个月的时间内，每天改掉一个，并在一周的末尾，去很好地反思结果，一定不要因为自己的自尊而让自己从此止步。

一定要清楚自怜是自主精神的湮灭者，要相信自己才是值得依赖的人。

把一生中所有发生的事件都看作是激励自己奋发图强的事件，你的时间不要给烦恼留下一席之地，即便是再凄惨的经历，也会为你带来巨大的财富。

不要让掌控别人的念头出现在自己的脑海中，在这个意念毁灭你之前，先下手为强，把你所有的精力都投放在主宰自己上。

把你所有的精力都投放在自己想做的事情上，而不要给那些不良思维留下任何的活跃空间。

要向生活索要报酬，而不是守株待兔，你会因获得自己想要的东西而感到吃惊，可能你之前并没有意识到这一点。

以自己的方式生活，不要浪费多余的时间，落伍于别人之后。

除了别人能够提供有力的证据证明自己观点的可靠性，不然就不能接受任何人的意见，否则就会因谨慎而被别人误导或被当成笨蛋。

一定要知道人的能量不全来自物质，甘地带领他的民众获得的是自由并不是物质财富。

让自己多运动，保持健康。生理上的病痛最容易让人丧失理智，你的身体与思维都要一起运动，来维持积极健康的心态。

加强自己的忍耐性，要包容世间万物，同时要与不同国家、不同民族的人多多接触，学习他们的长处，而不是一味让别人按照你的意愿做事。

你要相信，爱是身心疾病的灵药，爱会改变以及调节身体内的生化反应，以便你表现出积极正确的心态。爱也可以增强你的包容能力，接受爱的最佳方式就是你全身心地付出你的爱。

给那些曾经帮助过你的人等量或者超量的回报。根据报酬增加原理，最后你还会得到更多的益处，也可能为你带来获取自己所需东西的能力。

要记住，你的付出，一定会得到同量或者超量的回报。怀抱这种思想，就会摒除你对年迈的恐惧感。

对于那些善意的指责，要去虚心地接受，而不是采用消极的思想应对。把握每一次别人评价你的机会，利用每一次机会进行反思，并找出自己要改善的方面，不要害怕别人的批评，一定要正确对待。

一定要把希望、理想、欲求，以及强烈的欲求与所达成的目标区分开来，其中只有强烈的欲求才会给你动力，而只有积极正确的心态才能为动力提供所需的能源。

避开任何包含负面含义的说话方式，尤其是那些搬弄是非、吹毛求疵的行为，这些行为会让你的思维走向消极的道路。

锻炼你的思维，让它引导你的人生走向正常化的轨道，掌握“回报”中每一条益处，并让它们服务于自己。

时刻展现真实的自我，没有人会喜欢与骗子谈心。

坚信智慧是无穷大的，它为你产生引导以及主宰思维而拼搏所需的所有能量。对你身边的人一定要信任，假如与你相处的人不可信的话，那就只能证明你的眼光有问题。

最后，在半年内，每周都要把本节阅读一次。半年后的你，就会进行一次历史性的蜕变。当你把所要求的习惯都学会，并调节好自己的思维，你的心态就会永远保持在积极的范围内。

拨开消极的雾霾

积极和消极的心态都会产生巨大的能量，但有时消极心态所产生的能量往往大于积极心态所产生的能量。我们要勇敢地摒弃消极心态的雾霾。也许你可以从下面的实例领悟到该如何做到这点。

故事讲述的是：由于某种原因，有个主人只好自己亲自劈柴。他挽起袖子开始工作，进行到一半时，一根特殊的木头映入眼帘。这根木头上有一个很大的疤，明显是人故意凿开的。这会是何人所为呢？他掂量一下木头，觉得非同寻常的轻，里面似乎是空心的。他就拿斧头把木头劈成两半，这时一个白铁卷从木头中掉下来。他蹲下打开白铁卷，惊奇地发现里面有很多旧式的五十美元和一百美元的钞票，他数了数，一共有2250美元现金。很明显地看出，这些钞票已经在这个树洞中藏匿很久了。此时这个人唯一的想法就是找到这些钱的原主人。他打电话给送柴的樵夫，问他是在哪里砍的柴，而这位樵夫的消极心理却维持着他的拒绝态度。

“那是我的事。”那位樵夫说道，“假如你把这个秘密泄露出去，会为自己惹上不必要的麻烦。”尽管付出很多努力，樵夫还是不肯说出木头的由来，更不知晓钱的原主人是谁了。这个故事的重点不是讽刺，而是在说明一个道理：拥有积极正确心态的人发现了钱，拥有消极心态的人却没有。从此可知，好运会随时发生在每个人的日常生活中，而拥有消极心态的人会阻碍好运降临在自己身边。拥有积极心态的人才会把握机会，甚至从艰难中获得利益。

在现实生活中，困难无处不在。重要的是，当有人遇到困难与失败时，就会丧失斗志，沉溺在挫折中无法自拔；而有的人却从中获得经验教训，并把失败转化成一种动力源。这也是拥有两种不同心态的人对生活的不同态度。

亚兰是美国联合保险公司的一名业务员，他梦想成为一名最优秀的业务员。他把自己在励志书中学到的原则运用到实践中。不久之后，在他面前的却是一场厄运，这也为他展示心态创造了时机。他很好地运用了无形法宝中“积极正确的心态”的那一面。在威斯康星州严冬的一天，亚兰在某个街道销售保单，最终却一无所获。当然，对此刻的自己，他感到强烈的不满，但并没有退缩，而是选择用积极正确的心态把不满转化为一股奋发的动力。

他想起曾经阅读过的书籍，就运用了其中的积极心态的法则。第二天，从公司出发时，他把自己的惨痛经历告诉同事，接着说道：“等着看吧，今天我要再次拜访那些客户，我今天所销售的保单一定会大于你们的总额。”

最后，亚兰做到了，他重回那条街道，去拜访昨天那些顾客，结果签成了 66 张保单。

这的确是一个不寻常的成绩，而这正是厄运所带来的光明。起初亚兰在狂风暴雪中穿梭八小时，却没有一点收获，而他并没有因为失败而气馁，却把它转化为动力，并获得了最终的成功。他是公司的销售精英，最后荣升为销售经理。

在那些成功人士身上都具备一些共性：他们完全可以驾驭积极心态的力量。而大多数人总想运用一些快捷方式来达到目标，事实上我们并没有这样雄厚的条件，即便有，我们或许都不曾察觉。越明显的东西往往越被人所忽视。每个人的优势就是具有积极正确的心态，此外并没有什么捷径可言。

亨利·福特取得成就后，就成了公众人物。人们或许会认为是运气、朋友、智慧以及各式各样的“秘诀”，让福特最终获得了成功。不可置疑的是，这些因素的确起到了作用，但肯定还有别的因素。或许在世界上只有十万分之一的人会知道福特成功的真正原因。只有少数的人不屑于谈论这些，在他们眼中，这太简单了。只要你研究福特的行为，你就会得知他成功的法宝。

数年前，福特决心把现代最著名的V-8式发动机的汽缸加以改进。他想要制造八个汽缸为一体的发动机，于是，让工程师去策划设计，可是这些工程师都觉得这是不可能实现的事情。

福特很坚决地说道:“要不惜一切代价地生产这种发动机。”工程师们说:“可是，这是不可能实现的事情。”福特命令道：“快去工作，不管花费多少时间与精力，都要坚持做，直到你们成功为止。”

这些工程师很无奈地去工作。假如他们想继续在福特公司上班，就必须这样做。半年后，他们一无所获。又半年，他们仍一无所获。这些工程师越努力，好像这项工作越不可能实现。

当福特在年底问这些工程师时，他们仍给予否定的回答。福特就命令式地说道：“继续工作，我一定要获取它，因为我真的需要它。”

最后的结局如何呢？当然，制造八体合一的发动机是可以完成的，后来福特把V-8式发动机的汽缸安装到最高档的汽车上，把同行抛到千里之外，以至于他们花费了很久的时间才得以赶超。

福特那种积极乐观的心态，也同样适用于你的身上。假如很好地运用它，假如你效仿亨利·福特，让自己保持一种积极正确的心态，你也会办成那些不可能发生的事情。假如你知道自己的需求，你最后一定会想办法得到。

一个二十五岁的年轻人，假如六十五岁退休，工作时间就可以达到十万个小时。而你在这些时间内，有多少时间是与积极健康心态共存的？又有多少时间生活在消极的世界里？

在你的人生中，将会如何让积极正确心态，而不是消极心态发挥作用呢？好像有些人天生就可以驾驭积极正确的心态，而另一些人就只有好好学习才可以很好地运用这股动力源，但你一定要学会发挥积极健康的心态。

摒弃内心的担忧

假如你内心充满恐慌，那就想办法去制止它的蔓延。在恐慌的境界中，你花费了多少光阴与精力呢？你是否还记得上次敲木头的时间？可曾记得上次是什么时候绕梯子旋转呢？可曾记得上次盐巴撒在肩上的时间？（这些都是西方人用于祛除晦气的方式）你上次心脏快速跳动是何时呢？你是否在半夜惊醒时有口渴的迹象呢？或许在你拜访某位顾客时而有过类似的经历呢？

通过细心地观察得知，我们是好奇心最旺盛的一代。我们不断去挖掘地球未知的领域，促使科学向顶端不断发展。在某些领域中，我们都是领导者，但是我们却不能阻止自己内心的担忧，不断在恐惧中挣扎。

现实中，我们的确是感到惊恐的一代人。诺贝尔文学奖的获得者加缪曾把二十世纪称之为“恐慌的时代”，现代一首著名的交响曲就被叫作《焦躁的世纪》。

在我们内心中，不但有一些陈旧的恐惧，还有一些新的恐惧逐渐地向我们袭来。即使它们没有很快地袭来，但是我还是担心那些无形的魔爪会伤害我们的子孙后代。最近一位著名的科学家预测说道：“我们对导弹、原子弹以及很多具有杀伤性的武器，存在着无处不在的恐惧感。”

“无处不在的担忧”最能表达我们此时的情形。我们现在所面临的担忧与原始社会那种听到狼嚎时的恐惧是截然不同的。原始人因为恐惧而急忙地逃脱，或者在恐惧中寻觅求生之道，用木棒一端捆绑石头的方法来打死发怒的老虎，结果，不仅可以美餐一顿，还可以用皮毛做外套。这只是面临恐惧最基本的做法，只有这样才可以更好地生存。不管在任何时代，恐慌的作用都是很有效果的。当我担忧漏气时，会去查看轮胎，这就是恐惧所带来的作用。

但是，如今我们花费大把的时间与精力所担心的并不是这类的恐惧。今天让我们担忧的是一种不知名、模糊的焦躁。我们无法对这类焦躁做出任何反击，只是因为连自己都不知在恐惧什么。或许我们所恐惧的事情不计其数，只反击一方面是不会有任何效果的。对我们而言，恐惧并不是一种很具体的焦躁——假如是这样，我们就可以采取行动来克服它。但实际上，它就像一团乌云弥漫在我们的头顶，我们在这种阴影下做着事情。

祛除担忧是十分重要的，担忧是快乐者的天敌，它会对我们的思维有一定的影响，进而影响你的工作能力以及身心健康。

很多人不曾意识到，焦躁会引起很多的心血管疾病。焦躁不安只是普通的心理现象，少量不安也会带来一定的好处，它可以促使你达成自己的目标。倘若过度地焦躁，会带来极大的危害，也会使身体深受其害。

焦躁会促使心脏做出各种各样的反应，心律又会受到心脏跳动的影响，所以极大的压力或者焦躁会造成心律不规律。众人皆知，心律不规律会导致短暂的心脏疼痛，这就是所谓的“心绞痛”，中年人是这类病的高发人群；紧张会造成心血管堵塞，这就是所谓的“冠心病”，其后果都会是极其严重的。

焦躁与愤怒的人都会容易受到细菌以及其他类微生物的影响，即使如此，你也没有必要过分担忧，你一定有能力去克服这类的恐慌，不要一味地认为它就一定会伤害到你。实际上，只要你乐意，就可以对自己所害怕的事情付诸行动。采取行动正是积极正确思维最完美的成效之一。

积极思维需要强有力的自控能力。当你能很好地控制自己的思维时，就可以很好地控制心绪，甚至担忧以及恐惧。

处理担忧与恐惧可以使用间接的方法。在某些特殊的情况下，倘若运用直接的方式处理，就会造成心理上的不安，改用间接的方式就会很容易解决。这也是避开忧虑最有效的方法之一，要比你强迫自己克服恐惧好很多，因为意志力难免有薄弱之时。假如你内心充满信仰，你就会自然而然地摒弃所有恐惧。

恐慌一般在你防不胜防时，对你展开攻击。委婉的处理之道是那么的重要，既不正面冲突，又可以用其他的方式来祛除它。假如你不断把信仰填满内心深处，恐惧就没有藏身之处。当然，这种性格上的转变需要付出极大的努力。但可以确信一点，性格是可以改变的。

当你内心充满恐惧时，该如何做呢？请牢记以下几个原则。

要明白自己恐惧什么，把它提炼出来研究，寻找恐惧的本质，只有这样才可以让你很好地面对恐惧。

对你所恐惧的事情，找出其本源以及原因。假如你不能找到可信的原因，就去咨询专家学者。

让恐惧大白于天下，脱去它神秘的纱衣，找出你可以发起进攻之处。结果会让你感到很意外，原来所有的事情都是那样的不值一提。

让自己的内心被信仰填满，这样恐惧就不会有容身之地。一定要记住信仰的力量远远大于恐惧。你的信仰越坚定，恐惧就越会绕道而行。道理是极其简单的，而在实践的过程中却需要付出加倍的努力。

在此刻的基础上，继续努力，多做一些。

一定要向心中的恐惧挑战，减少它的杀伤力。实际上，它根本没有达到不可收拾的地步，因为你心中的恐惧往往是自己想象的，只不过是纸老虎而已。

对于那些真正恐惧的事情，你要有足够的能力去应对，去战胜一切挫折。

一定要记住：你并不是孤身一人。

让失败向你认输

在现实生活中，有些人只是一时地运用积极正确的心态，一旦受到挫折，就会丧失斗志。起初他们是正确无误的，而在遭遇挫折后，就把自己的心态转向法宝的消极一面。在他们的意识中，从不曾知道只有那些积极上进并具有积极心态的人才可能获得成功。他们就像历经百战的老马“约翰·格利尔”。格利尔是一匹好马，实际上，它有机会在比赛中取得成功，它曾被精心地训练、照料，并被宣传是唯一一匹可以击退任何马匹的“胜利者”。

在1902年的7月，“格利尔”和“战斗者”两匹良马相遇在阿奎德市的德维尔奖品赛场上。那是个庄重的日子，起跑点格外引人注目。当两匹马并肩起跑时，人们都明白它们在进行一场生死搏斗。跑完全程四分之一时，它们不分高低，跑完一半、四分之三的路程时，仍然如此。在还剩全程八分之一的时候，还是并驾齐驱。就在此时，“格利尔”突然跑到前面。

此时正是“战斗者”的危急关头，这是它第一次好像被人用皮鞭抽打。“战斗者”的反应就是烈火已经烧到自己的尾巴，它猛然加速前进，同“格利尔”拉开一定的距离，而此时的“格利尔”只是在静静地站立着。比赛的结果就是“战斗者”比“格利尔”领先。

从我们的角度看，最重要的莫过于“格利尔”失败后的状态。它原本是一匹良马，凭借积极正确的心态已经略胜一筹。但这次失败给了它沉重的打击，在之后的每场比赛中，它都是敷衍了事，再也没有成功过。

人生不是赛马场，但这个事情就让人联想起1920年代经济上获得成功的人。那时的他们以积极正确的心态创业，但到1930年代经济萧条时期，他们却遭遇种种失败，最终破产。他们的心态从积极转化为消极，他们停止了以往的拼搏，就像“格利尔”，他们从此一蹶不振。

有些人在任何时刻都能很好地运用积极心态，而有些人只是暂时的运用，当遭遇到苦难时，就会停止前进的脚步。而现实中的一些人，从来都没有很好地运用自己潜在的能量。

该如何应对？我们要像学习别人的技巧那样，去学习如何运用积极正确的心态吗？依据多年的经验，对这个问题我们给予肯定的回答。

假如你想真正地训练积极正确的心态，就会察觉到，在大千世界中，最重要的只有自己，你的心态就是你的法宝，就是你巨大的宝藏。

积极心态是一种正确无误的心态，有着很多正面性，例如：真诚、刚正、期盼、创新、大方以及忍耐等等。拥有积极正确心态的人，有着崇高的理想，不断地努力拼搏，实现自己的愿望。

消极心态与积极心态截然不同。在经过对一些成功人士的调查研究后得出：他们的共性就是拥有积极正确的心态。

积极正确的心态帮助福勒战胜贫困；积极心态让身患残疾的丹普赛踢出人生中最远的一个球；正是积极心态激发凯撒在每十天之内制造一艘游轮，使亚兰创造了销售的记录。

你明白怎么运用那隐形的法宝吗？或许你也很难回答。或许你已经开始训练自己的积极心态，直到激情四射带给你寻觅的理想。假如你还在原地停留，你阅读此书籍时，就会乐意学习这种方法，从而更好地运用潜在的能量，把你的力量发挥到极致。

积极心态有助于健康

积极正确的心态会让人保持身心健康，而消极心态只会给人类带来无穷的病痛，对于这点，我感慨良多，内心充满消极是多么恐怖的一件事情。

在生活中，有很多人正是由于内在的仇恨、恐慌或者负罪感，而大大损害着自身的健康。简而言之，保持身心健康的窍门就是，摒弃所有消极的情绪。我们一定要净化自己的心灵，维护自己身心的健康。

曾有人说起，愤怒的心绪会引起各式各样的疾病。一位在美国政界的元老级人物曾说："诱发心脏疾病的两件事情，一是疾步地上楼，二是诋毁别人。"这两件事情不仅对心脏有一定的影响，还会伤害到人体的其他部位。因此，宽容是极其重要的事情，你会体会到体谅别人之后的喜悦，也会达到很好的效果。心绪上的怨恨，数年后会在心理上留下印痕。在现实生活中，有些人会因愤怒而引发头痛、关节疼痛以及腰酸背痛。

很多家报纸曾经报道过这样一则新闻："一位男子在经过红绿灯时，不小心被车撞死。验尸报告表明，这位男子身患数病，奇怪的是，他竟然可以活到八十四岁高龄。为他验尸的法医还说道：'像这类身患数病的人，以一般情况，三十年前就去世了。'有人询问他的妻子原因，他的妻子回答道：'我丈夫一直坚信，明天会更好。'"

有很多人认为，在很好地运用积极正确心态时，多运用积极委婉的言语，对身心健康有一定的好处。言语文字有一定的穿透力，假如你经常用一些消极的字眼来描述自己的健康状况，那么就会使你的身体向不健康的轨道运转。假如你习惯性地用一些消极的字眼来描绘内心的价值存在，那么你的感官就会受到深刻的影响。

实际上，拥有积极正确的心态只是第一步骤，而第二步骤就是付诸行动。当你行动时，你一定要想象它是真实存在的。积极的行动，会让你惊奇地发现，原来自己也能享受崭新的能量以及生机。

其实我们的身体并没有老化、生病以及疲倦，你要改变自己这样的思维。先看你是健康的，再去遵守那些所谓的健康法则，你就会变得充满生机活力。

我也一直奉行这些原则。对自己固有的原则放松警惕以及运用正确思维的方式来克服声音上的挫折。到底是何种法则呢？

确定自己是个健康之人，并很自信地告诉自己："我意识到今天的美好，上帝赐予我身体、心绪以及内心。因此，我今天的感受就像上帝所期待的那样快乐幸福。"

时常在内心深处塑造健康者的状态。

每天都学着感激当下的幸福生活。

努力摒除消极的思维，用健康以及积极正确的心态来取代。

不要做任何丧失信心的事情。

保持体重。向医生询问正常的体重，要维持自身的体重需要精神力量的牵制，也要控制饮食，要控制口腹之欲，而口腹之欲与人的个性密切相关，而个性完全受精神状态的影响。

每天保持运动，有助于身心健康。

定期检查，及时发现疾病，早治疗早得到康复。

依我所看，保持健康最重要的就是心胸宽广，让生命之源不断流入。

柏拉图有句名言："你不能尝试只救赎身体而抛弃灵魂。"一定要把这句话铭记在心，一个健康之人必须身体与灵魂都是完整健康的。

想要长寿，精神状态是极其重要的。当一个人充满积极思维时，消极的思维根本就没有立足的空间，因此你只会一直保持健康的状态。

积极心态，一种改善环境的力量

大千世界，任何人都可以把自己的未来想象成失败以及不幸，但也能想象成成功以及幸福。人的现实生活本来就不是外在条件所决定的，而是取决于习惯性的内心思想。马克思曾经说过："人的思维造就了自己的一生。"爱默生也曾经说道："人的本性，整天在脑海中飘荡。"有位著名的心理学家说："在人的本性中，有某种习惯性思维想成那样，而现实中正是这样。"

一个人的思维具有很深的影响力，曾接触过这种力量的人就会深信这一点。你的思维可以影响身心健康，你也可以运用积极正确的心态，让自己更加健康。假如你朝着特定的方向去思考，你就会察觉到那种思考所对应的形态。假如对某件事情，你有新的想法，你也能表现出不同的形态。换言之，思考可以塑造形态，假如有意识力地行动，就会更有力地塑造形态。比如，倘若积极正确地思考，必定会带来积极正确的潜能，拥有积极的思维，就会在身边塑造出适合自己的积极结果的境遇。当然，假如消极的思维存在，在身边就会营造出一种消极结果的氛围。

所以，在改善环境之前，一定要改变自己的思维。也就是不要去被动地接受一个自己不喜欢的环境，而是在心中勾勒出一个理想的环境园林。假如你一直保持这种态度，认真地勾画，相信这样的环境定会到来。

假如在一个人的潜意识中，具有创新思维以及坚定的想法，再加上后天的努力，那么心中的愿望定能实现。

任何行业中的精英人士都很了解这个定理所包含的价值意义。亨利·凯撒是一位著名的工程师，他曾经向我表示，在做河堤护岸工程时，突然的狂风暴雨带来了气势汹汹的洪水，运土机被泥土埋藏，而完成的工程也全部被摧毁。洪水退去后，为了更准确地检查受损的程度，他亲自到现场。那时，工人们正无奈地看着被淹埋的机器。他面带微笑地来到人群中，说道："你们为什么如此沮丧呢？"

"难道您不知道情况的严重性吗？"工人们反问道，"所有的机器都被泥土埋藏了。"

他开朗地说道："只是泥土呀！"

工人们吃惊地说道："就是泥土呀，四周全部是无边无际的泥海。"

他笑容满面地说道："我并没有看到有泥土的存在。"

工人们都很诧异，说道："您为何这样说呢？"

"你们问我为何这样说？"凯撒接着说道，"我是抬头看到万里无云的天空，那里根本就不存在泥土，只有太阳在释放无限的光芒，我从来没有见过可以与阳光抗衡的泥土。不久后，泥土就被晒干，你们就能轻易地把机器发动，就可以重新再工作了。"

凯撒是正确的，假如只看到一望无际的泥海，那么就会绝望，就注定会失败；只有抱有积极乐观的态度，才会获得成功。

我认识一位出身贫寒的成功人士。在我的印象中，学生时代的他，是一个羞涩又笨拙的农村少年，但他具有敏锐的洞察力以及独特的性格。现在的他是一名成功人士。我曾经问他成功的法宝是什么，他回答道："那就是面对问题时所持的态度：

"第一，当问题发生时，我就去全面攻击它，以我的心智去击破它，然后运用我所有潜在的能力。

"第二，我会虔诚地向上帝祷告。

"第三，在内心想象成功时的样子。

"第四，经常去思考'什么才属于正常行为'，假如思维上出现错误，其他的一切都会出现错误，错误的思想绝对不会产生正确的效果。

“第五，我一直都坚持与人分享的原则。不过我要再三地强调下面一点。

“第六，实现以下的总论：假如你内心潜藏失败的念头，就要立刻改正，要时刻保持积极正确的想法，这就是战胜困难、实现理想最基本的法则。”

积极心态，可以激发无限的能量

威廉·詹姆斯是一位著名的心理学家，他曾说过，世界上分两种人，一种是具有坚强意志的人，另一种是具有薄弱意志的人。当后者面临困难时，只会选择逃避，停滞不前。面对指责，他们会受到极大的伤害，从此灰心丧气，最终只有痛苦缠绕在他们身边。但具有坚强意志的人却截然相反，他们虽然来自不同的行业，但都拥有一股坚强的特质。坚强的特质就是，在困难面前，仍不低头，一直勇往直前。

一天，我从办公室出来搭乘一辆的士，一坐上就感觉到司机是一个极其快乐的人，一会儿哼唱《窈窕淑女》的主题曲，一会吟唱国歌。看到他高兴的神态，我便说道："你今天心情挺好的嘛。"

"是的，为什么要有坏心情呢？我最近领悟到，心绪焦躁不会带来任何的好处，因为不到最后都不会知道事情会发生什么样的转机。"接着，他就讲述了一个关于自己的实例。

"一天早晨，我开车出去，想在高峰期时多挣点钱。那天是格外的冷，手指一碰铁皮，就会被粘住似的。很倒霉的是，开了一小段，车子就爆胎了。我十分气愤，一边换胎，一边埋怨着。就在此刻，一辆卡车开来，司机下来了。让我惊奇的是，司机帮我换上轮胎，在我一再地感谢下，卡车司机只是挥手告别。正是由于这件事，我整天的心情都格外的好，事情总是有好有坏的，人不一定永远都那么倒霉。爆胎让我生气，但因卡车司机的帮忙，我变得格外开心，好运也不断地降临在我头上，那天早上客人很多，因此我口袋中的钱也不断地增加。先生，不要因为事情不顺而生气，一定要相信事情随时会出现转机。”

这是一个积极心态的实例，在现实生活中也会发生类似的例子。正是由于这件事情的发生，司机再也不会让自己人生处于不愉快的境地了。他一直坚信事情总会出现转机的，这才是真正的积极正确的心态。当你遭遇挫折时，只要你坚信自己能走出困境，以积极的心态面对，你就会如愿以偿。因为幸运之神只会光顾拥有积极心态的人。一个积极乐观的人总是有远大的理想，即使遇到困难，也会以积极的心态面对，走向光明大道。

人生就是这样，我们难免会遭遇挫折与烦恼，这并不意味着失败。假如你有坚强的意志，勇敢地面对，好运就会降临，你就可以走出困境。这点适用于世界上的每个人，每个场所。

吉姆是纽约小镇中的一个可爱的男孩，也是一位意志坚强的男子汉。他是天生的运动员。在上中学时，他的腿瘸了，并患上了癌症。一次手术让他失去了一条腿。出院后，他拖着假肢来到学校，并与自己的小伙伴开玩笑地说道：“我的腿现在可以钉钉子，你们却做不到。”足球赛季来临，吉姆也十分热衷，他申请做管理员。在练球时，他总是很准时，正是这份勇气与坚定感动着全体球员。一天下午，吉姆没有到场，大家都很担心，后来得知吉姆病情恶化，只有六周的生命。

父母并没有把真相告诉他，希望在有限的时间内让吉姆过正常人的生活。因此，吉姆重返球场，给队友们加油打气。正是因为他的鼓舞，球队一直保持全胜的佳绩。他们举行庆功宴时，准备把一个全体签名的足球送给吉姆，但是不幸的是，吉姆因病没有参加。

几周之后，吉姆再次来到学校，这次他是来观看篮球比赛的。他一直保持积极向上的心态，除了脸色苍白，其他没有任何改变。比赛完，全体人员都聚集在教练的办公室，当教练问他为何没来聚餐时，他以节食的理由解释，但脸上依然挂着微笑。

队员把那个签名的足球送给吉姆，并表示对他的感谢。此时的吉姆还是一脸微笑地与队友们道别，然而他回去的第二天就离开了人世。

原来他早就知道自己的病情，但却选择了欣然接受。这只能说明他是个有着坚强意志的人，将自己的悲痛化作对生活的向往。有些人或许会说，最终他还是离开了，积极的心态并没有帮到他什么，这是绝对错误的。至少吉姆凭借积极乐观的心态，在自己最艰难的时刻传递了温暖。他并没有选择逃避，而是面对现实，接受命运的安排，但自己从来都没有被病魔击垮。虽然他的生命是极其短暂的，但还是好好地把握住，把微笑以及勇气留在人世间。

积极正确的心态可以激发内心的能量，虽然世界上的每个人都能实现，但有些人在遭遇挫折时，只会选择退缩，消极的思想击垮了积极的思维。倘若一个人不断地质疑，那就是他不想让积极心态发挥作用。或者说他们不是不想成功，而是害怕成功。因为活在自己的世界中，慰藉自己是一件很容易的事情。有时失败的恶果总是自己造成的，当他人提出积极乐观的想法时，我们在潜意识中觉得没有任何的作用，进而我们就会觉得这个想法有问题，这样，成功就不会出现在我们身上。只有我们意识到正是这些消极的思想在搞怪时，才会充分地发挥积极心态的作用。

我们会因出现错误而愧疚，也希望被别人惩罚。如果没有及时地纠正，只能在失败的路上进行自我惩罚，人性就是这样的。倘若想要改变这一情形，首先要驱除这些错误，愧疚感才会不断地消失，更没有必要进行自我惩处。当完成这一过程时，积极心态就会发挥作用而达到最佳的效果。

有时积极正确的意念会没有达到预期的效果，造成这种情况最重要的原因就是，我们并没有真正地去运用这项法则。积极正确的思维需要训练、学习以及坚持不懈。你必须要乐观地去实施，有时要经过一段时间才会有成效。

著名的高尔夫球员本·霍根，为了练习肌肉的记忆能力，在练球时，只重复同一种动作，直到肌肉可以很好地记忆这些规律为止。我们的思维也是这样，我们必须重复地练习，直到遭遇挫折时，思维达到我们期盼的成效为止。总而言之，就是我们的大脑必须训练积极思维的模式。积极思维只有在你信任它的情形下才会发挥作用，而你的思维与信心必须完美地结合。有些人认为积极思维并没有任何成效，那主要是因为他还没有完全地信任它，而是心存各种疑惑，用冷水去浇灭它。因为在他们的内心深处不敢相信：一旦相信它，会产生极大的效果。

成功的法则就是勇敢地面对信仰，没有任何东西可以阻止它前进的步伐。信仰可以把所有的力量集中在一起，《圣经》上说道："只要你拥有信仰……你就会战无不胜。"不要再质疑，不要再胆怯，要勇敢地面对这一切，这就是所谓的成功。

积极正确的心态真的有无限的能量，只要你细心地训练，它就会发射出万丈光芒，但培养它也要经历一段艰辛的历程。它需要你努力地工作、具有坚强的意志力、真诚地对待生活以及拥有成功的渴望。当然，在运用积极正确心态时，只有坚持不懈才会获得成功。当你决定培养它时，你就要坚定地去发展积极正确的心态。

加斯汀·达特瑞是克萨尔药品公司的一位高层领导，也是一名优秀的推销员。他曾说道："积极正确的思维就好像是打高尔夫，你打了一两个好球，就自认为懂得了这种运动，但或许下一个球就没有击中。因此，必须重复地实践练习，还要不断地学习积极健康的心态。"

加斯汀·达特瑞说的是正确的。你一定要每天学习，好好调整自己的思维模式。这样一来你所看到的效果会让你无比意外，这样的报酬是你值得学习与付出的。

伟大的励志书

卷二

［美］奥里森·马登

奥里森·马登（1848—1924年），美国成功学的领袖人物和最具声誉的成功励志领导者，是美国闻名遐迩的《成功》杂志的创始人。

奥里森·马登在一生中，创作了很多振奋人心的著作，其中有《一生的资本》《奋力向前》《伟大的励志书》《积极正确思考的奇迹》《伟大的性格》以及《成功学原理》等。其中的一些书籍被指定为美国众多学校的教科书以及参考书目，还有很多书籍被翻译成几十种语言，畅销以及常销于世界各地。英文版以及日文版的《伟大的励志书》被日本指定为学校的官方教科书。

《伟大的励志书》收集了海量的资料，总结了很多成功人士的案例，是年轻人塑造自己的素材。这本书曾经被林语堂（文学家）、威廉·麦金利（美国总统）以及本杰明·迪斯雷利（英国首相）等人大力赞赏，推荐给年轻人，以使他们从中获得启迪。拿破仑·希尔曾经说过："奥里森·马登的《伟大的励志书》颠覆了整个美国的精神世界，让整个国家的心态由消极转化为积极，还不断地影响着整个世界。"

这本书能与国家乃至全世界有密切关联，可见其重要性。

为成功创造契机

当概率小的事情成为现实时，总会有人说，我早就应该做好这件事情的。还会有人把自己所遭遇到的挫折作为理由，说这些挫折是常人所不能克服的。他们这样做的原因只是让自己有后退的理由，让挫折顺理成章地成为逃避的理由，让自己可以肆无忌惮地去逃避现实。而那些坚持不懈与充满朝气之人会逆流而上，为自己创造机遇，并牢牢抓住。

不用去刻意地等待超乎寻常的机遇，毕竟它们不会那么轻易地出现在我们的视野中，你可以掌控每一个微小的机遇，让它在你手中变得非比寻常。

弱者对待机遇的方式只是守株待兔，而强大的人则会为自己寻找机会。就像夏宾所说的："优秀的人不会在那里等待机会的来临，而是去自己寻找机会、抓住机遇并好好把握，甚至去好好地征服机遇，这样机遇就像一个被驯服的奴仆，对自己的主人百依百顺。"

特殊的机遇有时也会光顾我们，但是这种事件发生的概率只有百万分之一。其实，你完全可以很好地把握它，让它成为自己的一把利剑，而你所要做的就是：立刻行动！

机会永远都不会在弱者与漂浮不定的人身边出现，因为他们总会寻找各种借口说没机会，只会选择呐喊："机遇，请给我机遇！"事实上，每个人都生活在机遇中。其实在大学中的每次课都可以说成是一次机遇；每一次测试也可看为一次机遇；就医生而言，病人就是自己的一次人生机遇；发表一篇文章、见一个客户、一个公告以及一次生意洽谈都可以成为一次机遇。你的温文尔雅、果断勇敢都有机会展现，你真诚的品格也有机会展示，你有机会与众多的人和睦相处，你更有机会在这些机遇中来证明自己的实力。

当你来到这个世界时，上帝就赋予了你奋斗进取的特权，这本就是一次机遇，一次可以展示自我、寻觅成功的机遇。这种机遇回报你的一定大于它本身。

只有慵懒之人才会一直抱怨自己从不曾有机遇，埋怨自己没有充足的时间；而勤奋者总是废寝忘食地工作，即便在一些微不足道的小事上，智慧者也能从中找到机遇。当机会出现在面前时，粗心大意之人则只会白白地与机遇擦肩而过。

有些一生贫困之人，始终都在寻觅着机遇，他们就像繁忙的蜜蜂，想要吮吸到每朵花的精髓。对于那些心思缜密之人来说，遇见的每一个人，现实生活中的每一个境遇，都是一次天赐良机，他们从中学到自己所需的智慧，不断地去丰富自己的大脑，让自己的个人能力不断地增强，他们总会找寻到属于自己的新能量。

曾经有句格言说道："幸运之神公平地赐予每个人幸运，但当他觉察到这个人还没有完全做好准备之时，他就会从大门走进，然后从窗户飞出。"

一个年轻人站在画廊里众神的塑像前，惊奇地问道："这个神怎么称呼呢？"那个塑像的脸已被长发遮住，他的脚上却长着一双翅膀。雕塑家回答道："这是机遇之神，由于他的脸被长发遮住，有时即便他走近，人们也很难发现；由于他的脚上长着翅膀，因此他很快就会飞走，一旦飞走，就再也不会回头。"

一位著名的拉丁作家曾经描绘："机遇之神的前额是长满头发的，但后脑勺却没有，假如你抓住他前额的头发，就意味着抓住了他，但一旦他逃走，就算是万神之王的宙斯也无法将其抓获。"

因此，不要守株待兔，而是要自己去寻觅机会，就如同牧羊童弗格森用串珠计算繁星一样，就如同在煤矿马车旁的乔治·史蒂芬森用粉笔来推算数学定律，就如同拿破仑在很多不可能中获取成功一样。

我们要像所有的伟大之人一样，不管是在战争时期还是在和平时代，都在不断地为自己创造机遇，直到最终成功。对于一些懒惰之人而言，即使有成千上万次机会，也不存在任何价值，但是，勇敢勤奋之人就会把普通的机会转化成千载难逢的珍贵机遇。

闲暇中的价值

在现实生活中，时间每天都在不断地在我们面前乔装，虽然我们不曾看到它，但是在它的手中永远都会携带着无价之宝。当我们对它感到惊慌失措时，它就会悄然离去，像一滴水珠悄无声息地注入大海。我们的日子也会这样，注入含有水的河流中，无影无踪。

很多人都不会觉得时光匆匆，而有些年轻人对时间也很麻木，不懂得珍惜。时光荏苒，光阴如梭，这是铁一般的事实，那些青年人不但没有认识到这一点，反而在大肆挥霍自己的青春年华，就像是一个拜金者随便买几样菜，并没有想过是否会浪费一样。就在我们大肆挥霍青春时光的时候，那些深知时间稍纵即逝的人，就会分秒必争地去努力，去珍惜自己的美好时光。

每个年轻人都要好好地珍惜自己的青春年华，不要去挥霍空闲时间，合理利用空闲时间来提高自己的工作能力，你也可以在这期间接触到新的知识，更好地开拓自己的智慧领域。不管你如何安排自己的空闲时间，但是请你一定要记住"时光荏苒，岁月如梭，时间永不回头仰望"，要充分利用自己的时间。

正像很多人不在乎的"长期的努力拼搏可以让一个人蜕变为一个富翁"，很多成功之人正是捡起别人丢弃的那一些空闲的时间，并因此获得丰富的智慧以及受人尊重的修养。那些终日埋怨自己没有时间的年轻人，反躬自问，他们真的拿不出一个小时的时间来反思以及自我完善吗？

虚度光阴并不是我们最大的损失，最大的损失是在这一段时间内所消耗的精力。努力拼搏工作之人，心思缜密，激情盎然，但是对于无精打采的人来说，精神早已麻木，懒惰之人的肌肉也长期处于萎缩状态。那些享受安逸之人，意识也会逐渐消沉，最终一蹶不振。换句话而言，走在时间之后的人，不能与时俱进的人，会永远走在成功的后面。

一丝不苟工作之人的前途是不会有人担心的，但同样也不会有人担心他们在哪里用餐，是在家中还是在外面？此时在做些什么？在何处度过自己的周末？这些问题的最佳答案，就是一个年轻人合理安排闲暇时间的一种方式，在诠释着他的品质。而那些惊慌失措、自我放纵之人的一蹶不振都是在晚饭后的空闲时间所促成的。

那些成功以及名声显赫之人，他们大部分都夜以继日，晚上的时间用在工作上，或者是学习上。可以确信一点，他们都在不断地提高自己。对于青年人而言，每个月夜的空闲时间都是一场要经过严厉考验的战争。就像惠蒂埃的一句警言："正是今日，命运的画卷在悄无声息地展现，而生命的编织网仍不会停止工作；正是今天，你的行动决定着你以后是前途似锦还是罪恶重重。"

光阴就是财富价值，谁能像一粒种子牢固扎根地下，时时刻刻从土壤中吮吸自己所需的营养物质，不断地积累，谁就定会有一番作为。就像不会随意地丢弃一美元，你也不应该随意地丢弃任何一分钟。虚度光阴就是浪费精力、浪费财富、浪费宝贵的生命，甚至浪费一些永远不能弥补的东西。反躬自问，你将如何对待自己的时间？好好去把握吧，因为那里面蕴含着你的未来。

为自己的职业找个合适的家

著名的罗伯特·瓦特曾经说过："经常会有一股无法抗衡的冲劲让天才们身不由己地走向某一个工作岗位，而天才正是为这个职位而生……不管前方有多少挫折，不管前途有多么黯淡无光……他仍然会坚持不懈地为自己的职业而努力拼搏。"

当你察觉到自己不能出色地完成工作时，你一定要审视自己的个性是否与该职业相符合，它是不是你获得成功的一条有效途径。

在现实生活中，很多人都在迷茫：一生的伟大职业到底是什么？我一生从事的职业应该是哪一行？

假如你的内心以及你的爱好指引你做木工，那么你就选择做木匠；假如你天生喜好医学，那么你就去做一名救死扶伤的医生。遵照自己内心最真诚的声音，并不断努力，你才会获得最后的成功。当然，当你没有意识到自己的潜能，也听不到自己内心最真挚的呼唤时，那么你就应该慎重考虑了，要进行多方位的思考，选择最适合你和最有发展前途的职业。要坚信你可以创造与改变整个世界。只要你履行自己的责任，你就会获得成功，这并不是一件多么困难的事情，一个一流的搬货工好过一个二流的造价师。

曾经有这样一句广为流传的话：没有哪一个觉察到自己潜能的人会成为失败者，也不会有哪一个错误认识自己潜能的人挣脱得了失败的牢笼。

你的天资就是你的聪明才能以及你的特长喜好，而那个最能展现以及发挥你的天资的职位就是你最喜爱、最适合的工作。当你在这个职业上有着很好的发展，那么你的天资以及才能就会发挥到极致。

守株待兔永远都不会有飞黄腾达的时刻。不要求一切完美无瑕，也不要永远停留在过往的错误及空白里，要试着去改变，尝试着去突破。斩钉截铁的英勇、充沛十足的精力、一丝不苟的态度、彬彬有礼是任何一种职业都不可或缺的品质，要努力成为最优秀的那个，要勇于去超越自己的上司以及前辈。

在选择自己的职业时，不要太看重薪金，不要太看重它将会为你带来多少荣誉，要深思一下这个职业能否充分发挥你的潜能。哪个职业最适合自己发展，最可能获得成就，就果断地选择哪个。

我们不要被动地去发现自己的天资，绝大多数人的才能以及天赋是不会自动展现出来的。对于一个人而言，察觉到自己的才能以及爱好，就像发现人生的矿藏，甚至会比矿藏更重要。

即便你的天资告诉你只能做一些平常的事情，那你也要把这些平常的事情做得很出色。只要有创新性、热情地去做，你就会发现即便是一件再平凡不过的事情，你也可以用自己的方式把它转化成一门独特的艺术。不管你的工作是多么微不足道，只要你一丝不苟地去研究，就像研究一些伟大的事业一样，关注其中的专业技能以及细节，你就会把它开发成一个价值不菲的事业。伟大的成就一直都是那些专注的人的战利品，因此，在工作的时候一定要兢兢业业，一旦目标确定就要坚持不懈。

伟大的爱默生曾经说过：“对于那些指令委派的工作，期望值不要太高，更不能好高骛远。”罗塞尔·塞奇是金融界的一朵奇葩，他曾经说道：“对于那些一意孤行，没有丝毫人生阅历、没有显著背景的人而言，在刚开始的时候，一定要时刻记住：第一先获取一个职位；第二不要过多说一些无用的言语；第三具有敏锐的洞察力；第四要忠诚；第五要让老板觉得你是独一无二的；第六就是有品质以及很好的修养。”

假如非要让我对那些刚跨出校门、步入社会的年轻人提出一些建议的话，我想对那些关乎切身利益的工作说几句。我期盼每个人都可以记住：“在刚开始工作时，无论是找工作，还是刚工作，对于薪水都不要有那么多的顾虑，这点不用太过于在意。更多的是要看这份工作能否让你学到知识，那才是真正属于自己的报酬。比如你可以从中学到知识、技巧以及技能，你的个性将会更加完美，你的性情得到了陶冶，你的人格也会更具魅力，等等。”

老板委派的工作，可以让年轻人得到一定的提高，他们的技能，与人友好合作、沟通以及交流的能力都会得到很好的发展，从某些程度上而言，工作也能很好地培养人的个性以及品质，而工作的环境就如同一个社会学校一般。其中一些有价值、富有深刻含义的工作可以增加我们的智慧储备量，让我们的思维更加敏捷、生活更丰富多彩。

一个只为薪水工作的人，没有强烈的工作欲望，也不可能成为老板的最佳选择。有这种思维的人，在工作期间，受到伤害的不是他上司，不是他的老板，也不会是他的同事，归根结底还是他自己。在平常的工作中他会一直保持无精打采的神态，而这种状态所承受的代价就是，即使在以后的日子里他不断地努力追逐，也永远不可能弥补过往失去的经验积累。

一个人的工作态度可以很好地诠释这个人的个性以及品质。如果一个人在工作上不只是为了那点工资去工作，而是不管任何事情都愿意去努力，都兢兢业业，负责任，勤奋刻苦，那么不管现在的工资是多么微薄，也总有一天会得到丰厚的回报。

或许在你的脑海中，一直都认为，老板发的薪水与自己的工作量是成正比的。假如他发的工资很少，你就用敷衍了事来应付。假如你这样想，那么错得就太离谱了。你应该明白一点，对于老板而言，他给你的回报是金钱，而你自己所获得的回报就是经验、很好的训练、财富的积累以及品质的提升。或许后者是用金钱也难以买到的，那才是价值不菲的宝藏。

从另外一个角度而言，几乎所有的老板都想要拥有踏实能干的员工，为了很好地留住这些人才，他们会依据员工的才能、个人表现等各方面来决定是否去提拔这个人，为他提供更好的发展空间。因此，不要只把眼光停留在薪水上，在工作中要一丝不苟。为工作多做努力的人，一定会被老板发现的，最终也会获得相应的提拔。

不要对那些开始工资微薄而在突然之间得到加薪的人感到奇怪，因为奇怪的事情必然会有它的原因。那些人即便拿着微薄的工资，但是他们的付出远远大于他们所获得的了。除此之外，他们还拥有追求完美的工作态度、充沛的精力以及良好的技术等，他们被提升不是“天赐良机”，那是他们不懈努力的结果，这点并不奇怪。

在当今现实社会中，有很多青年人都在抱怨自己薪金的微薄，不足以应对生活的开销，甚至有的会决定放弃自己的职业。他们会寻找各种理由来逃避现实，对工作挑三拣四，即便工作起来也会心不在焉。他们自认为这样就可以报复自己的上司，但是他们却忽略了，在自己放弃努力工作的同时，也正在放弃一些比金钱还要重要的东西。

从此以后，他们就因为自己的敷衍了事，而葬送了自己的聪明才智；正是因为惰性，他们的创新能力以及才能都慢慢消失；最后，甚至一些可以成为领导者的品质、智慧以及抱负都会慢慢地消失。可以肯定，不好好工作就是对薪水不满的表现，但如果长期处于这种状态，你就会把自己最美好的青春浪费在无所事事上，就像一朵含苞怒放的花朵渐渐凋零，最后你的理想、愿望都会随之消散。你一生都要做一个平庸无能的懦夫。

每个人都应该这样去思考：我选择这个工作是为了我自己，我选择一个这样的工作单位同样也是为了自己。当然想要薪水高也是人之常情，但是这一问题没必要成为问题，一切都不会是长久的，最为重要的事情，就是你可以获得一个迈进社会的机会，获得工作上提升的机会。一丝不苟的工作，能让你获得更多更好的知识以及经验，这就是工作给予你最好的回报。

在工作环境中，人应该很好地运用自己的才能、智慧以及天分，充分发挥自己的能力、特长以及创新精神，慢慢改善自己的做事方法，从而获得优良的成绩。在工作中，要不断地进步，不要让自己落伍，要以饱满的热情去处理事情。只有这样做，你的老板才会看到你的与众不同，到那个时候，你的工作地位自然就会更加稳固。

在现实社会中，有很多为薪水而奋斗的人，工作的确可以解决生存以及温饱问题，但是比这些更重要的，就是在工作中很好地发挥自己的潜能，把自己的聪明才智用在做更加有意义的事情上去。假如工作只是为了解决生活问题，那么生命的意义也就太狭隘了。

无论你从事什么职业，你都要在自己的工作中充分发挥自己的天分，但可惜的是，有很多人都把自己的工作作为一种生存的工具。事实上，世界上每个人的生活都可以更加色彩斑斓，每个人也都有可能成为一个伟人。因为上帝赐予我们的天资以及才能几乎相差无几，而那些只把工作作为一种谋生工具的人，是对自己人生的一种浪费。

聚焦于目标

在当今社会，分工越来越明确，每个领域要求的技能以及知识也更加专业。也就是说：尽量在一个领域内，技术精湛而且还要专业。假如一个人的精力被分散了，那么他将永远只能与成功擦肩而过。

伦敦曾经有一人这样写道：“我一生做过很多事情，搬货物、记录、地毯制造、写诗等，为何我就不能获得成功呢？”他在自己所涉足的各个领域中都是平平庸庸，碌碌无为。法国巴黎有个人叫科纳德，他一生也曾涉足过很多领域，汇总他的一生，他是稍有名气的作家、会计、业务员，对植物学有所研究，对炸薯条也很有研究。

不管一个人做过多少工作，涉足过多少领域，都不能成为判定他成功与否的依据。对一个人成功的判定，是要看他曾做过多少有价值的工作。失败之人，事实上，他们所付出的努力也足以让他们声名显赫，只是他们没有很好地适应现实环境，没有把自己所有的精力都集中在自己的目标上。今日他们曾努力过，而明天又想去尝试新的事物，这样就等于把自己以前所做的努力白白浪费，最后只会让自己两手空空。不能说他们没有聪明才智以及能力，也不能说他们没有努力过，遗憾的是，在现实社会中，他们却没有成功。

你的梦想以及你理想中的生活目标是什么？有些人默默不语，而有些人会回答道：“直到现在，我都不曾知道自己想要的是什么，自己应该去做什么，但是我一直坚信努力就一定会有回报，只要我努力地工作，脚踏实地地做人，生活一定会善待我，我最终也会得到些什么。”

现在我想强调的是，这种想法真是太荒谬了。世界上不会有人为了寻找金银矿藏，而去翻遍整个地球。在行动之前，没有确定的目标以及方向，即便你耗费半生的时光也不会有任何的收获。当你一开始就没有坚定的目标时，即使你不断地去努力，最终得到的只是一个模糊的东西。只有你把所有的精力都用在自己的目标上，并竭尽全力去做，你在最后才会有所收获。

卡莱尔曾经说过："在大千世界中，无论多么卑微的生命，只要把自己的精力集中在自己的目标上，它就会获得些许的成就；反之，即便是再强悍的生命，也只能面临失败的结局。滴水可以把石穿，但滔滔不绝的河水一路气势磅礴，却不曾留下任何的印痕。"

当一个人认准自己想要从事的职业，并把自己所有的精力以及才能都集中在此，不断地坚持，这个人就注定能成功。如果用手把子弹丢出去，它甚至不能把帐篷穿破，但是如果从手枪中打出，就能够打破厚实的橡木板，假如力度够大，就能够穿透四个人的胸膛。四射的阳光或许只有些许的温度，但是当它们聚集在一点时，就可以在寒冷的冬季点燃一团烈火。

伟人为了达到自己的目标，总会持之以恒、坚持不懈地去努力，去不断敲击同一个目标点。让我们共同欣赏一下这个时代有成就的人吧！他们对自己的事业得心应手，坚持自己的理想，一丝不苟地工作，他们总会把自己的精力集中在一件事情，一份工作，甚至是一个目标上。

约瑟夫·格鲁尼曾经给自己的儿子写过一封这样的信件："不管你做什么事情，学习也好，工作也好，甚至是玩游戏，都要全神贯注地去完成。如果心不在焉地去做任何事情，那么最后你什么都做不好，喜新厌旧更会导致一事无成。"

在年少时，很多人都有着美丽的梦想，但直到步入暮年，梦想始终还是梦想，最重要的原因就是他们涉足的领域太多，无形中分散了自己的精力，因此也很难进步，在某一方面获取成就也是很困难的事情。真正理智的做法就是，在某一领域中确定自己的目标，持之以恒，直到你成为这一领域的精英人物。遗憾的是，有很多人并不理智，他们在各个领域中不断地徘徊，好像对什么都懂似的，事实上只是懂得皮毛。

假如一个人把自己的时间以及精力都投放到目标上，很少会有失败。伟人之所以伟大，成功者之所以可以在万众之间脱颖而出，原因就在于他们都死死地抓住一个目标，不让自己分心，当然，他们也在坚持不懈地努力，并毫不动摇，一个人的成功与他对目标的关注程度是成正比的。

马修斯博士曾经说道：“在同一个时间段，将自己的精力分散到各个领域中的人，消耗完他们的精力，而换来的却是让自己的斗志慢慢沉沦。”

曾经有数以千计的年轻人被教育要有崇高的理想，但是需要我们铭记在心的是：制定目标必须与自己的实际情况相结合，而不是刻意地夸大。假如你制定的目标起初就不够明确，只是一个大概的构思，你一直期盼自己在实践中可以慢慢来完善，那么到头来你的目标就是一个虚无缥缈的幻影而已。

生活就如同旅程，沿途的各种诱惑都会萦绕在你的身边，向你微笑，试图引诱你远离自己的目标，违背道德与原则。但是，一定要牢记：流星在天空不管多么亮眼，它都不会为路人指明正确的方向。同样的道理，各种诱惑的确很迷人，但是它终究不是我们真正的目标，一定不要把自己的道路走偏，从而让自己掉进不见天日的黑暗之洞。

对延迟，说“不”

一个人能否成功，有时候取决于某个重要时刻，一旦在这个最关键的时刻迟到或者犹豫不决，就会永远与机会擦肩而过，再也得不到这样的机会。

在现实生活中，有很多人都会想尽一切办法把今天要做的事情推迟到明天，但工作越往后延迟，再做的时候就会越吃力。本来可以应对自如的工作，在延迟一段时间以后，做起来就不会再那么得心应手了，它们只会成为让人苦恼的毒瘤。没有及时回复的信函，等日后再操作就不知从何下手。就是因为这样，很多大型的公司都规定，接收到的所有信件都要及时回复。

毫不犹豫可以避免长时间思考的苦恼。延迟时间从某一方面来讲就是在逃避责任，最后往往是没有任何结果。行动有时就好比是播撒种子，假如没有抓住最佳季节，就会失去最佳时机，以后就不会再有这样的机会了。无论夏天是多么得美好，春天未完成的事情也不能在这个季节中得到很好的弥补。

很多人从来都没注意过自己什么时候是最懒惰的。有的人是在晚餐后，有的是在午饭后，有的是在晚上七点之后就不想做任何事情，这就是一个人的最重要的时刻，每个人都有这样最重要的时刻。假如你不想浪费口舌，你就不要再次浪费这个时刻。早晨的几个小时是评价一天生活的充实与否的最重要的时刻。

犹豫不决是一种病态，它最突出的前期病状就是拖延以及磨叽。很多人都在默默承受着犹豫不决的毒害，这一病状最好的良药就是果断地做出决定。犹豫不决会阻碍你的成功，有犹豫不决毛病的人都注定是平庸之辈。

守时是工作的最佳状态以及灵魂，也是一个人理智和信守承诺的表现。

阿蒙斯·劳伦斯是一个著名的商人，在从事商业的前七年中，他每天所收到的单据从来不会延迟到周末处理。而且，守时还是彬彬有礼的最佳风范，因为不守时的人总是一副很着急上火的神态，给人一种很慌乱的感觉，就如同去追赶一辆即将开动的火车，他们从来都没有去好好安排时间。聪明的商人们都懂得，商业上一些重大时刻有时会影响到公司以后几年的发展。假如你晚到银行几分钟，你的票据就会被拒收，这样你又何谈贷款呢？

人们总是会毫无理由地相信那些守时的人，守时的人处理生活以及工作上的问题，都会井井有条，他们一般是不会失信的，因此值得人们去信赖。

许多人一生碌碌无为，到生命终结时才发现自己一事无成，这是因为他们永远都没有把握好起初五分钟的关键时刻。从这些失败的人的实例中我们得到启迪："一切为时已晚。"有时候，成功与失败之间的转化是极其容易的，但结果却相差甚远。

教养，另一种财富

温文尔雅的言行举止可以弥补外在的缺陷。事实上，一个人最令人着迷的不是外表的美丽或者帅气，而是让人钦佩的言谈举止。古希腊人曾经认为，容颜是上帝赐予人的恩惠，但是，当美貌者没有实在的内在修养，就不会得到别人的钦佩。古希腊人更认为，美丽的容颜是内在修养的直接展现，这些品质包括愉快、善良、知足、宽容以及博爱等等。

和艺术美学相似，个性之美主要在于通畅、圆润，没有棱角，维持着流畅以及温和的弧度。很多人的个性中都存在着盲点，很多好的品质不能得以展现。这就是由于他们的性格太过分明。

无论一个人有多么优良的品质，只要他有粗暴以及不切实际的表现时，他的魅力就会大大减分。从另一方面讲，只要一个人刻意地去注重自己的言行举止，即使容貌不够漂亮，也会增加魅力。

教养是另一种财富。在很多场合下，得体的言行举止可能会办到用金钱也办不到的事情。拥有良好教养的人，就好似拿到一个通行证，无论去哪里，都会得到别人的热情款待。教养会为别人带来光明与愉悦，会为别人带来温暖，所以有教养的人，走到哪里都会受到别人的欢迎，不用过多地付出就会享受到很多的回报。也许有人会用妒忌的心态去对待他们，可当他们一旦感受到这些有教养的人的和善，他们就会投降认输，自愧不如。蜜蜂永远都不会去叮咬一个全身布满蜂蜜的人。

真正的绅士绝对不会容许自己身上有一些不良的因素，譬如埋怨、报复以及嫉妒等毒害心灵的心理。一个真正有教养的人，应该做的是把自己的慷慨以及大方呈献给世界上的每一个人。

得体的言行举止是体恤以及关爱别人的表现，是人生中一笔巨大的宝藏。得体的言行是温文尔雅的人的专利品，也是迈进上流社会的钥匙。

马古曾经说道："修养是一种巨大神奇的力量，尽管有的人滔滔不绝，但极其没有教养，做很多事情尽管很努力，但是却徒劳无功；而那些有教养之人，有时候不用费力就可以看到胜利的曙光。"修养可以让人无比快乐，也会开启成功之门。

尽管一个人是真诚而勤奋的，但也总会有一些不合时宜的言行举止，虽然怀揣理想，干劲十足，但是他那些不合适的言行把自己所有的努力都毁于一旦。相反，一个人的性格以及习惯可能有一些缺点，但是他的言行不管到哪里都很得体，这一点就可以很好地弥补个性上的一些不足，最终反而会获取成功。

一个内心慷慨的人，对朋友无比真诚，但是外表却冷若冰霜，这是多么可悲的一件事情呀！这些羞涩的人都有点缺乏自信，总以为自己的能力以及品质不如别人，事实上，正好相反，他们可能很出色。针对这种内心羞涩的心理，最佳的方法就是多参加一些社交活动，多与人沟通，譬如参加演讲、宴会等，培养良好的社交才能。

每个人的品质以及言行举止都在别人的监视之下，在和别人的交流中，人们也会产生各式各样的见解。他们会在心中默默思考着："这个人是否能有所作为呢？是否会越来越差劲呢？他会有什么样的未来呢？"一个正在提高自己修养的人会默默地自问："与这样的人交流，我的分量是轻还是重呢？"

假如你想很好地培养自己的性情，让自己可以得到真正意义上的教养，我有一个很灵验的药方，你可以尝试一下：

大公无私，三钱；

愉快，一两；

精神放松，三钱；

浪漫的情怀，四两；

和善，三钱；

懂事、敏锐，一两；

博爱与怜悯，二两。

当你发现自己有一些自私自利、吝啬、自闭等不良病状时，请按以上方法去尝试，一定会达到很好的效果。

热忱的魔力

一位伟大的金融家对热忱曾有这样的解释："倘若想要经营好一个银行，唯一能做到的是，有一个在梦中都想把银行经营好的总裁。"一个单调、枯燥乏味的工作，要是有一个人赋予它热忱，那么它就会展现出新的价值含义。

富有热忱之人都坚信自己身上有很多的潜能，他们会很好地运用这种力量，从而创造出生命中的奇迹。当一匹野马挣脱掉缰绳奔跑时，就会发挥出自身所蕴含的潜能，同样，人在充满热情时，也会发挥自己的潜能。

伟大的社会学家贺拉斯·格里利曾说过，只有那些心智高且富有工作热忱的人，才可能会取得成就。

著名的萨尔维尼曾经说过："当一个人在工作时充满热忱，他的工作效率是极高的。当人们意识到，你正在做的事情真是你的愿望以及想法时，即使你没有很好地完成，你或许也会得到人们的体谅。最重要的是，你一定要充满热忱地去学习，否则即使你有天才的脑袋，最终也将一事无成。我就是如此做的，通常一个很小的细节，我都会花上很长时间去研究。"

显而易见地，美国人有一种与生俱来的坚持不懈地寻觅自己的梦想以及履行职责的执着，近乎狂热，而这种精神力量在赤道国家是极其罕见的，在伦敦交易大厅也是很罕见的，这种宝贵的精神力量在五十年前未曾出现过。但在美国和澳大利亚却存在一种很平凡的理念：只有把所有热忱都投入到生活中，才会获得成功。由于这两个国家的影响力，这种理念如今在很多民族中逐渐地传播开来。昔日，热忱是一些伟人的天赋，而现在早已成为很多优秀民族的共性。

满腔热忱是一个年轻人的魅力所在。年轻人坚持不懈，在他们眼中看到的最多的就是美好的未来。即便有挫折与黑暗，他们也会一直激情昂扬，把危险看作是一股通向成功的力量。在他们的观念中，没有“失败”的影子。因为他们一直坚信——在人类历史中，所有的热忱与勤劳都会结出累累硕果。

很多有着丰功伟绩的伟人都英年早逝，有的甚至还没有活过四十岁。而在当今的时代下，年轻人有着更多的机会，而一个热忱之人就好比戴着王冠的帝王，所有一事无成的人都要听从他的调遣。

在西塞罗的语录中，有一句经典：做人就如同酿酒，越坏的酒，越经受不住时间的考验，最终还是会发酸，有股刺鼻的臭味；而好酒越经过时间的累积，就越加醇香。只要拥有满腔热忱，即便你早已满鬓白发，你仍旧年轻，就如同从墨西哥飘来的暖流一样，温暖着北欧大地。

“你的心灵是否早已衰老？你是否年轻依旧？假如不是，那你又依靠什么去努力拼搏呢？”

品质与个性的奥秘

坎宁是英国著名的政治家，他曾经说道："因为品质和个性的塑造，最终我获取了最伟大积极的力量，我从不曾去尝试别的方法，因为我一直都坚信，这条路也并非捷径，但是它一定是最佳的那条，对这一点我一直以来都抱以乐观态度。"

当代社会，极其需要这样的人才：他们不会漫天喊价，出卖自己；他们刚正不阿，口心一致；他们一直坚持自己的原则，维护自己的良知，无论发生任何事情；他们爱憎分明，维护真理；他们心胸广阔，不自吹自擂，对于自己应尽的义务，一定会尽职尽责，竭尽全力；他们不会轻言放弃，也不会找任何借口后退；对于那些非法的勾当，他们会当面拒绝。

为何人们会对伟人们寄托高于现实生活的期盼呢？真正的原因就是，他们身上具备特定的品格并拥有巨大的潜能。这些埋藏在身体中的巨大潜能，是无声无息的，却能产生许多重大的影响力，它好像不需要借助任何的媒介就会影响到其他人。一个真正富有魅力的人会凭借自己的内涵去感染别人，他的出现将会改变整个世界，因此他能够做到无坚不摧。

在所有的国家都会有这类人存在，他们不用命令，不用强行行动，就能达到自己的目的。但是，这种力量并不完全来自他本身的能力。到底是什么原因让人们那么拥护他们，听命于他们呢？这并不是什么奇怪的事情，品质优良的人理应受到人们的尊重与爱戴，因为品质就是最伟大的力量。

曾经有一家大型的银行真诚地邀请休·米勒任职出纳，但是被他婉言拒绝了。他说道："我对账簿一无所知，更何况我还没有担保人。"银行总裁罗斯很坚决地说："我们并不需要你有什么担保人。"在这之前，米勒对罗斯认识自己这件事还全然不知。不管你有没有察觉，都会有这样一个事实：在任何时候我们的品质都在有意无意中被人注意到。

在一生中，每个人都要拥有一些比成功更重要、比财富更珍贵、比才能更闪耀、比声誉更长久的东西。教育程度以及文化涵养会让各民族获得文明之光，但是这些并不能彻底地提高人的素质以及拯救世界万物。文明发展的历程很清晰地诠释着，文明、奢华以及沦落是结伴而行的。

假如我们能够深刻地感受到有一股巨大的力量在世间存在的话，那无疑就是品质。一个人行走在这大千世界中，即便没有文化、没有才能、没有金钱、没有权势，但只要拥有纯真的品质，他同样也可以感染周围的人，同样也可以获得别人的尊重与爱戴。

说话时不信口雌黄，不随意编造，一切驻足于事实。不管在哪里，这种态度都会受到大众的欢迎，因为其中蕴藏着人类最信赖的品质力量以及意志力量。

在现实生活中，有些人害怕得罪人，不管事实，只说好听的那一方面；有些人即使知道事情的真相，也会选择缄默，逃避事实；有的就是墙头草随风飘荡，心甘情愿做墙头派，人云亦云；有的更是夸张，不懂装懂。这些虚假以及空洞都是不追求品质的恶劣后果。

追求精细，至于完美

一位伟大的作家曾经写过一段这样的话：“任何事情都应该做到完美，精益求精。因为我们时常都不知道什么才是事关大局之事，或许对于我们而言是微不足道的事情，而有时却关系到我们的生命安全。”

图特尔先生曾经说过：“一个做事谨慎、追求完美且精细之人总会受到别人的欢迎。事实上，没有哪一个老板会像监控犯人一样盯着自己的员工。假如一个老板需要日夜不停地监督员工，假如一个出纳还要亲自核对记录员的记录，那么还不如自己去做，或者是另请别人。那些不会做事的傻瓜，只能让他们走人了。”

一位声名显赫的商人曾经说道：“制作出一枚质量上乘的别针，会比一个质量最差的蒸汽机利润高好几倍。”

“粗心”“懒散”以及“武断”都是失败者的代名词，在现实生活中有很多例子。很多人，譬如职员、出纳、主编以及大学老师，都是因自己的粗心大意而丢掉工作的。

精细是我们所追求的无价之宝，而且应该像追求知识以及财富那样坚持不懈地努力。精细与完美并不是很难达到，只要养成好习惯，不拖延，不敷衍了事。

当你有了马虎大意的毛病时，纵使你有家财万贯，也很有可能变得身无分文。而那些有成就的人都是认真的，恪尽职守的。精细是一种品质与性格，而性格以及品质就意味着我们所拥有的力量。

忍耐力与持之以恒

正是因为有了忍耐力以及持之以恒的精神，在埃及平原才会屹立起雄伟的金字塔，在耶路撒冷才有了气势磅礴的庙堂；正是因为有了忍耐力以及持之以恒的精神，人类才会征服气候恶劣、浓雾弥漫的阿尔卑斯山；正是因为有了忍耐力和持之以恒的精神，种种在新大陆上的困难才能得以解除，人类才能更好地生存。

水滴石穿，线锯木断。倘若没有持之以恒的精神，即使是天才，也会有疲惫以及厌烦的时候。只要有恒心，积累智慧，胜利终会来到你的身边。辛勤以及有斗志的人才会笑到最后，有耐力的马匹才会超越自己的竞争者，最终从众马中脱颖而出。

天资、亲人以及朋友的鼓励，还有一些其他条件的具备也不足以让一个人很容易取得成功，成功所需的是忍耐力以及恒心。天才的确有很多的人羡慕，但是那些天生的能力并不能超越勤奋以及坚持不懈的精神，有了忍耐力以及持之以恒的决心，才能获得成功。

世界上很多哲学家以及作家之所以被大众认可，最主要的是他们的坚持不懈以及忍耐力。很多作品并不是灵光一闪写出来的，而是他们坚持不懈地努力才成就的，只有经过一番努力，旷世之作才会呈现在大众面前。

持之以恒的乌龟能超越奔跑迅速的小白兔。假如能够十年如一日地学习，十年内你积累的智慧一定会远远大于在学校中研读的四年高等教育。同样的道理，好书不怕千遍读，耐心的研读一定会比蜻蜓点水式的阅读更能影响人的思维。就像布尔沃所说的那样：“忍耐性与持之以恒是征服者的心灵之火，它是人类抗衡世界、个人反抗命运的不公，灵魂与物质界最厉害的秘密武器，它堪称福音书的精髓，其对种族矛盾以及社会制度的影响力以及重要性，不管如何强调，都不为过。”

很多人做事以失败告终的原因，就是做任何事情都没有恒心以及忍耐力。一个不能持之以恒的人，今日的他或许是一个百万富翁，而明日的他或许就会沿街乞讨，读者朋友们，不妨去试着查找一下，在人类获得的众多成就中，有哪一项不是经过持之以恒而获得的？

柏克曾经警告世人：“在生活中，永远都不要有绝望的意念，假如你不能很好地去做到这一点，那么就带着你的绝望去拼命地工作。”

啊！永不臣服的意志力，一切的鲜花与掌声在最后的时刻都属于你。

一把“简洁”的钥匙

简洁是一种敏锐，是一种智慧的结晶，凡事都要做到言简意赅，重点突出。一颗宝石之所以堪称无价之宝，不是因为它的重量；随处可见的空气，经过气体压缩，它的气势如同子弹一般，即使坚硬的石头也无力抵挡。

稠密的子弹才会有无限的杀伤力，集中精力才会取得成就。鲁弗·乔特作为一个大法官，别人用一个小时讲清楚的问题，他可以用一分钟来阐释清楚。

希拉斯·菲尔德曾经对来访的记者说道：“时间是宝贵的，请简洁一点，守时、真诚以及简洁应该成为人们一生的座右铭。用不着写多长的信，根本就没有人有时间去认真地阅读。简洁地表达你想要说的话，即便是天大的事情，一页就可以让每个人读懂。数年前，当我在大西洋铺设电缆时，有一次给英国发送一封信件，这封信件是极其重要的，首相以及女王都会阅读到它，我还需要他们的准时回复。我把自己想要说的话写在几页纸上，然后又进行修改，把一些不必要的内容删减，尽量简洁明了，改正二十遍之后，我要写的话竟然可以用一页纸完成。信寄去不久，就得到了满意的回复。但认真地想一下，假如我的信件不曾修改，假如我还是用五六张的信纸给他寄过去，事情肯定没有那么顺利，简洁也是一份极其宝贵的礼物。”

斯图尔特先生是一个把时间看作是一生资本的人，他从来都不会让别人私自进入自己的办公室。客人只有向保安说明自己的来意，才可以去拜见斯图尔特。假如有人找他谈私事，门卫就会按照吩咐告诉来者：“斯图尔特现在不谈私人问题。”那些被允许进入他办公室的人，都尽量简洁明了地表达了自己的意思。在他的办公室中，什么事情都被安排得井井有条。斯图尔特先生珍惜每秒钟的上班时间，不会像别人那样随意闲聊，浪费时间。

费奈隆是法国的著名牧师以及作家，他曾经说过：“语言精练却意义深远，逻辑思维分明，条理清晰，同时说话又从容淡定，这就是演讲的最高境界。”

骚塞作为英国著名的诗人，他曾经说道：“假如你希望自己所讲的言语可以产生深远的影响，那就一定要简洁明了。言语就如同阳光一般，越浓缩集中，越容易把其他的东西引燃。”

著名的泰·爱德华曾经说过：“想说就说，说完就彻底打住。”

把你的潜能激发出来

一般情况下，一个人的才华和能力都是上天的恩赐，而这种恩赐是与生俱来的，是永远不能改变的。而事实上，有一部分一直埋藏在你的身体内，也就是潜能，只有借助外界的力量来刺激它，并在刺激之后很好地加以培养，这种潜能才会爆发；反之，这种潜能就会慢慢地消失。

所以，一个人潜在的能力如果不能被激发，不能得以很好地发挥，那么，他与生俱来的才华也会慢慢地消失，它们所含的力量也会随之消失。

在现实生活中很多人身体内都蕴含着潜能，就像在梦乡中不断的沉睡，只有把它叫醒，才能有所作为。

而有些人直到老年，潜能才得以激发，这又是何故呢？有的是因为研读了振奋人心的书籍；有的是聆听了富有说服力的大型演讲；有的是受到朋友以及亲人的鼓励……在这些因素中，朋友和亲人的鼓励以及支持是影响最大的。

与那些平庸的失败者谈心，你很快就会察觉到：这些人的潜能也未开发，他们没有优良的生活环境，也没有获得别人的支持以及鼓励，他们根本就没有振奋人心的力量。

在我们的一生中，不管你付出什么，你处在何种境遇，你都要尽量与那些了解你、相信你以及鼓励你的人在一起，因为他们可以激发你走向成功之道，这对你日后的成功有很重要的影响。还有那些在各行业表现出色的人，他们都会有高尚的志向以及远大的抱负，与这些努力拼搏的人在一起，在无形中你就会受到潜移默化的影响，激发出你奋发图强的精神力量。

不要对自己手下留情

在现实生活中，有很多青年人在做任何事情时，都会给自己留下一条后路，方便以后可以很快地逃避，但是，事实证明，这样的人是永远不会有什么大的成就的。

在公元前一世纪时，凯撒大帝领导自己的队伍到达英格兰，他下定决心要赢取这场战争，无论遇到任何挫折都不会退缩。为了鼓舞士兵的斗志，让士兵们拥有必胜的决心，凯撒特地命人把他们所有的船只都烧毁，没有留下退路，因此士兵们都奋勇向前，就这样他们获得了胜利。

破釜沉舟、决一死战的军队，往往在最后的关键时刻，能获得胜利。同样的道理，一个人不管做任何事情，只要不对自己手下留情，一直向前，之后不管遇到什么样的挫折与困难，他都不会退缩，因为他没有给自己留下任何的退路。而那些为自己铺好后路的人，可以说是意志力不坚定的人，一旦遇到苦难就准备退缩，这种人是不会那么容易获得成功的。

一个人成功的关键在于他的意志力。一个意志坚强之人，不管遇到什么样的挫折与困难，都会想尽一切办法去克服；那些意志薄弱之人，一旦遇到麻烦，甚至在挫折未来临之前，就会惊慌失措，把所有的精力都放在如何逃避问题上，把自己的所有心思都放在为自己设定的后路上，当挫折一步步逼近的时候，他们就一步步地后退，直到无路可退。在现实生活中，有成千上万这样的年轻人，他们的确有进取之心，渴望有一番作为，但是他们的意志力是那么薄弱，不敢与挫折决一死战，总是犹豫不决，没有坚定的目标，一旦遇到挫折的时候，他们就会马上停止前进的脚步。这样的人，以这样的心态面对挫折，失败是在所难免的。

不给自己留下任何的后路，没有任何后退的余地，全力以赴，不断进取，就算遇到挫折与困难，也不会后退。因为回头是万丈深渊，后退是悬崖绝壁，不顾一切地前进，或许能找到一线生机。怀揣着不达目的不罢休的决心，心中的恐惧就会渐渐消失，那么犹豫不定、胆怯等心灵中的病魔都会被驱除。连死亡都不怕，还有什么值得恐惧的呢！只要拥有一颗必胜的信心，成功就会慢慢来到你的身边。

犹豫不定这一毒瘤，已经侵蚀到人的心灵，从肉体到灵魂不断地蔓延，有的人甚至已经奄奄一息了。这些人正是在做任何事情的时候都会为自己想好后路，不敢与困难以及挫折决一死战，他们根本就没有那种背水一战的勇气。他们一直不明白一个道理：当你把自己所有的精力都投入到自己的目标上时，你的内心就会有一股坚不可摧的信心，这种自信会把犹豫不决、懦弱以及胆怯等消灭。

不对自己手下留情就需要训练一种本领：在下定决心时，一定要果断，不要迟疑与顾虑。面对重要的问题以及重要环节，一定要进行全方位的思考，不要妄下决定，拖泥带水。假如你为自己的后路考虑很多，或者心存“以后再说吧”或者“让我好好考虑一下”之念，甚至是你考虑很久，一会儿这样一会儿又那样，最终也不知道自己该如何做，还是重复原先那些话，这样的你注定会失败。即便你的决定有一千次的错误，也不要有一次的犹豫不决。

行事果断之人遇到问题时，就会立刻想办法解决，他们决不会为了一个决定而去浪费自己宝贵的时间，这样就抓住了很多机遇。但是犹豫不决之人在遇到困难时，总会一直无目的地考虑，找人商议，向别人请教意见，慢慢地越来越模糊，难以抉择，没有自己的观点，到最后也不知道如何是好，甚至会错失很多机遇。

策略已决定就不能再改，一定要善始善终，这样的习惯对判断能力以及决策水平都有一定的提高。当你养成这种习惯的时候，你就会发现，自己离成功越来越近。假如你的抉择只是一个实验而已，你认为还没有到最后抉择的时刻，随着事情的变化，你反而会更容易去考虑自己的后路，甚至会产生一种“不求有功，但求无过错”的消极思想，最后的决定会一而再再而三地更改，这样又怎么会成功呢?

假如在抉择之前你就很果断地告诉自己抉择之后就不要再更改，你就会不停地暗示自己，没有经过认真的思考，最后带来的结局只有失败，即便执行，最后也难免有损失。一旦你意识到这一点，在抉择之前你就会认真地思考、调查以及观察，在这一过程中，你的判断力就会有明显的提升，最后必然会达到一种理想化的程度。

激发无限潜能

卷三

[美] 安东尼 · 罗宾

安东尼 · 罗宾是世界上独一无二的潜能开发大师。他的主要著作有《激发无限潜能》《唤起心中的巨人》《一分钟的巨人》以及《激发个人潜能》等。在 1995 年，安东尼 · 罗宾获得“美国十大杰出青年”的称号，同年还获得了“金锤奖”。

《激发无限潜能》为你解开种种生活的谜团，教你驾驭生活，去很好地获取幸福高品质的生活。而在当今世界上，已经有数以千计的人领悟到激发无限潜能、实现目标的诀窍。

《激发无限潜能》是一场社会观念的改革。这本书会给你带来励志的盛宴，让你重燃塑造自己以及世界的勇气和毅力。当今社会是一个充满机遇的社会，《激发无限潜能》就是你通往光明的路灯。

获取自己想拥有的东西

几个月前，我还是一个意志消沉、痴肥、贫困潦倒的青年，现在，我已经变得富有、健康。我不敢说我目前的状况就叫作成功，因为有些人并不在意身份、地位、财富。但如果你也渴望改变你现在的生活境遇，希望你能耐下心来听听我的故事，我由衷地希望你能够从我这里找到成功的技巧、方法和理论。我也相信，能把我们的人生神奇地带入到伟大梦境中的力量，就在你我心中。

你一定了解很多名人的故事，并渴望像他们一样成功，但就我看来，人要先有与众不同的能力。比如苹果牌电脑创始人史蒂夫·乔布斯，他也是从一文不名、穿牛仔裤的孩子成长起来的，他所拥有的，就是抱着坚定的信念，创立一家排名《财富》杂志五百强的企业；再如泰德·特纳，他把一个毫不起眼的有线电视发展成一个庞大的帝国；再如大导演斯皮尔伯格、艾美奖超级歌手斯普林斯汀、劳斯莱斯汽车公司总经理艾柯卡……

他们的相同特质就是与众不同的能力。最伟大的能力除了能实现自己的愿望之外，还能造福社会。在这一点上，我们可以翻开历史来看看人类表现出的能力。早期的人类能力就是体力，身体强健的人可以支配他人；有了文明之后，能力就演变成了权利，能力有了继承；工业革命之后，能力又变成了权力，资本家主宰了工业的走向。在我们现代生活的社会，以上三种能力仍然影响人类的生活，不过在这其中，又兴起了一种最具威力的能力，就是专业知识。

我们经常看到不平凡的人取得了成功，认为他们拥有某种特别的天赋，可是，我们还要看到他们为了完成目标所采取的行动。难道只有乔布斯能看到家用电脑的前景？只有特纳看到了有线电视的市场？为什么只有他们取得了成功？这里面的差别就在于他们知道怎么去做，勇往直前取得成功。

沮丧会阻碍你的成功之路。我们要想成功，就要改变我们的情绪和行为。不让沮丧影响到你的成功，你就要首先在心中画出令你兴奋的图像，然后改变口气和心语的内容，加上特别的举止和呼吸方式。当然，这种方法也能帮助你表达出同情和爱。这种方法就像导演的工作，他们这么做，是为了确保达到戏剧的效果，为了掌控观众的视觉、听觉。比如说，他们想要你感到害怕，就会提高音调，制作出你意想不到的画面；如果他想要你兴奋，他就会利用音乐、灯光创造出喜剧的效果。同理，你也可以在自己内心的屏幕上做出类似的事情，用同样的办法掌控你的心智活动。

我要告诉你一件不可思议的事情，你或许不相信有一种方法能够看透一个人，确知他的想法。就像100年前，谁能想象人类能够登上月球？谁能想象从纽约到洛杉矶只要五个小时。但是科技就是能够让梦想成真，你也能从本书学到你意想不到的东西。

下面，言归正传，我来介绍一个“必定成功公式”。

这个公式的第一步需要你知道你的需求是什么；第二步你要知道你如何去做，并采取行动；第三步是你要拥有敏锐的洞察力，分辨信息，判定可实施度；第四步，发展出达到目标的变通能力。

现在，我们来介绍下斯皮尔伯格吧。他36岁成为世界上最成功的制片人。他是怎么做到的呢？在他12岁的时候，他就确定了目标；17岁的时候参观环球制片厂后，他就和剪辑部经理谈了一个小时，然后第二天他就穿上套装，混入了摄影棚，开始他的学习之旅；在他20岁的时候，他正式成为电影工作者。他在环球制片厂放映了一部出色的片子，并签订了七年的合同，导演了一部电视剧……

斯皮尔伯格的成功就是遵循着这样的成功路线。事实上，我所认识的每一个成功者都和他一样，致力于自我改造并变通。

本书就是要把有效的信息输入到你的脑袋，然后帮助你拟订成功的计划。差不多每个星期，我都会主持一个为期四天的“心灵革命”研讨会。会中，我教会学员如何运用头脑开发智力。在会议的尾声，我安排学员走过一条10到12英尺长的炽热火堆。高级班的火堆会长达40英尺。学员们通过这个测试了解到自己潜能的重要性。

那么，我们有什么特质呢？在我看来，以下的几种特质能够保障你的成功。

热情。热情是成功的一个原因，因为热情让艾柯卡做出别人做不到的事情，因为热情让科学家追求突破，把人送到太空并返回地球；热情也让人如沐春风。

信念。世界上每一本宗教典籍都在阐述信念的作用，成功者与失败者不同，也是因为信念不同。如果你相信未来，未来就会如你所愿。

策略。策略就是为了目标所实施的计划。斯皮尔伯格成为一个制片人后，就策划出了征服电影、征服世界的方法。他知道要学习什么，该认识谁，要怎么做。你要积极行动才能把成功引进门。

活力。是活力让斯皮尔伯格和特纳在舞台上热力四射；是活力让唐纳德·特朗普及乔布斯冲劲十足；是活力让里根总统和凯瑟琳·赫本虽年过七十，仍充满生气。

凝聚力。每个成功者都有一种凝聚众人的能力，这种人能够让不同背景、信仰的人聚合在一起，建立共识，一起行动。肯尼迪、里根、甘地等人都是能够把千万人聚合在一起的人。

善于发送信息。真正成功的人是那些已经学会面对人生挑战，把逆境求生的经验传授给自己人；而那些承认人生失利的人，都是属于划地为限的人，这样的人才是失败者。能够带动我们生活和文化的人，也是能和人沟通的大师，他们能够传送见解，拥有传送消息的能力。

在每个人的一生中，必定会有重大挑战，有的人通过了考验，成为勇者，有的人则任自己毁灭。为什么？

我觉得，这是因为人和人之间存在着差异。容我谈谈名人的故事，这第一个人的命运很凄惨，他曾出过车祸，全身瘫痪、呼吸困难，四分之三的皮肤被灼伤。但他没有放弃求生的意志，挣扎着活过来重振事业。但是不久后又因飞机失事导致腰部以下瘫痪。而第二个人是腰缠万贯、才华横溢的艺人，拥有广大的崇拜者。22岁就成为纽约第二大剧团最年轻的成员，很快又在纽约家喻户晓。他有很多明星朋友，婚姻美满，住宅华丽。

如果要你选择，你要做哪一个人？在你做出选择前，容我交代下他们都是谁。第一个人叫作米切尔，事故过后他依旧活得很好，他住在科罗拉多州。在他出事故后，他体验到了成功的喜悦，成为百万富翁，还去参加国会竞选。第二个人叫作约翰·贝路希，是当代著名的谐星之一，他丰富了无数人的生活，却没有丰富自己的生活，他死于“古柯碱和海洛因的急性中毒”。当噩讯传来的时候，大家都无法相信他是一个滥用药物无法自拔的人，他因为药物变得身体浮肿，老得不符合他的年纪。

在我们身边不乏这样的差异，在此，我要问你，富贵和贫穷有什么差异呢？有的人通过自身努力冲出险境，有的人生活环境优越却走向灾难。是什么让人有这么大的差异？

差异源自于心态。当我们竭尽全力无法扭转乾坤时，你在想什么？成功和失败的区别就是你对于生活的态度和做法。

米切尔在遭遇灾难时，他要做出选择，他明白伤势对自己的伤害，但是他还是告诫自己不要惧怕灾难，要相信灾难是在帮助他走向成功。他拥有这种信心和信念，即便再遇到其他的灾难，也能扭转乾坤。

“环境不会改变，解决之道就是改变自己。”

我在思考人们是如何达到意愿的时候，明白了这么一个道理，那就是，如果我能分毫不差地学习别人，我就能取得他们的成就。

那么在这里，我们就需要从三个基本方向出发。

第一个方向就是信念。你要相信你一定能够做到。当你自信的时候，你就能够传送一个信息给你的神经系统，让你向成功跨近一步。

第二个方向就是开启心智之门。每个人都有一个思维模式，需要一个思维“暗码”，如果你想启动你的心智之门，你就要输对你的暗码。

第三个方向就是了解自己的生理状态。了解你的呼吸、坐姿、站姿，你也会深刻理解自己的心理状态，而你的心理状态又能影响到你的行为和成效。

想要获得成功，消除差异，就要先学会模仿。我们从小就是模仿过来的，我们通过模仿知道怎么说话，我们也能通过模仿了解到他人的成功方法。卡修基成为世界首富，也是通过模仿洛克菲勒、摩根和其他金融巨子。

前边提到了人与人的差异和模仿的作用，下面我们来谈一下你的决定是怎么来改变你的境遇的。

你有没有发现你前一秒还在眉开眼笑，下一秒就哭丧着脸？那是因为你处在不同的精神生理状态。你进取的时候，表现出自信、敢爱、坚强、快乐、兴奋，你畏惧时，表现出多疑、沮丧、恐惧、焦虑。了解和改变你的未来的办法就是了解你的心境变化。

心境可以说是我们几百万条神经作用的结果，我们大部分心境都是直觉的。引导心境就需要运用头脑。首先让我们了解心境的运作方法。我们产生心境的原因，一是内心的记忆，二是我们的生理状态和活动。回想一下，你是怎么对待你另一半晚归的？他没到家门前，你幻想他可能出车祸、全身是血，当他出现在你面前时，你又会喜极而泣，给对方一个拥抱。这就是因为心境决定了你的行为。而内心的记忆就是你对于某件事情的经验之谈，我们会回忆我们遇到相同处境的事情时所做出的举措。

让我们先来回忆下上文提到的米切尔。对他来说，发生什么不重要，重要的是他对于此事的态度。他无畏灾难，并找到了积极的处理办法，这就是他成功的原因。

你要想拥有他这样不畏惧困难的精神，就需要让自己处于进取的心境，鼓舞自己尝试各种办法来达到你期望的效果。

如果你认为事情不会像你想象的那样变得顺利，你就不会成功，因为负面的心境不会引导你付诸行动。特纳、艾柯卡、米切尔和其他成功人士和我们的不同之处，就在于善用自己拥有的一切，调整心境。爱默生说，思想是行动之母，如果我们能控制自我一年，就能产生看得见听得到摸得着的信号，引导我们向正面出发，不达成功，绝不停止奋进。

信念像指南针和地图，引导我们完成目标，没有信念的人，就像缺了马达的汽艇，不能动弹。那么我们怎么来做呢？

第一步，选择一种信念。选择好的环境是成功的第一步。爱因斯坦就曾说过："很少有人能够不因为环境偏差表达出公正意见，然而大多数人没有公正的想法。"

第二步，处理偶发事件。在每个人的生命中，一定有不可磨灭的事。如肯尼迪总统遇刺，就改变了很多人的世界观。

第三步，亲身体验知识，阅读、了解知识。卡尔文博士就是一位黑人政治学家，他说，他在美国棒球联盟中的罗宾逊身上扩充了见解。

第四个方法是从过去的成功经验中学到信念。要相信自己的力量，为自己确定目标，并坚持实现。

第五个方法，就是在内心建立一个经验，假想已经成功。比如你是业务员，挣 1 万元容易还是挣 10 万元容易？当然是 10 万元，因为这个目标让你兴奋。这样你才能够尽快发挥你的潜能。

下面，请花几分钟，简单地写下过去束缚你发展的原因：

一、

二、

三、

四、

五、

再来写下，帮助你成功需要达成的目标以及看法：

一、

二、

三、

四、

五、

把这个纸条留好，让它时时督促你。如果你的信念是消极的，你要努力消除它，知道它的害处。相信信念会改变，改变的力量就在你手中。

七个成功的小“谎言”

每个人都是自己生活的主人，无论是有意识的还是无意识的。当我们想要生活过得幸福，幸福就会来临；当我们想要生活过得悲惨，悲惨就会走近。信念是走向成功的基础，信念决定了我们对生命的理解和对生活的看法，所以，要想走向成功，我们必须找出引领我们内心的信念。

要想走向成功，首先要了解自己要的是什么，其次才是成功道路上的种种因素和变数，这样才能达到成功。树立信念也是如此，恰当正确的信念有助于自己的成功，反之则不行。

成功的谎言，很多人对其都不能理解。然而，我所指的不是大家认为的那样，而是在我们不知道事情的真假，不清楚信念的对错时，如果之前树立的信念还可以让他人和自己受益，那么，它就是有效的。

本文的“谎言”一词，是指我们对事物的真假判断是不定的。一旦价值观形成，再也不好改变。因此，本文所说的谎言不是大家认为的欺骗，而是一种让我们接受一切皆有可能的方法。以下就是我提出的七大信念，不知是不是在每个人身上都管用，但在我成功地实践后得知，这些信念是有用的。然而，这不是走向成功的唯一途径，只是希望对你有益。

信念一：凡事有因必有果，且使你受益匪浅。

还记得米切尔告诉我们，再大的困难都打不垮我们的决心。同样，每一位成功者不管在多么恶劣的环境中，总能找到有利的因素，战胜困难。在成功者看来凡事必有因，总会有一些有利的资源，帮助他们走向成功。

请你也拥有像上述成功人士所具有的信念一样，任何时候，都有一些有利于自己的资源可利用。比如，你很看重的一份生意没谈成，你可能就会有各种抱怨、各种埋怨，甚至于做出破坏道德底线的事情。但上述的种种行为可以让你重新获得那份生意吗？不能。我们要做的不是抱怨与自责，那些都无济于事，我们需要重整旗鼓，找出其他的办法，一步一步走向成功。

还有另外一个例子，玛里琳·汉米顿曾是老师，后又成为选美皇后，后来又成为著名商人，但她在29岁那年失足坠落悬崖，后半生都只能在椅子上度过。

玛里琳的遭遇让她完全有理由去抱怨，去自责，然而她没有。轮椅带给她的诸多不便，让她开始坚信自己可以做出一个更好的轮椅，于是她就召集了身边的朋友，开始了她的设计。

“动作设计”就是他们公司的名称。1981年她创立公司，目前年营业额已上百万美元，连锁店800余家。玛里琳的成功显示出：所有的行动都是靠信念来完成的！

同时，再想想你自己，在恶劣的环境中你听到的是通向成功的召唤，还是阻碍你取得成功的杂音？遗憾的是大部分人是杂音多于成功的召唤。改变人生的第一步就是要认识改变的本质。要想取得成功就要改变现状，相信自己，相信一切皆有可能。拥有信念的人，即使他们走进荒漠也可以看到绿洲。

信念二：没有失败的痛苦，只有结果的呈现。

很多人都恐惧失败，然而却因很多因素，偏偏让人面临失恋以及计划失败等。而我并不把这种状况看作是失败的表现，在本书中，我把它称之为“结果”。这个词汇是成功者所坚信的，在他们的观念中，没有失败的痛苦，只有结果的呈现，失败永远不能阻止他们前进的步伐。

只有努力追寻结果的人，才会获得最终的胜利。成功的人也曾经历过失败，他们也有徒劳无功的时候，而他们认为那是学习，那是一种人生的体验。他们会借助这个体验，让自己东山再起。

认真思考一下，自己每天增加最多的资本，就是经验。恐惧失败的人，内心就会产生一种害怕的心理，不敢行动，这样永远也不会获得成功。你是否也曾害怕面临失败？你对学习的看法是什么？假如你可以去认真地学习他人的经验，那么就会获取更高的成就。

有一次，马克·吐温说道："世界上最悲惨的事就是年轻的时候持悲观态度。"他说得很正确，在一个人心中产生失败的意念，那么就会让他的一生陷入平庸的状态。而那些伟人却不把失败放在心中，他们也不容许自己有那么消极的思想。

亚伯拉罕·林肯有着一段悲惨的人生经历。假如林肯把这段经历看作是人生的失败，那么他就不可能成为美国的总统。当爱迪生发明灯泡时，他历经九千九百九十九次失败，曾经有人问他，是否还会继续，爱迪生却回答道："我并不认为那是失败，只是那些方法不能发明出灯泡而已。"你也听到了吧，他只是一直在寻找不同结果的实验而已。

伟人、领导人、哲学家以及富有魅力的人，假如他们知道那是徒劳无功的，那就是在暗示自己要另谋途径，才可以达成自己的愿望。福勒曾经说过："人类是在错误中慢慢学习的，也是在错误中获得经验的。"这句话说得很有哲理。现实生活中的我们，正是在错误中慢慢琢磨，在挫折中汲取经验教训的。你试想一下，在你的人生中找出五种你认为最"失败"的事情来，看自己领悟到了什么，相信这样的经验会为你的人生增光添彩。

恐惧失败，是一条毒害心灵的巨蛇。当我们有消极心态时，心理状态、思维方式以及心境也会随着改变，而我们最消极的思想，就是面对失败了。舒勒博士曾经倡导"可能性的思维法则"。他问："假如你之前就知道自己不会失败，你该会如何做呢？”你也试想一下，应如何回答。假如你从内心深处就不相信会失败，也许你会用另一种方法来获得现在的成功。因此，你为何不去尝试一下呢？现在我要告诉你，从起初就不存在失败，有的只会是结果。因此，把“失败”从脑海中摒弃，让结果填满自己的内心，并从经验中去努力学习。

信念三：任何事情，都要认真负责。

成功者共有的一个特性，就是坚信他们在慢慢地改善环境。或许你曾多次听过“我是主要负责人，我应该负全部责任”这类的话语，期盼你不要觉得这是偶然事件。成功人士都会坚信，不管发生好事还是坏事，都是自己所做的，即便不是自己亲自去做的，也同样影响了别人。科学家从来未证实过思维改变环境的真理，但它确实是一句意味深长的话语，也是一个振奋人心的宣言。我坚信，不管一个人有意识的行动或者是无意识的意念，都是自己曾经经历过的，都可以从中领悟到真理。假如你不曾相信自己可以改善周围的环境，那么你就会永远被环境所奴役。这样的你，是一个被制造者，而非制造者。假如我生活在这种环境下，我宁愿去另一个境遇、另一个社会以及另一个国度，待在这里，只能让自己成为环境的牺牲品。

在我的观念中，敢于负责任是一个人成熟的标志，也可以看出他的信仰，他的品质也会得到考验。假如你永远不相信有失败的存在，只相信到最后的只有结果，而且敢于负责，这并不会让你损失什么，反而会让你收获很多。假如你可以自控，那么就注定你会成功。

肯尼迪是一位有担当的总统。丹·拉瑟曾经说过，直到猪湾事件发生后，肯尼迪才成为一个真正意义上的总统。当时的肯尼迪站在美国众人面前，承认猪湾事件是一件无法弥补的过错，并由自己来承担全部责任。就在那一瞬间，他从一位幼稚的青年政官，转化为一个真正意义上的领导者。

肯尼迪做了每个伟大人物都会做到的事情。敢于承担责任才是真正的强者，而躲避责任则是微小的弱者。

敢于负责任适用于每个人，有的人向别人表达过情谊，但对方却不领情，造成双方反目成仇。在追究事情的缘由时，你会指责对方，让别人负责。虽然这样做很简单，但却不是聪明之举。其实你只要换一种态度、口吻以及语言即可。我们曾经说过，沟通的真正本质在于完成目标。假如你换一种心态，就可以转化你的沟通模式；你敢于负责任，就能主宰事件的发展情势。

信念四：不一定要完全理解细节，才付之行动。

在成功者的心中，不是完全清楚细节，才付之行动，他们明白什么该做，而不是让细节左右自己的进度。有能力的人，都有自己的一套工作模式，完全不会理会每一个微小的细节。

洞察成功者成功的秘诀，你就会很快地学到他们的方法，就会获得同样的成就，不同的只是时间长短的问题。时间是极其宝贵的，世界上没有人可以把它无限地延长，而成功者对于时间，是一个超级典型的吝啬鬼。他们很清楚自己想要的一切，只获取自己所需求的，把其他的留下。假如他们对其他的事情感兴趣，就会花时间去学习，只不过他们永远关注自己的所需。

我敢发誓，假如我问起电力学的性质，你一定是一知半解或者是一窍不通，不过你还是照常使用电器或者开关按钮，我坚信你不会因为自己不懂电力学，而在蜡烛下阅读相关书籍。成功者很清楚什么是自己必须知道的，什么是没有必要知道的。为了更有效地学习，你必须在行动与感知中间找到一个支点，把所有的经历投入到根本的事件上，或者是采纳别人早有的经验。成功并不意味要了解所有的一切。虽然加州理工学院的科学家以及工程师知道的电路知识多于乔布斯，但只有乔布斯把它运用得很完美。

信念五：最崇高的能源就是“人”。

卓越之人，也指有卓越成就之人，他们都有一个非同寻常的认知，即尊敬以及爱惜每一个人。他们重视自己的团队，重视自己的目标，重视整体的团结。每一本企业管理书籍中，都有一项大同小异的信息，就是倘若员工之间没有共同意念，倘若没有一个同心协力的团队，就不会存在永恒的成功。或许我们都知道日本工厂的情形，工人与领导共进餐，一起拼搏努力，他们的成功只能说明一件事情，只有不指责不命令员工，才会出现奇迹。

《追逐卓越》对很多企业卓绝的条件进行了深刻地剖析，其中有一条是对人类的关注。书中明确指出，卓越的企业最深刻的理念就是对人的尊重。他们让每个员工得到最起码的尊重以及尊严，他们把每个员工都看作是自己的朋友，而不是一种生产的工具。根据书中所列举的调查，在惠普公司，二十个员工中就有十八个认为，公司壮大的根本原因是他们秉承以人为本的理念。或许你们都知道，惠普不是简单的零销商，而是依赖信誉的服务型公司，它是最前沿的现代科技领导者。从此可知，即便是最顶尖的工业领域，搞好人际关系也是最首要的任务。

当你看这本书时，脑海中就会呈现出自己起航，驶向成功彼岸的场景。我们也要时刻警惕，调整心态，改正做法，确定自己正确的人生航向。尊重他人，说与做是两个不同的概念，希望今后你在人际关系上，要多问：“只要我们怎么样，就会获取最大的利益？”“我们该怎样处理这件事？”“我们该怎么样，才可以赢得最大的利益？”一定要记住：三个臭皮匠顶个诸葛亮。

信念六：工作如同游戏。

一个厌恶自己工作的人，是不会获得成功的。但有个成功的小窍门，就是把自己的工作与自己的兴趣爱好紧密地联系在一起。毕加索曾经说过：“在工作时，我就会觉得无比快乐，而在闲暇中，我会感到困倦。”

或许我们没有毕加索那么伟大，但是我们也能够找出令自己兴奋的事来，把玩游戏的方法带到工作中。马克·吐温曾说：“把工作看作是休闲娱乐才是成功的秘诀。”或许这就是成功者的工作心态。

我们时常会听到工作狂人的事迹，除了工作，他们没有一点闲暇。有些人因为对工作热爱，已经达到了一种痴迷的状态。正是因为工作给予他成就感，让他兴奋，让他的生活更加充实。他们对待工作的态度，就如同我们对待游戏。在他们的思维中，工作是发展自我、成就自我以及完善自我的一种方式。

一定会有一些工作让你振奋，其中的秘诀就在于对待工作，你要有独到的见解。假如在工作中可以发现更加优质的方法，那么就可以帮助你把工作完成得更好。假如你认为工作只是一种谋生的手段，枯燥无味，那么就没有什么实际的价值可言。

并行不悖的信仰系统是呈现乘法效果的，就是积极正确的意念可以深化正确积极的意念。比如，我从不曾认为会有无前途的工作，除非你害怕失败，担心承担一定的责任。当然，我并不是说让你成为一个工作狂人，让自己的小宇宙围绕着工作转动。但我还是想建议你，想要自己拥有充实的生活、快乐的人生，就必须把玩游戏的好奇心以及那份活力，带到工作中。

信念七：倘若不全身心投入，就注定没有永恒的成功。

每个成功人士都一直坚信真诚的能量，假如想找一个与成功紧密相关的信仰，那就是全身心地投入。你会发现各行各业的成功人士，他们不仅是最聪明的、最优秀的、最敏捷的、最强壮的，而且是最踏实能干的。帕夫洛娃是苏联的舞蹈家，她曾经说过：“永不停止地朝一个目标努力，那就是成功的窍门。”这也正是我所要求的。制定目标，找到一个适合的方法，从现在开始行动，观察每一个过程所产生的结果，不断地改善，直到完成目标。

在任何一个领域中，我们都可以看到全身心投入的例子，包括在用体力争战的领域。对体育界而言，是什么条件让拉里·伯德成为美国篮球职业联赛的优秀球员？或许很多人都会感到惊讶，他行动缓慢、跳得不高，在这个重视灵活性的领域中，他的行为看似是极其缓慢的。当你用心去剖析时，你就会发现，其实伯德的成功完全取决于他全身心的投入。他整日地辛苦训练，坚持不懈，拿起球比谁都认真，对自己的要求也很高，因此他比别人更加优秀。汤姆·沃森是一名优秀的高尔夫球手，而他在斯坦福大学时却没有任何名气。虽然当时他只是一个极其普通的球手，但对于他的刻苦，教练大加赞许，称赞他为一生中最罕见的球手。在以技巧为先的领域中，只有刻苦训练，才会在众人中出类拔萃。

在任何领域中，全身心地投入都是获取成功的重要条件。丹雷瑟在没有名气之前，只不过是休斯敦电视公司的一名刻苦的新闻编辑。为了采访龙卷风的最佳状态，他不惜把自己倒挂在树枝上。黑人歌手杰克逊，有人说他是一步登天。难道他真的那么有才华吗？其实他有。他从五岁开始就进入歌唱界，把自己的工作看作是一项娱乐，慢慢地训练，慢慢学习谱曲并苦练舞蹈。的确，他很有天赋，也很幸运，生活在一个可以支持自己一路向前的环境中。他的周围也有很多可以仿效的实例，同时还有家人的支持。但他成功的最终因素还是他的勤奋，愿意付出代价。成功人士为了追寻自己的目标，会不惜一切代价的，当然这种代价是在不伤害别人的前提下。也正是这样，才让他们从万千大众中脱颖而出。

一定要记住，成功是会留下印痕的。真心地希望你可以观察成功人士，寻觅到能增强能力的信仰。这里所列举出的七个信念，帮助过成千上万的人，我也坚信只要你全身心地投入，就会从中获得神奇的力量。

但是，我坚信在各位心中还会存在一些疑惑。比如：假如心中始终有一些阻碍自己迈向卓越的意念，怎么办？假如这些意念是消极的，而不是积极的，又该如何做？要如何改善修正自己的意念？大家也不要担心，其实领悟才是成功的第一步骤，从心里知道自己所寻觅的目标。第二步骤就是行动，怎样控制自己内心的意念和记忆，以及很好地运用自己聪明的大脑。

生理态势：通往卓越的捷径

可以让我们立即改变心绪的正是生理态势，同样它也是获得成效的最佳工具。一句民间谚语说道：“假如你想要自己无比强大，就装作无比强大吧。”这句话就是至理名言。我真心期盼每一位学员都可以在我的演讲中领悟到其中的真理，去很好地谱写人生的乐章。假如你想要自己梦想中的生活，那么就必须保持积极的胜利态势，只有这样才会为你带来无限的动力。

假如你把自己伪装得快乐、活泼，那么你就会自然而然地进入那样的状态。在任何情形下，心理态势的改变是极快又很有成效的，因此被人们称为挽救心境最有效的杠杆。生理态势与内在的储忆是密切相关的，假如其中一个改变，另一个也会随之改变。我时常会说“没有身，也就没有心”，或者是“没有心，也就没有身”。假如你可以改变自己的生理态势，那就意味着你可以改变自己的言行举止、神态以及说话的语气，那么你的心境以及内心的储忆系统就会立刻随之改变。

你是否记得曾经筋疲力尽？当时的你对周围有何感觉？我坚信当你疲惫、痛苦时，对周围的认知与在你心情舒畅时，会有巨大的差异。假如你可以主宰自己的思维，那么就好好去掌控自己的生理态势吧。当你处于疲惫状态，你的思维也会随之停止；当你心情舒畅时，你的思维也会保持活跃。由此可知，生理态势是改变情绪的最佳良药。在现实中，假如没有相对应的生理态势的改变，你的情绪就不会发生变化；当你的情绪没有发生变化时，也绝不会产生相应的生理态势。其实改变心境有两种方法，一种是改变内心储忆系统，另一种就是改变生理态势。假如你想在短时间内改变自己的心境，那么你就要改变自己的心理态势，也就是说改变自己的言谈举止、说话的语气等。

假如你觉得自己有点疲惫，就不断地告诉自己，要做出这样的生理态势：两肩下垂，全身放松。这样你就会改变内心的储忆系统，把这种疲惫的信号传递给神经末梢，产生疲惫的状态。假如你想改变自己的生理态势，想要表现出一副很强大的样子，那么你的内心储忆系统也会随之改变，会呈现出相应的神态。倘若你不断地提醒自己很疲惫，那么内心储忆系统就会一直保持疲惫的状态。假如你想要充满朝气，你就会在潜意识中伪装着有朝气，你的身心就会变得很活跃。只要改变生理态势，心境也会随之改变。

有人找我说办不成某事时，我就会对他说道："你就假装自己可以办到。"通常他们会说自己不知道该如何假装。我就会说："就假装你什么都知道，在言谈举止、神态中表现出来，做出相应的样子。"当假装该有的动作时，就会真的做到。用这样的方式去改变自己的生理态势是最有成效的方法。一次次地改变生理态势，就会做到以前所不能做到的事情。因为生理态势在改变的同时，心境也会随之改变。

试想一下，是否有某事你自己很想做，却不能完成的。假如你坚信自己可以做到的话，你将如何站立、如何说话以及如何呼吸呢？现在的你请做出你认为可以办到的生理态势，再仔细观察一下，现在的神态、站姿以及呼吸是否与之前一致呢？假如你的生理态势假装得很到位，你就会发现自己可以完成以前所不能完成的事情。

同样的情况也发生在过火仪式上。有些人面对火时，已经做好了心理准备，准备去尝试，结果就是他们安然无恙地通过火堆。然而有些人却在最后一秒选择放弃，或许这时的他们内心储忆系统发生了改变，导致他们想到不幸的结局；当靠近火堆时，炽热的火焰驱走了坚强的毅力。结果就是，他们内心恐惧、害怕，肌肉僵硬。为了让他们忘记那些不可能发生的事情，我要做的是，通过改变他们的心境，来消除他们内心的恐惧以及胆怯。我们曾经说过，一切的行动都是心境的一种反应。当我们觉得自己无比强大时，就会去尝试在恐惧以及疲惫时所不能完成的事情。所以，过火仪式让我们领悟到一个道理，就是无视过去所不能完成的，在短时间内，通过改变心境很好地达到目标。

当一些人在火前吓得惊慌失措时，让他很快恢复正常的方法，就是改变他的生理态势。虽然改变内心储忆系统，会把信号传递给神经系统，去改变言谈举止，但这样有点复杂，为何不直接改变生理态势呢？所以当有人在喊叫时，你就让他仰望天空，让他的视神经代替触神经，这样他就会停止喊叫。你也不妨尝试一下，当你生气或者不想做某件事情时，你就抬头，仰望前方，这时你的感觉就会很快变化。倘若你的孩子受伤，你让他抬头看天空，在短时间内，他就会停止哭泣。当那些喊叫的人心情平静下来之后，我就会让他们做出能应对火堆的神态、呼吸以及语调等。让那些人的神经末梢接收到新的信号，便可以很快地驱除过去几秒内恐惧的心理，重新做出能完成目标的行为来。

每当你达不到某个目标时，你就可以运用这种方法。改变你的心绪，或者是你的神态以及言谈举止，便可以改变你的心境，鞭策你付之相应的行动。当然最佳的办法就是改变你的生理态势以及心绪，这样，你便能重新燃起希望之火，为自己的目标而行动起来。

这种方法同样适用于运动。假如你已是疲惫不堪，你就会不断地提醒自己是多么的疲倦，然后以休息和喘息的生理态势，来加强信息的传递。可是即便你没有呼吸的力气，倘若在潜意识中你昂首挺胸，调整呼吸，很快就会恢复正常。

我再次强调，只要能改变生理态势和内心储忆系统，身体的生化系统以及传送系统就会受到影响，行动就会随着感觉不断变化。当人们伤心时，他的免疫系统就会随之变化，大大降低效率，也就是白细胞的数目在不断地减少。你是否见过别人的吉尔连透视照片？心境以及心绪会大大影响它所产生的身体电化能量，正是因为身心的密切联系，当它们处于斗志昂扬状态，全身的电化能量就会随着变化，促使我们做到以前所不能完成的事情。以我的学识以及经验得知，我们身心的改变不管是好的还是坏的方面，都远远大于我们所认识的范围。

本森是一位研究人类身心关系的专家，在他的著作中有一则危言耸听的故事，是一些关于巫术之说的神秘能量。故事发生在 1925 年的澳洲土著部落，巫医为一个俘虏进行“穿骨术”，这位俘虏自己坚信得了不治之症。本森博士是这样描述的：“当时这个人的模样极其可怜，原地站立，脸上布满恐惧，用一双充满血丝的眼睛瞪着巫医，两臂不断挥舞，好像要清除自己身上的毒液。不久之后，他就变得脸色苍白，两眼空洞，脸上的肌肉也不断地变形……他想嘶喊，但是却不能发出声音，只见白白的唾液从他口中流出。他的身体不断地颤抖，肌肉也不断地萎缩，接着他前后晃动，匍匐在地，一下处于昏迷状态，双手遮蔽眼睛慢慢呻吟……在不久之后就离开了人世。”

看了这段文字，不知你有何感想，但是这却是我今生见过最恐怖并且最细腻的描写了。这整个过程证明了生理态势与信仰的关系。事实上，巫医并没有去触碰那个人，而他的意念以及生理态势所产生的能量，却达到令人意外的效果，就这样彻底把他摧毁。

这种情况是否只会出现在原始社会？不是的，同样的事情也会出现在我们的生活中。本森博士曾经提到：恩格尔博士一直收集世界各地的资料，涉及人猝死的情景。在每个实例中都介绍了那些人死亡的真正原因，并不是客观的外界条件，而是个人消极的心态，使他们惊慌失措，成为像土著部落那样的牺牲品。

我对这些研究最感兴趣的是，他们强调的是身心关系的消极面，而不是积极的部分。我们也时常听到一些人在面临可怕的场景或者失去亲人时不知所措的事情，那时消极的心态以及心绪都会容易让人猝死，但却极少听到积极心态会影响人的身心健康。

积极正确心态所带来的惊人成效，其中最有名气的故事被卡曾斯记录在《病历的剖析》一书中。本书涉及他是怎样借助笑声，从病痛的魔爪中一步步恢复健康的。卡曾斯恢复健康的秘诀之一就是大笑。他的康复治疗就是每天让自己流连在笑声连连的电影、电视以及小说中，就这样不断地改变自己的内心储忆系统，造成生理态势的强烈转变。他意识到不断地把积极正确的信息通过神经末梢传递，生理态势也会随之改变。他的睡眠质量比以前好，病痛也不断减轻，最终达到完全的康复，而原先医生认为只有千分之二的康复机会。对于自己的亲身经历，卡曾斯这样总结道："我已经完全学会了即便希望渺茫，也不要低估人类身心的再生能力，那种生命力是我们至今都不能完全了解的。"

或许有些研究能说明卡曾斯的境况以及一些类似的经验，这些研究洞察到人类面部表情会影响感官后，认为人并不是在开心时才会开怀大笑或者微笑，相反，在我们开怀大笑或微笑时，便会有生理机能产生，因而让我们感到很舒畅。这些生理机能能促进脑部血液循环，转变氧气的吸收能力，增加神经系统的运转。同样，不管你的面部表情是害怕、生气，还是厌恶、惊喜，你都会有相应的感受。

我们已经了解到很多身心的关系，因而我们知道要更好地照顾身体。假如你可以让身体永远保持最佳状态，让神经系统完全听命于你，那么就已经达到了费尔登·克莱斯的最高工作境界。他利用人类的动作来教导人们该怎样思考，该怎样生活。在他的观念中，只改变生理活动，就可以改变自身的意念、心绪以及大脑的所有功能。实际上，他认为，人的品质是由动作品质所决定的，只要生理态势发生改变，整个人都会发生巨大的变化。

生理态势中有一点是十分重要的，那就是表里如一。假如当我告诉你一个事实的时候，语气有点间断，行为举止有点不自然，那么就只能证明此时的我心口不一。表里不一会让我们不敢真诚地去面对任何事情，会让我们产生一种自卑的心态。像这样的状态，就是很明显地告诉别人自己有所隐瞒。

或许你曾经有过怀疑别人，但却又不能说出其中的理由的经历；或许你认为他说的很正确，但他的话，你不愿去相信。这种状态就说明：在你的潜意识中已经接收到意识中所不能接收的信号。比如，当你提出一个问题时，对方或许口中说肯定，却又做出否定的神态，或者他说："我能搞定。"但眼睛却只盯着地面，两肩下垂，这时你就可能意识到他要传达的意思是"我搞不定"。一方面他希望得到你的肯定，但另一方面，他确实没有能力去完成，这样进行两方面的行为，就是表里不一的表现。嘴上说的与实际行动完全不一致。

在现实生活中，我们都有过表里不一的经历，嘴上说的与心里想象的完全相反。不过现在我很明确地告诉你，表里如一有着巨大的能量，那些成功人士，正是能够表里如一地与自己的本能完美结合，才取得了成功。假如你想成为一个有能力的人，表里如一是十分重要的一个环节。当我演讲或与人交往时，我绝对通过言行举止来表现出我坚定的信心以及理念。让自己的言行举止与自己所叙述的保持一致，自己所要表达的意思让大脑完全接受，让自己的内心与自己的言语保持完全一致。

假如你告知自己"的确，我就应该这样做"，但是行为上却又有很多的犹豫，请问这时你的神经系统会接收到什么样的信息呢？用看电视来加以说明，就会更加简单明了。由于电子波的干扰而导致画面跳动时，你还能很清晰地看出画面吗？同样的道理，当身体提供给神经系统微弱的信号时，大脑就得不到明确的指令，不知道该如何是好。假如战士们在奔赴战场时，却得到将军这样的指令：“我们或许应该这样做，但是我不能保证此计可行，要不让我们尝试一下。”听到这番话，战士们会有何感想？假如你是战场上的将军，说：“我决定就这样做。”并且你的言行举止都保持一致，那么你就可以果断地做下去。表里如一的状态，是我们每个人所追寻的，假如想要达到那种程度，你就要做到生理态势上的果断。假如你表里不一，那么就永远不会达到好的效果。

想要具有表里如一的能力，最好的方法就是去模仿具有这类品格的人，而这里的模仿是学习对方在任何情况下的反应而已。现在你去寻找五个模仿的对象，试看一下你们开始有哪些不同点，他们的言行举止是怎么样的。学习其中一个人的坐姿、言行举止，看看现在的你是何感受。

在我的演讲中，我会鼓励学员去模仿他人的生理态势，结果是他们完全可以感受到被模仿者的情感。现在让我们来做一个小练习，找一个人，让他讲述自己印象最深刻的一件事情但不许说出内情。现在你就去模仿他的一切言行举止，认真地模仿每个小细节，当你达到完全一致的生理态势时，你脑海中的信号就会与那个人完全相同，此时你就会与他有相同的感受。这时你的脑海中也会浮现出相似的场景，内心就会有与他相同的感想。

等达到一定程度时，请用几个字来描绘你此时的心绪，并与对方所写的相比较，你就会发现是极其相似。由此可知，在模仿别人的心理态势之后，自己脑海中所传递的信息与被模仿者的基本一致。

我深知这样的说法，会让人难以置信，但在我的课堂上，学员在五分钟内就会达到这样的效果。我不敢说你第一次尝试就会取得成功，但只要比较接近时，你就可以感受到被模仿者的喜怒哀乐。

最近的几项研究都验证了上述的结论。一篇很有影响力的报道出现在

《OMNI》杂志：有两位研究者很神奇地发现，语言成电波状储存在大脑中，并且相同的言语在大脑中会产生同样的电波反应。另一个研究还发现，不同国家的语言中，表达同一意思的字，也会产生相同的电波反应。目前他们已经在进行用电脑识别这类脑电波的实验，便于在别人没开口讲话之前，就已经知道别人的想法。假如电脑可以识别到别人内心的想法，那么经过我们的模仿，也同样可以知道别人的想法。

有些看似很突兀的言行举止会产生巨大的潜能，肯尼迪、金恩博士、罗斯福就具有这样的潜能。假如你可以模仿他们最独特的生理态势，那么你就可以像他们一样开启大脑中最重要的能量点，让你有他们处理事情的能力。只要你模仿得相似，你就会有同样的感受。

另外，你也要去学习这些人"表里如一"的心态。假如你在模仿他们的生理态势，但在你身上却有"表里不一致"的态度，那么你就永远不会把所有的信息都传递到大脑中。比如，在你模仿别人的生理态势时，你却觉得自己这一做法很愚蠢，那么你完全不会感受到模仿的真正意义，因为此时的你处于一种表里不一的状态。表里不一的信息是不会产生有用的能量的。

假如你拥有金恩博士的言谈举止，就能真切地感受到那份神秘的能量；假如你很了解肯尼迪、富兰克林、爱因斯坦的个人传记，他们的成就会鼓励你前进；假如你去模仿他们的生理态势，你就会和他们极其相似，甚至会做出与他们相同的行为来。

你期盼此刻启动自己内心潜在的能量吗？请你下意识地去模仿那些自己崇拜以及尊敬的人的生理态势吧，你将会拥有与他们相似的思维，并有可能拥有像他们那样的成就。当然，你不能去模仿悲观者的生理态势，你一定要模仿那些成功人士，因为在模仿他们的过程中，会开启你未曾开发过的潜能，让你的人生更加丰富多彩。

假如你只是单纯地去模仿那些世界级运动员的意念、心绪以及生理态势，让自己成为最优秀的运动员，是否有可能呢？当然不能，因为你并没有像他那样专业的训练，把信息一成不变地传递到大脑中，同时身体的锻炼也相似。这就好比你去模仿世界级的面包师，你的烤箱温度最高只有200℃，而他的烤箱却能达到600℃，仅这点差别，你就永远不能做出同样水平的面包来。当然，你学习他的面包烤制方法，就可以提高你的烤制水平。假如你努力拼搏，总有一天你也会拥有同样的烤箱。

为何有些人要凭借药物、抽烟、酗酒以及暴饮暴食来获得心理上的满足呢？这些不正常是通过改变生理态势来间接改变心绪吗？其实没有必要采取那些伤害身心健康的方式，只要按照上面所提到的方法，就可以很好地改变自己的心绪了。一定要记住，只有那些有正确选择的人，才能掌控自己的人生。不管什么样的系统，最重要的还是要有韧性。当外部条件都一致时，最具韧性的系统就会拥有更多的选择以及能力来指引自身。模仿的实质就是为自己提供更多的机遇，而模仿别人的生理态势却是一种最有效、最伟大的方法。

和他人之间创造默契感的奥秘

试想你与别人观点一致的一刹那，是何缘故，难道是你乐意与他一起共事？

或许你会察觉到你们对同一本书、同一部电影或者是某件事情有相同的观点，甚至是你们的言行举止以及信仰都大同小异，只是之前没有留意罢了。无论当时的你有何举动，都只是你和他人默契感的表现。默契可以让你进入别人的灵魂世界，让你了解他，迎合他。想要拥有畅通的交流，默契是至关重要的，它可以把彼此的心灵世界完全糅合在一起。

默契是为人处世最重要的条件。在七个成功的小“谎言”一章中，我们曾说过最崇高的能源就是“人”。想要很好地开发这些能源，一定要借助于默契。假如你可以与负责人达到一定的默契程度，那么你与他就会建立密切的合作关系，一起前行。

创造默契感的能力，是一个人所拥有的巨大才能。不管你在生活中担任何种角色，默契是必不可少的能力，只有这样，你才会很好地为人处世。

在现实生活中，有些人把自己的生活弄得一团糟，其实这样做并没有必要，只要遵循所讲述的方法，与别人建立默契，任何事情都会变得极其容易，也会让自己过得更加快乐。在你的脑海中一定要牢记，不管你想要做什么，在大千世界中总会有人刻意帮助你达到目标。假如你想要找到这类人，那么就只能借助默契的力量，把他们聚集在自己的四周。

我们都明白同类相吸的真理。当彼此的相似度越高时，就会越欣赏对方，这也就是在现实中团体以及俱乐部存在的缘由。虽然大家都乐意与自己投缘的人在一起，但在人际交往中总会出现一些差异，我们的生活因而增加了很多乐趣。总体来说，你最喜欢哪一类人？你最喜欢与什么样的人交往呢？你会喜欢与和自己唱反调的人在一起吗？我坚信你一定不会，你还是喜欢与自己性情相投之人相处。

到底什么才是中东问题的本质？阿拉伯民众与犹太人有着同样的宗教信仰吗？他们的法规会一致吗？语言会相似吗？像这类的差异不计其数，他们发生战争的根本原因就是他们之间有着太多的差异。

当我们意见不一致时，就会在某件事情上产生分歧，因而出现矛盾。对于美国黑白人种的矛盾，你有何看法呢？事实上也是众多差异而导致的，文化的差异、肤色的差异以及生活习惯的不同。只要人与人之间有众多差异时，就会出现很多矛盾；当相似度越高时，就会相处得越融洽。从人类的演变历史中就可以很清楚地总结出这一真理，国与国之间是这样，人与人之间也是如此。

你可以很随意地找两个人，假如他们相处很融洽，那就说明他们有很多相似之处。或许他们对某一件事情有着不同的观点，但又能很快地凝聚在一起，这就是因为他们有相似的性情。当然你可以从自己好友中找一找，你喜欢什么样的性格？是否有与你相似的呢？你也可以找一个很厌恶的人，看看他的观点是否会与你一样呢？你可能会认为他无药可救，再也不想提起他。

照这样发展，是不是我们就很难跳出“差异造成矛盾，矛盾产生差异”的牢笼呢？当然并不是那么绝对，因为观点会有所不同，也会存在一定的相似。你是否觉得黑白两人种存在着差异？假如你只看到他们的差异，就证明的确有很多差异，但是你可曾想过他们的相似之处呢？我们人类都有七情六欲。假如你想处于和谐状态，就不要只看差异，假如你想很融洽地沟通，就不要只从自己的角度看待问题。

我们将如何建立默契呢？首先要找到彼此的共同点。倘若想与他人因相似而产生默契，有很多方法。比如，模仿他的兴趣爱好、他的为人处世，或者是他的人生信仰。这样就会建立起深厚的友谊。我们都明白，沟通是借助语言来交换彼此的见解。依据调查研究得出，人与人之间的交流，用词的优雅与否只占据 7%，而说话的语气却占据 38%。我记得在孩提时代，每当母亲喊我的名字时，那不是仅仅用三个字就可以完全代表的。剩下的 55%，是通过肢体语言来形象地表现的。比如表情、手势等。一个人肢体动作的表达远远比他的言语更加形象具体。这也就是那些所谓的演艺人，看似一句很没有价值含量的话语，却能引来观众叫好的原因。那不是用词的完美，而是他的语气以及表情的完美解答。

既然这样，在人际交往中，假如我们只注重讲话的内容，而忽略那 55% 的共性，是很难达到一种默契程度的。因此想要与别人产生精神的共鸣，这里有一个很有效的策略，就是借助模仿的力量来创造相似的行为举止。埃里克森是著名的催眠大师，他曾采用过这种方法，模仿别人的行为举止、说话的语气以及呼吸频率等，就在极短的时间内，与对方产生一种很高的默契程度。起初那些被模仿者并没有任何意识，但当达到一定的默契程度时，就会自然而然地产生信任。因此，你试想一下，假如你用很简短的几句话就可以达到默契，这种默契的力量能有多么得强大呢？

言语只是一种下意识的行动，而肢体以及语气才是无意识的存在。假如一个人凭借直觉认为你与他有很大的相似之处，从而信任你，这种关系该是多么的融洽！正是因为它在无形中产生，因此就会有很好的效果。既然如此，我们该怎样去模仿别人的行为举止呢？哪些生理状态是值得模仿的呢？首先，从讲话的语气开始，你要去模仿别人讲话的腔调以及用词的优美。另外，你一定要注意他说话的表情以及呼吸的情况，这些都是你要认真模仿的。

或许这种模仿方式起初让你觉得很幼稚，当你模仿得栩栩如生时，你知道会出现什么样的结果吗？那位被模仿者就觉得自己找到了知己，一位对他很了解、性情相似的知己。当然起初没有必要什么都去模仿，先从语气以及神态做起，就会达到一种令人无法相信的默契感。

在今后的几天里，你应该模仿交往的对象，学习他的言行举止、神态等，观察一下你们之间的差距是否减少。假如你可以轻松驾驭这些事情，会产生什么结果呢？假如你可以清晰地知道对方的想法呢？与他们产生某种高程度的默契感，你将会如何处理呢？这些听起来都是那么的遥不可及，而那些成功者却可以很轻松地驾驭。模仿是一种特殊的技巧，必须不断地练习才能运用自如，不过现在的你可以行动起来，以获得自己所想要的结果。

模仿可以很巧妙地分为两大部分，一是敏捷的洞察力，二是有韧性。这里有一个很简单的练习方法，你完全可以找一个人一起完成，一个扮演模仿者，另一个扮演被模仿者。起初的两分钟，让被模仿者做出各种生理上的转化，比如说面部表情、手势以及一些小细节的动作等等。假如与自己的孩子一起完成这个练习，会是一件更有趣的事情。由你去很认真地模仿他们，然后记录下来，与之前的相比，你就会意识到还是有很多方面不够准确。起初没有得到很好的模仿效果那是在所难免的，不过经过一段时间的不懈努力，你就能很清楚地辨认出上百种生理状态，那时的你，就是一个名副其实的模仿达人。那时的你不用刻意去模仿，就可以很生动地做出与别人相似的神态来。等你达到那种状态时，成功就会出现在你面前。

想要对别人模仿得栩栩如生，就要运用到自己所有的感官，其中有三种最基本的感官：听觉、视觉以及触觉。之前我们也曾说过，每个人都会运用到这三种感官，但是还是有最常用的一种。假如你只想很简单地模仿，达到一种速成模仿状态，就去找寻那个最常用的感官。如果你的行为以及生理都处于一种杂乱无章的状态，那么模仿就会有一定的难度。不过庆幸的是，还有其他的线索存在。

这三类感官也有着很多的特殊现象，不过因人而异，因此进行细致的观察是很必要的一个环节。世界上的每个人都是独一无二的，但假如你可以很清晰地观察到他主要的储存记忆系统，对他就会有更深一步的了解，接下来要做的就是如何与他一致。

为了更明确地诠释这三种感官的差异，我就用住家环境来加以解读。在一条很安静的大街上坐落着一栋别具一格的公寓，不管什么时候你都可以漫步在户外，聆听鸟鸣，从来不会受到别人的打扰。当清晨第一缕阳光洒落在大地上，你就可以在林园中徜徉，周围有清脆的鸟鸣，不时还有阵阵微风袭来，经过前廊，余音袅袅。

另一栋公寓造型极其典雅，只要一眼你就会流连忘返。乳白色的长廊与桃木墙遥相呼应，给人一种唯美的视觉享受。从早上到傍晚，各种不同程度的光线，从窗户射进来，形成一种浪漫的氛围。房内的摆设，可以消耗你一整天的时间，让你对房间中的每一个角落都流连忘返。

而第三栋公寓是很难描绘的，你只能去用心体会。它的构造是极其稳固的，每个房间都蕴含着一种难以表达的温馨之感，深深打动你的心灵。你任意找个角落坐下，都会感受到这幢房子的恬静优雅，让你倍感祥和。

以上描绘的三栋公寓，实际上是同一栋公寓，只不过是从听觉、视觉以及触觉三种感官来描绘的。假如你想很详细地给别人介绍这栋公寓，就应该通过这三种感官来描绘，能够满足每个人最重要的储存记忆系统。不过我还是要提醒你，每个人都具备三种感官，假如你想要进行很好的沟通，就要充分地触动他们的这三种感官，并不断地加强最主要储忆系统的沟通。

从今以后，你要认真地聆听别人谈话的内容，找出他最常用的词汇，然后把这些词汇用在与他的谈话中，看会有何变化。在与他谈话时你要连续用到不同的储忆系统，再看此时又会有何变化。

我现在给你说一个亲身体验，来诠释模仿别人的惊人效果。在不久之前，我因公事去纽约，为了缓解一下心情，就去中央公园休息。在长椅上坐了一会儿，对面的老兄就引起了我的注意，我开始尝试模仿他的动作。可能你还没有感觉到，一旦你养成模仿的习惯，你就会情不自禁地去模仿别人。我模仿得完全一致，他的姿势、呼吸、脚的放法、给小鸟喂食、摆头、仰望天空以及我们互相对望等等。

没过多久，他站起身向我走来。不可置疑的是，我完全吸引了他的注意力，因为他觉得我和他极其相似。当我们谈论时，我又开始模仿他的用词以及说话的语气。过了一会儿，他就对我说道："很明显可以看出，你是个极其聪明的人。"他为何这样说呢？还是因为他认为我们两个很相似。并且他还说，我们两个像相交 25 年的老朋友。在分开之前，他还答应去参加我的研讨会。

我知道有些人可能认为模仿别人是不礼貌的行为，也不自在。对于这种想法，我自认为有待论证，事实上，不管在任何时刻只要你与别人有默契，便会自然而然地模仿对方说话的语气以及神态等。在我的演讲中，只要有人认为模仿别人别扭时，我总会让他转身去观察旁边的人，他们时常会惊奇地发现两人有相似的坐姿。由于前几天在一起上课，两人达成了一种无形的默契，因此会在无意识中模仿对方的一些小动作。

模仿别人能让你更真切地体会到他人的感受，假如你可以被人模仿，那么你就会和他有同样的感受。让你去模仿别人，并不意味着让你抛弃自我，而是要以更大韧性，把我们人类的相似状态都呈现在世人面前。每当我模仿别人时，我都会从他的身上领悟到很多，那种感觉、体会以及思想都是那么的美好，就如同我们一起面对周围的世界。

任何团队的成功都是默契所带来的，而一些能干的领导人，他们最擅长把三大基本感官同时运用。我们对于那些充分利用三大感官并且表里如一的人，都会给予完全的信任。现在让我们想象一下1984年美国的总统选举吧，你认为当时的里根是否有吸引力呢？他讲话的语气以及腔调是否很有魅力呢？他能否激发你的爱国热情以及勤奋的情感呢？或许对于大部分人而言，对这三个问题都会持肯定态度，这也就是里根被尊称为沟通大师的根源所在。让我们再想象里根当年的竞争对手蒙代尔。他的容貌可以吸引别人的眼球吗？我在研讨会上的调查结果表明，假如有20%的人持肯定的回答，就已经很出人意料了。他的言谈举止可以赢得别人的青睐吗？肯定答案更少，就连那些拥护他的人，对这个问题的肯定回答也少得可怜。当他呼吁全国团结时，你是否感动了呢？对待这个问题，我通常会一笑而过，因为这正是他最致命的弱点。像他这样的表现，最后的结局也是意料之中的事情。

有很多调查显示成功人士是如何激发别人共鸣的，他们擅长灵活运用三大感官系统，来吸引不同阶层的人物。你也许认为这样做必须具备天赋，事实上，只要你能看、听以及思考，就可以找出别人的优点并且尽量对别人进行全方位的模仿，只有这样才会得到默契。但是你也一定要牢记，不要模仿别人疾病的症状，比如气喘、痉挛等，因为那样会让别人误会你在刻意地嘲笑他。

只要你努力地练习，就会进入别人的心灵世界。模仿别人说话的语气，坚持一段时间，模仿就会成为你的第二特性，做起来也就会得心应手。当你的模仿技巧达到一定程度时，你就会意识到模仿不仅仅可以与别人建立起默契，还能让别人跟着你的感觉走。不管之前的你们有多大的差异，有多少分歧，只要能有默契，凭借指引以及伴随等技巧，用不了多久，他就会改变自己的行为跟随你的感觉前进。

当你与其他人建立默契时，你就会意识到，这时你便可指引别人，你不用再去模仿别人的动作以及神态，而是用主动攻击的方式来转变自己的行为，对方也会自然而然地随你改变。我想你一定有过与朋友通宵达旦相处的经历，当你朋友不自觉地打哈欠时，你也会觉得自己很累，也会随着打起哈欠来。只要是顶尖的销售员都深知这个道理，先走进客户的心灵世界，然后达成一定的默契，最后凭借这种默契来指引客户的行为。

默契建立的秘诀是什么呢？那就是有韧性。你一定要铭记在心，要别人同你的观点以及看法一致是建立默契感的最大阻碍。顶尖的沟通者绝对不会犯下这种低级的错误，他们知道，只有改变自己说话的语气、神态以及用词，才会达到自己的目标，才会发现更有效的方法去攻破对方的心灵防线。

当你与别人沟通不顺时，不要一味地认为对方不可理喻。你应该改变自己的言语表达以及心态，要尽量与他的观点相吻合，否则你就会不攻自破。无论任何时候，都要牢记这一点。今天，我们教育的弊端就是，大部分老师都对自己的教程了如指掌，可是唯一不了解的就是自己的学生。他们不知道学生以何种方式吸收知识，也不曾了解学生的储忆系统运转的模式，更不知道学生是如何运用心智的。

优秀的老师知道如何指引学生，他们能与学生发生共鸣，能够准确有效地传递智慧。我们期盼所有的老师都能成为顶级的园丁，知道如何去指引学生，如何去传授知识，如果能这样的话，整个教育界就会发生翻天覆地的变化。

大部分老师都很熟悉自己的教学能力，假如教学失败，他们会把责任推到学生的身上。当然信息传递的含义在于回应，而不在于传递的内容是什么。就算你才高八斗，不能与学生产生默契，你就永远不能把自己的知识传递给自己的学生，那么你脑海中的智慧就失去了它原有的价值。下面举一个有趣的例子来证明什么才是真正意义上的教育。有一位年轻人读的是工程系，他懂得储忆系统是最偏重触觉的。那些密密的电路图让他很头痛，只有好视觉才可以很清楚地辨认，这让他很是反感。有一天，他奇思妙想地把自己看作是一个电子，在那些电路中不停地流荡，当经过某些零件配件时就会想象自己受到同样的影响而后产生同样的后果。从此他对电路图产生了浓厚的兴趣，每一条电路都是他人生的一个旅程，就这样他爱上了电路图。后来他成为一名杰出的工程师。他成功的秘诀就是善于运用重要的储忆系统，来帮助自己完成学习。在当下教育制度中，有很多孩子拥有很好的学习能力，问题在于我们不知道该如何去教授他们，我们没有与他们建立和谐的默契，更不能完美地配合他们的心略。

教育是重要的，不管你是教育孩子，还是与自己的同事相处，它都是我们生活中不可分割的一部分。假如有的技巧在教育中适用，那么它同样适用于家庭中以及会议室中。

想要达成一种完美的默契，并不需要你有很高的文凭、详细的教案、认真地上课、虚心地请教，你只需要利用你的双眼、双耳，好好地去观察、去聆听，这样就能协助你达成完美的默契。

从此刻开始，你就要练习与别人建立默契的方法。在人的一生中，它不断地传递知识以及互相牵引着，通过默契还可以更有效地表达。在飞机场候机时，可以与人建立默契；在工作单位以及家庭中，也可以建立默契。假如在面试的时候，你可以借助模仿以及协助的技巧，坚信主考官会很快喜欢你的。工作中运用默契感，你就可以与客户建立亲密的协作关系。假如你想成为顶尖的交际者，你唯有好好学习如何进入别人的心灵世界，而现在的你或许已经拥有了所有的智慧。

决定成功的最终因素

何为价值观？简言之，就是人们判断是非的能力，它也指引着我们去寻觅自己想要的东西。我们所有的行为举止，都取决于实现价值观，否则就会感觉人生失去了光彩，变得毫无意义。价值观会掌控我们做事的方式，同时也会影响我们对周围环境的看法。价值观就好似电脑的程序，你可以输入任何信息，但是电脑是否给予处理，就要看执行系统是否有相应的程式。而价值观就是我们大脑判断是非黑白的执行系统。

你日常生活中的吃穿住行，都受到价值观的影响。它是人们做事情的行为准则，同时也可以激发我们内心深处的强大力量，我们用它来判断别人以及自己的行为举止。

价值观是怎样产生的呢？它是情绪化的代言，源于自己的意念，同时还会受到环境的左右。当你在孩提时代，父母就在无形中培养你的价值观。依据他们自己的价值观，来培养你判断是非的能力。假如你按照他们所说的去做，就会得到赞赏；违背他们的意愿，就会受到指责。

而个人价值观并非只受到成功人士的影响。在个人的生活圈中，通过赏罚的形式就足以改变价值观。比如你长期在某个公司上班或者是被人命令工作，你的价值观就会受到一定的影响。假如你的价值观与老板的截然不同，那么你升职的机会就会很渺茫。假如你的价值观与公司的理念不相符，那么你整天只能很痛苦地工作。学校中的奖惩制度，对学生的价值观也会有一定的影响。

当我们追寻某项目标时，自我感知的改变也会影响到价值观的转移。

比如说，你决定登上公司最高的职位，你的价值观就会发生改变；当你坐上自己梦寐以求的职位时，你对公司一些事情的处理就会发生翻天覆地的变化。自己的价值观会因自己的目标以及身份的不同发生转移，所以你的所有行动，都能很明显地展现你的自我认知。

即便是同一件事情，每个人的价值观也是截然不同的。比如一个富有的老板驾驶一辆小车，并不是为了省油，而是不想和别人一样；一个富翁之所以不住洋房别墅，那不是吝啬，而是为了更好地节省空间。由此得知，个人看待事情的角度不同，会导致价值观的各异。

意识到自己的价值观是很重要的一件事情，而大多数人往往不知道自己为何要去做某件事情。价值观相差甚远的两个人，很容易就会发生冲突。这种常见的行为不仅发生在人与人之间，在国家之间也同样很普遍。

不仅在国家之间、人与人之间会存在价值观的不同，甚至在自己身上也会出现同样的问题。对于你来说，事业与家庭的重要性是可以相提并论的。当你上班前答应与孩子一起吃饭，而当你下班后才知道自己有个应酬时，你的抉择就可以证明在你的内心深处，事业与家庭哪个才是最重要的。此时的你会处于进退两难的地步，不可能两全其美。假如你有过类似的经历，就可以更准确地体会到别人做事的方法是出于价值观层次的考虑。

假如你想更全面地去了解一个人，那么就必须知道他的价值层次，否则你将永远不会了解他做事的动机是什么。同样的道理，假如你意识到自己的价值层次，日后的做事方法就不会与内心意愿发生冲突。不管是何种成功都不会与价值观背道而驰，否则成功就不会保持长久。假如一个把家庭看得很重要的人，被经常要求加班，对于这份工作就会干得很不开心，因为工作的现实状况与他的价值观发生了冲突。我们的行为与价值观一定要相辅相成，否则就算你是个富翁，也不会得到丝毫的快乐。

在此我并不是想和你讨论价值观的问题，只想让你明白，个人的价值观一定要能够帮助自己以及指引自己前进。价值观只是一个广泛的称谓，是你把世界万物在自己心中如何排列顺序而已。不过在现实社会中，很少人知道这一价值观的排列顺序，即使知道，也是很模糊的概念。现在我只想告诉你，把这些价值观的层次分门别类是十分重要的一件事情，它能够决定你为人处世的方法，也会决定在你给予别人帮助时，是否能够得到相应的感谢。想要很好地了解价值观，第一步就要了解它包括哪些内容。

你是如何找寻自己以及别人的价值观层次的？通常在日常生活中、工作中、家庭以及交友中的价值观层次都有着很大的不同。假如你想要找寻到别人的价值观层次，就应该这样询问："在交友方面，你觉得什么才是最重要的呢？"他或许会说道："他可以随时都能够帮助我。"你再问道："为何要随时帮助呢？"他或许会说："这样才足以表现出他关心我的程度。""为何要表现出他对你的关心呢？""这样做的话，我才会觉得自己幸福快乐。"就这样一直询问下去，很快你就会找到一张价值观层次的清单。

接下来就用比较的方式，来再次排列这些要件的顺序。你可以这样问道："你认为随时得到帮助以及快乐，哪个更重要呢？"假如答案是快乐的话，那么就表示这项会排在价值观层次的前面。接着你再问："被关心以及快乐的感觉，你觉得哪个更重要呢？"假如答案是快乐的感觉，那么就可以明显地看出，快乐是价值观层次中最重要的一项。你再问："得到帮助与被关怀，你觉得哪个重要呢？"假如他的回答是关怀好像更重要一些，你就会得出，关怀是位列第一的，其次是快乐。像这样逐步地进行比较，你就会很快地了解别人的价值观层次的排列。像上述事例，即使他没有得到别人的帮助，也不会很介意。而另一个把帮助摆在关怀前面的人，在没有得到帮助时，就会觉得对方不够关心自己，甚至会出现绝交的情形。

下面是我所总结的十四种交友的要件，当然还会有其他的，假如你也有一些，就加上去一起参考：关怀、愉快、沟通、尊重、趣味性、成长、帮助、富有挑战、创新性、漂亮、好感、理解、无拘无束、真诚。

现在你可以做的是，根据他们在心中的重要程度来进行排列。排列是一件复杂而烦琐的工作，你要像上述事例那样进行逐一地比较，才会排列出最正确的层次来。

当你把交友的价值观层次表完成之后，你还可以把工作上的价值观层次排列出来。比如说你可以询问自己："在工作中，你认为什么才是最重要的？"或许你会说创新能力。接着问自己："为何它是最重要的呢？""因为只有创新才会让我更茁壮地成长。""为何成长那么重要呢？"就这样一直询问下去，你就会很正确地排出自己的价值观层次表。假如你已经有了自己的孩子，你也可以用同样的方式去教育他们，更快地找出鼓励他们的最重要的因素。

根据价值观层次的建立方法，你可以很准确地找出人生中其他重要的层次，或许你会因为某些重要的因素排列在前面而感到无比的惊讶。正是因为你把自己的精力用在注意这些因素上，你才会领悟到做事情的动机。知道哪一条价值观因素是至关重要的，你才可以全身心地投入自己的理想中。

或许当下整理出的价值观层次还不足，因为人们在讨论价值观时，即使用同一种文字，也表现出不同的含义。假如你真的关心别人的价值观层次的话，一定要有足够的耐心去领悟那些文字的真正含义。

事实上，你不可能把每一个朋友的价值观层次都很准确地找出，但和你亲近的人，你一定要知道他们的想法是什么。周围其他的人了解即可，不需要深究。当你与人交往时，一定要坚信双方都会有一种期盼，都会通过对方的言行举止来判断他的人品。假如你可以很准确地掌控对方的价值观，那么你们就会很快达成共识，而这时的你就会提前了解对方的行为以及他的需求。

在平常的言谈中，假如你是专心的聆听者，就会从别人的谈话中听出一些用量较多的字，这样你就可以很容易地找出在他的价值观层次中哪个字是最重要的，日后你可以根据他的需求，来很好地鼓励以及鞭策他。

企业领导一定要对员工的价值观要件加以重视。公司里所有的员工都会对自己的职位有一个更高的期盼，或许他们所期盼的不同，有的是金钱，有的是创新能力，有的是挑战，而有的却只是为了安定。假如企业可以很好地满足他们的愿望，他们就会长久地工作下去，否则就会离去。

清楚地了解员工在工作上的价值观层次，是公司经理必须做的。或许起初你会问他：“你为何选择我的公司？”假如员工这样回答：“具备创新性的境遇。”这时你就可以根据他的问题进一步询问，来得到他的价值观层次；接着你就要改变自己询问的方向，假如上述条件存在的话，那么他离开的原因又是什么？假如他回答是缺乏信任，这时的你要乘胜追击，问：“假如真的缺乏信任的话，什么条件可以挽留你呢？”或许会有人说绝不可能再次留下，那么由此可见，信任就是他们价值观中最重要的字眼。或许会有人说假如有升职的机会可以考虑一下，那么此时你也要一直问下去，直到问出非离去不可的重点字眼来。这些最重要的价值观要点，会刺激到当事人的情绪。还有一件事情是你值得注意的，就是对于这些字眼，你要做出正确的理解。只有明确了这些字眼，经理才可以很好地处理员工工作上的问题。

或许有些经理自以为是地认为，只要给予员工满意的薪金，他们就会很卖力地工作。这种想法并不完全正确，因为每个人的价值观是不同的。有人会认为与自己情意相投的人在一起工作是最重要的，一旦他们被调离，就会失去对工作的热情。而或许对另一些人来说，在他们心中，最富有创新性以及挑战性的工作才是最重要的。假如经理想很好地做好自己的工作，就一定要关注员工的工作需求并很好地满足他们，假如不能很好地提供这些需求，就会很快失去员工；即便没有失去，那留下的也只是一具行尸走肉。

或许理解员工的价值观，需要耗费时间以及一些精力，但是这一切都是值得的。价值观会很大程度地影响情绪，假如总是以自我为中心，就会受到员工的排斥；相反，你就可以与员工很好地相处。在我们的生活中，价值观能否与别人保持一致并不是一件很重要的事情，关键是我们是否能关注他人的价值观，让他们得到身心的满足。

价值观的影响力与书中所叙述的观念，有相同的特效。我们现在的人生，就好似一幅没有真实轮廓的地图。假如两个人所用的地图相近的话，这两个人就会相处得很融洽。倘若把价值观看作是一幅地图，那么它就是最精细的地图了。因此当我们一起去讨论价值观时，那便是拿自己的地图与别人的相比而已，看能否与自己的吻合，或许你还会发现完全不一样的地图。假如我们都把自由看作是价值观中最重要的字眼，那么我们就会很默契，意见也会很快统一。不过事实往往没有想象中的那么简单，那是因为我所指的是为所欲为的自由，而你指的是不受干扰的自由。或许对其他人来说，自由是指在政治上的自由。

价值观具有特殊的性质，因此它对人类情绪的影响力也是不可估量的，它能够把所有的人都聚集在一起，而这一切是不可被超越的。历史上有很多类似的例子，而价值观正是达成这个效果的功臣。假如价值观可以发挥它内在的潜能，假如我们可以很准确地找出自己最亲近的人的价值观层次，我们就可以做以前从来都不曾做的事情。

有时候价值观是瞬息万变的，而我们起初设置的程序就会与现实脱节。在现实生活中，有很多人只盯着自己的目标，盯着自己认为的无价之宝，当他的目标得以实现之后，才意识到它并没有实际的价值。而这最终的根源就是他的价值观已经发生了重大改变，而他所设置的程序却没有任何的变化。有的人是已经设有程序，但是并没有意识到与自己的价值观完全偏离，因而导致只知道目标，而并不知道自己的动机是什么。因此等他获得成功的时候，才会意识到这只是一场虚无缥缈的幻觉，没有实际的意义。现在我要很郑重地提醒你，一定要不断地关注自己价值观的转变，不断地检讨那些价值观是否能够给予我们幸福快乐的人生。

要想更好地了解并鼓励他人和自己，价值观以及个性的完美结合才是最有效的方法。因为价值观决定着我们的思维以及观念，而个性决定着感知以及行动，假如两者能够很好地协作，那就足以建立起最能鼓舞人心的模式来。

我曾经辅导过一个狂荡不羁的青年，他的行为让父母不知所措。而他的父母对儿子最大的不满就是做事欠考虑。当我与年轻人谈完之后，我意识到他的个性是属于追求型以及需求型的，紧接着我找出了他价值观层次的前三甲：安全、愉快以及信赖。

在我获取这些资料后，就进行仿效，达成和谐。这时我向他诠释道：你在外游逛两天，既没有征求父母的意见，又与父母断绝联系，已经危及你的价值观层次，假如你继续这样的话，父母就会失去耐心，把你送到一个没有愉快以及信赖的环境中，或许是监狱，或者是改造所。既然父母不能管制你，就交给一个可以管制你的地方。

我的这番话已经提供了他所避讳的东西，也是危及他价值观的东西。接着我就告诉他，如何赢得父母的信赖，以至于让他继续待在快乐、信赖以及有安全感的家中。第一条：每晚四点之前必须回家；第二条，在七天之内找到工作；第三条，要学会做家务。我还告诉他，假如在两个月内能把这三条做好，他的父母就会再次信任他，并会提供给他快乐以及富有安全感的庇护。我把这番话很明确地告诉他，他从现在开始就要去执行，只有这样才可以维护他自己内心最重要的东西，而这三件事就是一个验证这一切的过程。过去的他，根本不知道如何赢得父母的信任，但现在他把价值观以及个性完美地结合，他从此就是父母心中的乖孩子了。

当一个人拥有价值观时，就会发挥出巨大的潜能。过去的你，价值观或许会受到意识力的控制，而现在的你，已经有足够的能力去驾驭它，把它引到积极正确的人生道路上。

有一点对任何人而言都是极其重要的，就是价值观是会发生变化的，而人也在不断地变化着，除了长埋地下的人。我们每个人都跟随着时代的发展，掌控着时代的气息与脉络，不断地勇往直前。假如一味地固执，而不去迎接新的时代，那么就很难与当下的时代接轨。

最后请你注意，我们时刻在模仿着别人，而我们的孩子、朋友、同事以及员工也以同样的方式模仿着我们。假如我们想要成为值得别人效仿的榜样，那么我们就要具备坚不可摧的价值观以及言行一致的行为能力。效仿别人的行为是很关键的，而模仿别人的价值观却是更重要的。我们要向伟人以及成功者学习，获取那些能给我们人生添彩的价值观，指引我们走向成功的彼岸。

快乐富裕的五要素

到此刻，或许你已经掌握了很多开发自己潜能的诀窍，知道该如何去主宰人生，走向成功的彼岸。不过人生并不会从此一帆风顺，你仍会遇到激流、弯道甚至会掉进深渊。这一切变故都有可能阻止你前进的脚步，让你选择后退保持原状。现在我就给你一张详细记载危险的地图，让你一目了然。

假如你计划充分发挥自己的潜能，你就一定要关注地图上的重点，我们把它称为“快乐富裕五要素”。如果你能很好地掌握，你就注定会成功。

在研讨会结束的一个晚上，我漫步在寂静的波士顿科普里广场之上，而广场的四面八方都是美国各式各样的建筑群，我不禁端详此景。就在这时，一个像不倒翁的人闯入我的视野。他好像已经游荡数日，身上酒气冲天。

我猜他是想向我讨钱。果然他真的开口要一分钱，起初我还有些犹豫，而后却被善心所打败，一分钱真的是微不足道。但是我至少要给他指点一下，我问他，是否只要一分钱时，他做出了肯定的回答，我在递给他钱的那一瞬间说道：“人生能够获取多少，只看你的需求是多少。”他定格一下，慢慢地又蹒跚着消失在广场中。

望着他的背影，我心生很多的感叹，为何成功者与失败者存在那么远的差距？我和他同为人，我拥有快乐幸福的生活，事事顺利；而那位将近五旬的老人却过着乞讨的生活。当年的我也曾经那么落魄过，唯一不同的是我没有沉迷在酒中，露宿街头，而今天的我却发生了翻天覆地的改变。难道现在的我是因为有上天的眷恋，还是贵人相助？我认为两者都不曾存在过。

我与他之所以不同，完全取决于我对他的言语：人生可以给你想要的一切。假如你只想得到一分钱，那么你就只能得到一分，假如你想要拥有幸福快乐的人生，你同样也可以拥有。过去的经历让我深刻地明白，假如你可以很好地掌控自己的心态以及行为能力的话，你就会无所不知；假如你知道如何争取，你就会获得自己想要的一切。在波士顿那几个月，我见过无数的流浪汉，我曾经问过他们如此落魄的原因，才知晓我们会面临同样的人生挫折，而最终的结局的不同，完全取决于我们如何应对。

现在让我来告诉你快乐富裕的五要素，来作为人生旅程的指南针。这五点简明扼要，倘若你可以很好地运用，你的人生就会五彩缤纷，倘若你不用，在人生的道路上你会寸步难行。在当今时代，每个人都知道积极思维的重要性，而现在我告诉你，假如你不去实践，积极思维也只是一个虚无缥缈的幻影而已，唯有付出行动，才会创造奇迹。

快乐富裕的第一要素：知道遇到困难该如何应对。

假如你想要拥有幸福快乐的人生，你就应该知道如何应对困难的来临。在人生道路上，会遭遇无数次的狂风暴雨，有些人往往就是因为这些挫折的打击，而一蹶不振，不断地消沉，陷入痛苦中无法自拔，而往日的梦想最终只是一个幻影。

亲爱的朋友们，我告诉你，遭遇越多的困难，你越容易获得成功。假如你不相信的话，可以去翻阅伟人的传记，在他们的人生道路上，都经历了无数次的挫折。一个没有遭遇挫折洗礼的人，永远不会领悟成功的真谛。

在世界上存在两种人，一种是敢于应对困难，一种是躲避困难。能欣然面对困难之人，就会有丰厚的成果。数年前，弗雷德用自己所有的积蓄，成立了联邦快捷公司。而在开市的第一天，原本想象有一百五十件运送的货物，而实际上只有十六件，其中五件还是公司的员工所托运的。这只是一个噩梦的开始，公司的员工总是用赊欠款来购买东西，致使公司没有足够的流动资金；有时公司的飞机还要进行抵押，来获取流动资金运作；甚至该公司曾经面临倒闭的困境。而如今的联邦快捷公司已经成为年营业额十亿的大型企业，这一切的胜利全靠弗雷德能够很好地应对困难。

假如有一天你面临破产，只能证明你缺乏应对挫折的能力。假如过去的你应对过很多的困难，那么你还会有东山再起的一天。我可以很明确地告诉你，金钱是与应对挫折的能力成正比的。我并没有说穷人就是因为应对的困难少，只是想说，想要富有就要一次次地应对挫折，直到成功向你招手。在任何成功的道路上，都会有无数的挫折，而面对的挫折越多，成就机率就会越大。

所有的成功人士都明白，要让困难躲在身后。可惜的是，有很多人会因为挫折的来临而止步，因而失去了一次次的成功机会。各位亲爱的朋友，你要在一次次的挫折中前行，把每一次挫折都化为自己的原动力，调整好自己的人生航道，继续前进。在你的前面有很多成功的人士，都曾经探索过这条人生之路，他们足够成为你人生的榜样。

快乐富裕的第二要素：知道将如何面对拒绝。

在我们的所有言辞中，有哪个词汇比“不”更犀利呢？假如你从事的是销售，十万元的销售业绩与二万五千元有什么本质的区别呢？其实，这种区别就在于不因别人的委婉谢绝而停止不前。往往一流的推销员正是遭受谢绝次数最多的人，他们坚信自己可以把这次的“不”转化为下一次的“是”。

我曾经帮助过一个奥运跳高运动员，当时的他面临着跳高的瓶颈，再也无法打破之前的记录。当我看到他的训练后，很快就找到了他的症结所在：他每次靠近杆时，就会产生一种很强烈的心理障碍，把一次再寻常不过的触杆当成人生最大的失败。为了很好地解除他的心结，我毅然决然地把他叫来，告诉他：假如从内心想要成功，就不要再出现那种失败的念想。因为长期以来，失败的图案已经在他脑海中根深蒂固，因此每次跳跃，在他脑海中出现失败的概率往往远远大于成功，因而不能很好地激发内心的潜能。

我郑重地告诉他，只要下次再触杆，你就一笑置之，别认为那是人生中的一次失败，要重新鼓起勇气再次跳跃。依据我所教授的方法，在三次试跳之后，他就打破了过去两年的成绩。虽然只是增加了几厘米而已，但从此他的人生就发生了翻天覆地的改变。同样的，只要你的观念有所转变，你的整个人生也会发生巨大的转折。

你能忍受别人说多少次“不”呢？你又有多少次在听到否定的答案时，也停止不前呢？或许你有很多次听到别人的质疑，而不再去找工作或者去拜访新顾客？你能想象出它的搞笑程度吗？也许再次听到质疑的声音，你就会把自己禁锢在牢笼里。实际上，这个字并没有任何的威慑力，只是你的心理作用而已。当你有了自限的思维，你只会得到自限的人生之路。

你已经学过控制大脑的运转，知道将如何应对谢绝。现在的你可以将自己锁定，每当听到“不”字就会产生兴奋，这样你就会把谢绝当成是一次通向成功的机会。当下次电话响起时，不要惧怕去接听，而是要用一种快乐的心情去迎接挑战，一定要记住，成功一直躲藏在谢绝的背后。

没有遭受过挫折的成功之花是不会永远绽放的。你被谢绝的次数愈多，就会越快地长大；你学到的愈多，获取成功的机会就越高。当别人谢绝你时，你要与别人去握手，这样就会改变别人的看法，让这次的“不”有机会变成下次的“是”。只要你学会正确应对别人的谢绝，你就会从中学到很多的智慧。

快乐富裕的第三要素：知道该怎么样应对金钱的负担。

在现实生活中，想要没有金钱的负担，就不要太有钱。一些人正是不知道该如何应对金钱的压力，而最终把自己的一生葬送。金钱会带来无限的妒忌、贪欲、蒙骗，有时也会遮住人们的双眼，让好友反目成仇。或许我们会说金钱会带来无穷尽的灾难，其实这也并不是很绝对的。要想很好地面对金钱问题，你就应该知道该如何去获取，如何去储蓄，又如何去使用。

记得我第一次挣钱之后，每天都在拼命地挣钱，很多朋友不解地说道："你到底是怎么了？利令智昏？"我回答道："并不是所谓的利令智昏，只是纯粹地想挣钱而已。"而他们好像还是不理解，一致认为我追寻金钱的态度是极其盲目的，甚至达到了一种极端。这样的情况也是一种很明显的金钱压力。另一方面，没钱也会成为一种压力。世界上的大部分人，不管金钱多或少，每天都会同样面对金钱的压力。

在现实生活中，人生观对行为有一定的影响，它掌控着人类的行动。克拉森在著作《巴比伦大富豪》中，曾提供给我们一个很好的面对金钱压力的模式。倘若你看过这本书，就会感到无比富有、快乐以及兴奋。就我自己的观念而言，这本书给我们诠释了一个很重要的理念，就是把自己收入的 10% 用来帮助别人。我也认为这种方法是可行的。第一，它取之社会用之社会；第二，这样对双方都有深刻的意义。但最重要的是，你这样的举动就在无形中告诉自己以及他人，每个人头上都有片蔚蓝的天空，只要你加倍努力，就一定会开辟出属于自己的道路。

那你打算什么时候开始帮助别人呢？等你富有时？有名气时？一定不要这样做，你要从拿到薪水的第一天开始。因为馈赠与播种有异曲同工之妙，受你帮助的人的心中会再次燃起希望的火焰。在周围有很多等待帮助的人，当你伸出援助之手，你就会对自己有另一种肯定，人生不再是因为只满足自己的需求而努力。

很庆幸有一天，我重回高中母校为老师们开设一门“该如何表达自己”的讲座，同时我也很高兴再次见到当年谆谆教导我的恩师们。当我迈进学校，就得知因为学校经费的不足，很多人认为没有必要开设这门课程，从而计划取消这门课程。当时的我决定，忽略自己的利益来降低课时费而促成开课的计划。我这样做，并不是在夸耀自己是多么的大方，而是一种报恩的心态。当你亏欠别人，而现在的自己又有能力去偿还时，你不觉得这是一件值得高兴的事情吗？这个社会赠予我们很多，应当得到我们的偿还，这才是拥有财富的关键之处。

在我孩提时代，父母为了维持生计而不断地奔波，但生活却依旧贫困。我依稀记得，有一年感恩节时，家中一贫如洗，这个节日注定过得很凄惨。突然一个人怀抱一个纸袋来到我家，而纸袋里面是各式各样的罐头以及一个火鸡。他说这份礼物是一个曾经受到我们帮助的人的心意，并祝福我们有一个愉快的感恩节。那年的感恩节直到现在，我还记忆犹新。每当感恩节，我都会效仿那位无名人士，把东西送到需要帮助的家庭，不留下任何联系方式，只会留下：“这是一个关心你们的朋友送给你们的礼物，他对你们只有一个期盼，希望以后你们有能力时，也要把这份爱心传递给需要帮助的人。”

数年来，我对这件事一直乐此不疲，我不知道那些得到帮助的人内心的想法，但有一点我确信，他们很感动会有人帮助他们。不管我们拥有多少钱，都比不上乐于助人；任何的投资计划，都比不上那10%帮助别人的报酬。当你这样行动后，你就会更深刻地领悟金钱的意义，知道金钱可以买很多东西，而有的东西却永远不能买到。过去的我一直认为只有钱财可以很好地帮助别人，但现在我却认为，要想很好地帮助别人，不如以自己为案例，向他们诠释人生并不是一成不变的，它埋藏着无限的机遇，唯有发挥自己的潜能，才能获取自己想要的生活。

拿出10%去帮助别人，再拿出10%去偿还各种信贷，再拿10%用来投资，你的生活费占据70%就可以了。当下是一个资本主义的大世界，周围有无数的机遇，因此你必须学会如何使用金钱。假如你不知道储蓄，那么你就没有可用的资金，借贷的生活会让你压力重重，你以后的人生就会处于一种痛苦中。

金钱与其他东西是大同小异的，你可以运用它，但也可以为其所用。不要把追求金钱作为你的终极目标，它与其他事物相同，都有自己的独特位置。你要学会去挣钱，去储蓄，去运用金钱，这样才不会给你带来金钱的压力。

倘若你可以很好地掌握快乐富裕的前三个要领，那么你将会有幸福成功的人生，任何困难都不能阻挡你前进的步伐。蒂娜·特纳就是一个具备前三条要领的人。当她出名之后，随着婚姻的破裂，金钱的用尽，有八年的时间她都只能在一些低级的娱乐场所表演，场次也不会那么满。但是她从没有退缩过，不断地面对别人的谢绝，她还是努力去偿还自己的债务，最终成为娱乐圈最顶级的明星。她的实例让我们领悟到只要不断地努力，就会获得成功。

快乐富裕的第四要素：不要自大。

在漫漫人生道路上，你一定听说过或见过很多伟人或者运动员，在到达一定高度时就会停止不前。他们学会了骄傲，摒弃了他们获取成功的本质，因而停止了努力，停止了去创造。假如你也学会骄傲，那么就会失去你现在所拥有的一切。假如一个人停止成长，那么他很快就会窒息，倘若不继续前进，就必定后退。麦当劳的创始人克罗克曾经在一次演讲上说过这样的话：倘若你是青涩的，就会继续成长；倘若你已经熟透，那么你就会面临腐烂。一定要记住，只要你不断地学习，就会一直成长。是成长还是腐烂，都是你自己所决定的。你完全可以把退休当作新生活的开端，也可以当作工作生涯的结束；你可以把成功看作是垫脚石，同样也可以看作安息地。不过我可以很明确地告诉你，安于现状，往往时间不会过于长久。

一个人之所以会骄傲，是在于与别人的相互比较，他总认为自己比别人优秀。要时常与自己相比，而不是别人。还记得童年时期说过："约翰能做到的，我为何不能呢？"或许你的母亲会说："我不知道约翰行不行，但是我知道你是不行。"你母亲的观点是相当正确的，不要永远与别人比，要与自己比，看看自己是否已经尽力了。假如只和别人比，那么永远会有人比你强，也会永远有人比你弱，你永远都不会比出一个满意的结果。唯有与自己比较，才会更有意义。

这里有一个方法，可以很好地避免与别人相比。不要与别人上演龙门阵，因为在那种场合下，人们都会说一些家常，只能让你看到他人的缺陷，而忽略自己的缺点。人们聚在一起最容易谈论别人的秘密，喜欢讨论别人秘密的人，往往是那些能力不足，却又害怕孤独的人。

印第安的一位哲人奔雷，曾经说过一句这样的话："任何的言语都充满着善意。"一定要记住，我们用在别人身上的话语，总有一天也会出现在我们身上。假如你不想过丰富多彩的生活，就慢慢去骄傲自大吧。假如你也想要自己变得庸俗，就去谈论别人吧。假如你想拥有一个不平凡的人生，就去挑战自我，考验自己吧！

快乐富裕的第五要素：付出要比获取多。

想要永远保持快乐，这条是最重要的。在一次研讨会结束的晚上，在回家的路上，我在思索人生的意义，突然听到一个微小的声音："人生想要丰富多彩，就要付出。"

人在降生后就一直索取，欲求就像一个无底洞，永远都无法填满。当你学会付出时，你的生活就会充满生机。不久前，有一对夫妇来拜访我，他们互相指责。其实他们都在等待对方表达对自己的感情。现在我要告诉你的是，想要维系好关系，就要付出，并且不断地付出，永远不能停止，这样人生这场戏才可以永远唱下去。

情感的维系就好比栽种果树。假如阳光对土壤说道：“请赐予我水果。”土壤一定会回答：“你是不是神经病了，要想获取水果并不是这种要法。”这时土壤肯定会告诉它，先播种、施肥、除草以及细心地照料，总有一天会结满水果的。只有这样不断地付出，不断地施肥除草，土壤才会结出果实，人生亦如此。

无论你拥有多少财富，假如只是为了自己，那么你根本就算不上成功、有能力，更算不上富有。即使你爬上成功的顶峰，那么也只能让你高处不胜寒。

成功是每个人心中的梦想，假如你想要实现，那就把成功看作一次历练、一种生活、一种心灵爱好以及一种生存的法则。假如你可以力行快乐富裕的五大要领，那么你的生活就会变得五彩缤纷。

钻石宝地

卷四

[美] 拉塞尔·H·康维尔

“老向导摘下帽子，抛向天空，诱导我们去领悟故事的寓意……”

这是一部流传千古的经典佳作。

这是一个古朴的典故：满脑子都是奇思怪想的阿里·哈菲尔德，苛求自己能在一个雾霭的早晨，在世界的某个角落，找寻到一片属于自己的钻石宝地，从而成为世界上最富有的人。在某一天，他决定放弃现在所拥有的房子与土地，去茫茫宇宙中找寻。但是，光阴似箭，日月如梭，他始终都没有达到目标，依然过着饥寒交迫、贫苦潦倒的生活。最终，他不能忍受现实给予他的打击，在异乡结束了自己的生命。

阅读这本书之后，好像总有一个身影，在眼前游荡。追逐阿里的身影，我们也从中得到了一些启发，每个人的命运都掌握在自己的手中。假如当初的阿里辛勤耕种，那么现在的他早就真正拥有了属于自己的钻石之地。

作为本书作者的拉塞尔·H·康维尔，是一名杰出的牧师，他以自己渊博的知识和怜爱之心闻名于费城。本书是根据他的一次举世闻名的演讲整理出来的。这是一本极其畅销的书，自问世至今，一直受到读者的垂爱，它如同《圣经》一般，帮助很多的美国人过上了属于自己的幸福的生活。

一个凄惨的故事

在遥远的过去，我曾经沿幼发拉底河和底格里斯河和一队英国人共度旅游时光。导游是一名阿拉伯老者。在他的意念中，他的职责不仅仅只是给我们带路，还要给我们讲很多古老的寓言故事或现当代的故事，他认为只有这样才对得起我们付的导游费。他讲的故事，大多早已忘记，只有一个故事让我至今难以忘怀。

走在漫长的河岸边，老向导一边牵着我的骆驼，一边不厌其烦地给我们讲着故事，寓言接二连三，直到我们厌倦为止。当我们不愿听的时候，他就会火冒三丈，但是他从来都不对我发火。我依稀记得，他每次都会摘下土耳其帽，向空中抛个圆形来吸引我们的注意，虽然我已经斜视到帽子，但还是下定决心不去看他，以免他再次给我讲故事。

他一本正经地看着我说："通常我只会把这个故事讲给我最特别的朋友听。"当他强调很特别的朋友时，我心里暗暗在想，到底是一个什么样的故事让他如此郑重其事？这点让我很感兴趣，因此，我就向他点点头。这时他就开始津津有味地讲述起所谓很正式的一个故事：

远古时代，在印度河附近住着一位波斯人阿里·哈菲尔德，他有一个很广阔的农场，其中包括果园、花园以及田地，他还把自己的钱借贷给别人，他很富有，也正是这份富有让他很知足。

有一天，一位来自东方的得道高僧前来拜访阿里，高僧一坐在火炉旁，就开始给阿里讲起世界形成的奥秘。他说道："起初，世界只是一团雾霭，万能的神明用手指搅拌这团雾，最后把它搅拌成一个坚硬的火球。火球在天空滚过每一团雾气，从而四周的水雾开始凝固，直到大雨倾盆。大雨使高温地面很快地冷却，后来，火球中的火按捺不住寂寞，冲出了外壳，就形成了现在的山谷、山脉、丘陵以及草原，就这样，一个奇妙的世界就展现在眼前。熔岩物质从火球中冲出，冷却后就形成了花岗岩，经过时间的冲刷，慢慢变成了铜、银、金，还有晶莹剔透的钻石。”

那位高僧还说：“钻石就是凝固阳光的化身。”从现代科学的角度来看，这种说法也是极其正确的，钻石实际上就是太阳碳的一种结晶体。他还告诉阿里，如果有一块拇指大小的钻石，就可以买下整个波斯王国；假如拥有一个钻石矿的话，就能够利用自己的富有，让自己的孩子坐上王位。

听完高僧的故事，阿里知道了钻石价值连城。当晚睡觉时，他就已经觉得自己是个穷人了。虽然他没有失去任何东西，但就因为内心的不满而觉得自己很贫困。他无数次在心中暗暗发誓：“我要拥有一座属于自己的钻石矿藏。”那晚，他失眠了。

次日早晨，阿里叫醒睡梦中的高僧，让他告诉自己到哪里找寻钻石。

高僧很惊讶地问道：“钻石？你为何要去找寻钻石呢？”

“当然是想让自己成为世界上最富有的人。”

“这样的话，你就去找吧。你要做的事情就是，找到并拥有它们。”

“可是我不知道去哪里找寻。”

“嗯，你要去找从白沙上流过的河流，两边都是高山，在这些白沙中你就可以找到你想要的钻石了。”

“我怀疑这条河的真实性。”

“有的，这样的河流不计其数，你现在要做的就是去找寻，并拥有它们。”

阿里把农场变卖，还索要回自己的贷款，让自己的邻居帮忙照顾自己的家人。在一个雾霭弥漫的清晨，他踏上了寻求钻石之路。我猜想，他的第一站就是月亮山，接着去巴勒斯坦，然后踏上了去欧洲的征程，最后他什么也没有找到。一贫如洗、衣着破烂不堪的他，站立在西班牙巴塞罗那海湾边，两边是悬崖绝壁，前方是波涛汹涌的大海，这位可怜的人，再也承受不了残酷的现实以及命运的打击，纵身跳下，永远与大海为伴。

老向导讲完这个残酷的故事后，停顿了片刻，转身去扶快要从骆驼背上掉下的行李。趁他走开的一瞬间，我仔细地揣摩：他为何要把这样悲惨的故事留给“特别的朋友”呢？这样一个无头、无尾、无情节，主人公在第一部分就死去的故事，是我有生以来听过的最特别的故事。一会儿，向导再次回来，牵起骆驼，继续讲述他的故事，就好似从来都没有停顿过一样。

有一天，买下阿里农场的人，牵着骆驼到后花园的小溪边饮水。花园的溪水很浅，当骆驼低头去喝水时，农场主却发现，在小溪的底部有一道闪耀的光芒。顺着光芒的位置，他从小溪中找到一块金光闪闪的石头，如彩虹一般绚丽。于是，他就把石头放在正堂的壁炉架上，后来就没有再关注过它。

不久之后，那位高僧再次来到农场。一进客厅，他就看到那道从壁炉上发出的光芒，立马冲过去，大声喊道：“这是钻石呀，难道阿里真的找到钻石回来了？”

“不是，阿里并没有回来，这只不过是我从后花园的小溪中捡到的一块石头而已。”

高僧说道：“我很肯定地告诉你，我认识钻石，我也很确定这就是钻石。”

后来，他们一起来到后花园的小溪边，一起在白沙中寻找，竟然发现一块更大更美丽的钻石。

老向导还真切地对我说：“这就是著名的戈尔康达钻石矿的发源地，这是人类最富饶的钻石矿藏，它的价值远远超过金伯利。英国王冠上镶嵌的科依诺尔钻石、俄罗斯王冠上镶嵌的奥尔洛夫钻石以及世界上最大最美的钻石，都是从这里发现的。”的确，老向导所说的是真实的。

等老向导讲完第二部分时，他再次摘下帽子，抛向天空，以便更好地让我关注故事的内涵。尽管这个故事没有很直接地涉及道德伦理方面的寓意，但是老向导还是一味地强调它的内涵。他一边抛帽子，一边对我说：“假如当初的阿里选择在家里，挖掘自己的花园以及田地等，就不用再那么盲目地寻找，也不用承受现实的残酷，也不至于出现之后的自杀，他就可以真正地拥有属于自己的钻石宝地。在他农场的每一个角落，都挖掘出大量的钻石，之后这些钻石还镶嵌到国王的王冠上，假如是这种圆满的结局，该是一件多么令人开心的事情。”

当他讲完这个故事时，我也明白他为何要把这个故事讲给我“这个特别的朋友”，但是我并没有直接告诉他，我已经知道了其中的奥秘。这位阿拉伯的老者就像一位含蓄的律师，表达出一些他本不应该说出的话语，也就是，他自认为，一个美国的年轻小伙本应待在自己的家中，而不是在底格里斯河旅游。即便我已经看透了他的用意，但是还是没有让他知道，只是说，他的故事让我联想起几个相似的故事，而现在的我也开始给他讲述一些故事。

在你的脚下，就隐藏着财富

我所讲述的第一个故事也是与农场有关的。在 1847 年的加利福尼亚州，有一个农场主，得知加利福尼亚的南部有大量金矿，淘金的激情油然而生。他将自己的农场变卖给萨特上校，然后就踏上了淘金的征程，从此杳无音讯。在农场的小溪边，萨特上校建造了一个磨坊。有一天，一些小溪中的湿沙被他的小女儿带回家，她对着火摆弄着沙粒，有位客人在洒下的沙粒中发现了一道亮光，就这样，一座金矿就被发现了。假如前农场主仔细观察自己脚下的土地，那么现在这些金矿就非他莫属了。那道亮光被发现之后的一段时间，在那几英亩的农场里已经挖掘出价值3800万美元的金矿。数年来，农场主在每 15 分钟内都有价值 360 美元金子的收入。不论什么状态，税款一分都不用上交。不用交税款，还有一份可观的收入，这种生活是每个人都梦寐以求的。

另外一个故事，比上面的故事更使人信服。在宾夕法尼亚州，有那么一个人，身上完全没有宾州人的愚昧和贫困，他自己拥有一个很大的农场，为了让自己的事业再上一个高峰，他想把自己的农场卖掉。但是在卖掉农场之前，他打算去争取一个为表哥挖掘石油的工作。他的表哥在加拿大是一名石油商人，也是在加拿大发现石油最早的人物之一。于是，农场主给自己的表哥写了一封信，想要通过他找到一份石油开采的工作。这个农场主是一个极其聪明的人，在没有找到新工作之前，他绝对不会离开农场半步。表哥给他的回信说："请原谅我没有办法帮助你，因为你完全不了解石油这方面的知识。"

这位农场主没有放弃，他再次给表哥写信说：“我一定会学好这门知识的。”于是，他投入所有的激情去学习关于石油的全部课程。他首先了解到，在上帝开创世界的第二天，世界被茂密的植被覆盖，就这样慢慢演变成原始的煤矿资源。了解了这些知识后，接着他又学习如何从煤矿中开采原油，还自学了自流井的技术。他把石油开采以及提炼方法都学会之后，就第三次给表哥写信，告诉他自己已经掌握了石油的知识，这时表哥就同意了他的请求。

就这样，他把农场转卖，据记载，共卖了 833 美元。他离开农场不久之后，买主在安排牛饮水时，发现原农场主数年来在后谷仓的小溪中插着一块厚重的木板，虽然木板并没有插得很深，但最终的目的就是让水中形成一种泡沫，让牛不敢前来饮水，只能到下游去。原农场主的这一行为却阻挡了大量石油的涌现。数年前，当地的地质学家就勘探出在那里有大量的石油，后来经过一系列的提炼，当年就为宾州创造了 1 亿美元的收益。后来，那些有经验的地质学家还宣布，那里埋藏着价值 10 亿美元的石油。现在，那里坐落着乐城山谷和提多城。曾经的农场主学习和掌握了许多石油开采知识，可以说他应该对这片土地了如指掌，但是后来却以 833 美元的价格卖掉了价值 10 亿美元的农场。

在世界上，很多人都会犯同样的错误，因此，我们为何要嘲笑其中的一些人呢？

今晚，当我扫视观众时，看到坐在下面的都是一些熟悉的面孔，都是会犯同种错误的人。我迫切希望看到一些陌生的年轻面孔，更希望一些中学生和一些语言学校的学生前来，我真心想和他们畅谈。我更喜欢年轻的观众，因为他们没有陈旧的思想，没有墨守成规的思想，没有经历过很多岁月的摧残，他们有很大的可塑性，我可以给他们很大的启示。尽管如此，我也会对今天的观众负责。我要郑重其事地告诉他们：你们的家乡费城就是一块货真价实的钻石宝地。肯定会有人说："假如你真这样认为的话，那么你真的太不了解这座城市了。"

曾经报纸上的一则报道引起了我的注意：在北卡罗来纳州，有一位年轻人找到了世界上最纯的钻石，同时，在附近的地方也曾经发现过钻石。我曾经专门拜访一位著名的矿物学家，问他钻石的由来。他一丝不苟地在美国大陆板块的构造图上寻找，然后对我解释说："这些钻石很有可能埋藏在深层的煤层中。煤层向西穿过密西西比河和俄亥俄河，但是钻石有可能在弗吉尼亚州的大西洋海岸的煤层中出现。"事实上，那里的确埋藏着钻石，并且已经有人出售。据分析，它们是在漂流时期从北方的某个地方移动到这里的。除了带着钻石来到费城的人之外，谁又有能力发现钻石的存在呢?

亲爱的朋友们，我们都完全可以说，在自己脚下就有巨大的钻石矿藏，因为最纯正的钻石有可能来源于地球上的任何一个矿藏。在你的脚下，就埋藏着财富。

金钱的魔力

以上的实例只是为了更具体地诠释我的观点。要强调的是，如果你没有钻石矿藏的话，仍然可以拥有一切有利于自己的东西。一位美国女士因在英国的一次大型招待会上，没有佩戴任何奇珍异宝，而受到英国女王的大加赞赏，这足以证明钻石也没有多大的用处。假如你想让自己显得淳朴的话，那就少带一些珍珠玛瑙吧。

重新强调一遍，此时的费城有着很好的发财机会和致富的契机。今晚前来听我演讲的每个人都有这样的机会。此刻站在台上的我，不是在给你们背诵什么稿件，而是告诉你们自己所信仰的真理。现实生活的种种经历，让我坚信自己是正确的。在座的各位，能够买到票来听演讲，有机会拥有自己的“钻石宝地”，有机会致富，除了今天的费城，世界上没有任何一个地方适合发财。在遥远的历史中，费城也从来没有这样的契机，一个无资本的人可以凭借自己的诚实而致富。我所说的话都是现实存在的，希望你们也可以相信它的真实性。我不是来虚度光阴的，假如今天你们听了我的演讲，还没有致富的话，那么今天的我就是失败的，我所有的努力都将付之东流。

世间的每个人都应当富有，也更有责任让自己致富。许多人都会问我：“作为一名牧师的你，在世界各地巡回讲道，就是在教育年轻人致富吗？”

“对，这点是完全正确的。”

他们又很疑惑地问：“也太奇怪了，为何你不去传播福音，反而在这里给我们讲道呢？”

“其实教人以诚实致富，实际上也是在很好地传播福音。这就是其中的缘由，靠诚实致富的人可能就是全世界所能找到的最诚实的人了。”

或许，今晚在座的一些年轻人会问我：“我一直听别人说，人一旦有了钱，就会变得卑鄙、吝啬、无比讨厌。”我最亲爱的朋友，这可能就是你不能成为有钱人的最大障碍，这就是你对人性的看法。你的信仰本质是完全错误颠倒的。我在此郑重其事地发表一个简单的声明（因为这项声明需要讨论，而现在的我们没有时间），98% 的美国商人都是诚实的。这就是他们致富的原因，也是财富到他们口袋的理由。他们经营大企业，管理不计其数的员工，因为他们这些人都是诚实可信的。

有一个年轻人曾经问我：“我曾经听说有人靠欺诈致富的。”在现实生活中，我们每个人都会听到这些不良的新闻，但是毕竟这类事情还是极其少见的，因此报纸才对它大加报道，让你误以为富人的财富都是通过不正当手段获取的。

朋友们，愿意开车送我去费城的郊外吗？让我们去拜访一下住在费城周边的人。他们所有的人都拥有自己的园圃以及豪宅，他们的家园就像是一件件美丽的艺术品，形成一幅美轮美奂的景象。我会把你介绍给这些富有并且人格高尚的费城人。一个拥有自己家园的人才算是真正意义上的人，自己亲手创建的家园会使他们变得更纯洁、更正直、更诚实。

一个人钱挣得多或者少，是不矛盾的。我也曾无数次在教学中告诫人们不要过于贪婪，在现实生活中，人们也曾被告诫，不要太贪婪，但是正是由于人性的贪婪，才会出现“肮脏的金钱”之类的词语。因此，基督教片面地认为，财富对于任何人来说都是极其邪恶的。当别人捐献时，甚至还有人谩骂别人捐献得太少。唉，关于金钱方面的理论，真是太错综复杂了。

从很多角度来看，金钱就是力量，因此，很多人立志想要拥有更多的金钱。世界上的每个人都有着这样的抱负，因为一个富有的人可以做的事一定会比一个贫困的人多很多。假如没有钱，又如何印刷经书，如何建筑教堂，如何派遣传道士呢？没有钱，牧师就没有薪金来源，那么又有谁会去做牧师呢？只有工资高的人才会更有力量去做好事。只要他依据自己的良知而做这些事情的话，就会很轻松地做到这点。

也曾经有人问我："对待穷人，难道你就没有一点怜悯之心吗？"我当然很同情他们，否则的话，这些年我就不会到世界各地到处演讲了。我是很同情他们，但是在现实社会中，值得怜悯的穷人实在是太少了。假如一个人因自己犯错误而受到上帝的惩罚而贫困，此时的我们如果去帮助他们，那就不是在行善。我们一定要记住：一些人之所以贫困，那是由他们的缺点所造成的。

有一位先生曾经也问我："在你的意念中，是否觉得有比金钱更重要的东西存在呢？"我很肯定有比金钱更重要的东西，但是此时此刻的我们在谈论金钱的问题。我很明白世界上有比黄金还耀眼的光芒，我也相信世界上有比金钱更纯洁、更宝贵、更值得拥有的东西。爱是极其伟大的，一个既有金钱又有爱的人是很幸运的。金钱有着无边的魔力，它可以造就人，也可以毁灭人。而在一些善良的人手中，它能够很容易成就善行，而且我也很确定这点的存在。

我必须要把金钱的道德澄清一下。我曾经在一次祈祷会上，听到一个男人说过这样的话语："感谢主的庇护，让我幸运地成为天父膝下的其中一个贫困的孩子。"不敢想象，负责家里所有开支的妻子听到这番话会有什么样的神态。丈夫喜欢在阳台上抽烟，这样就抽掉了一大部分的钱财。虽然只有极其贫困的人才会信奉虔诚，但是像这样所谓的"上帝贫困的孩子"，我不想多看一眼，我也坚信上帝会和我一样不再愿意见到他们。这样的观点是错误的开端，虽然穷人是值得同情的，但是我们决不能宣扬一种错误的思想。

在现当代的社会中，对于发家致富基督徒并不赞成（犹太人把这些人称为“恐惧上帝者”），这种观念也是相当普遍的，以至于数年前，一个塔普尔大学神学院的自认为是全学院最虔诚的好学生，在一天晚上，来到我的办公室，坐在我对面，对我说道：“亲爱的院长先生，我觉得自己很有必要和你辩论一些问题。”

“发生什么事情了？”

他一本正经地说道：“我曾经听您在皮尔斯学院和我们神学院的毕业典礼上说过，年轻人渴望致富是一种好的社会风气，是一种远大的志向，这种志向也可以让他有很好的自控能力，促使他更勤恳地追求声誉；您还说致富的理想可以让一个人变得诚实。先生，我来就是为了告诉你，《圣经》上的说法是‘癖好金钱是万恶的源头’。”

我对他说，我在《圣经》上从来没有读过这样的话，并强烈建议他去教堂把《圣经》拿来，把原本指给我看看。于是他就很快地转身去取《圣经》，不大一会儿，他就拿着翻开的《圣经》很得意地大步向我走来。他把《圣经》摆在桌子上，冲着我尖叫道：“院长先生，就在这里，你可以很仔细地阅读。”

我说道：“年轻人，等你再长几岁就会深刻地明白，不能让一个异教信徒来代替你朗读《圣经》，因为你们是不能相提并论的派别信徒。当然，在神学院中，这句话是按照表面意思来讲解的。那现在，你就好好地阅读一下，给我一个适当的解释，可以吗？”

于是，他用双手拿起《圣经》，很骄傲地朗诵起来：“癖好金钱是万恶的源头。”他读的的确没错，如果很准确地引用《圣经》的话，不容置疑他是绝对正确的。五十年的光阴，让我亲身经历了这部神书所带给社会的变革，它让自由的旗帜停留在世界的每一个角落。自古以来，在世界上没有哪种真理可以与《圣经》抗衡，得到那么多心灵的庇护与信仰。

他朗读的内容，是绝对的真理。“癖好金钱是万恶的源头”，企图一夜暴富的人都会受到上帝的惩罚，这是不容置疑的事实。该如何正确看待金钱呢？假如把金钱视为自己崇拜的偶像，任何形式的崇拜都会受到《圣经》的制止，也会受到理性的人的责骂。盲目地崇拜金钱，把它当作偶像，而不去正确地利用它，那么就如同吝啬鬼把金钱放在地窖中或者藏匿在袜子中，而不去做合理的投资一样，这样爱钱如命的人，罪恶也会随着金钱在心中生根发芽。

你在哪里，发财的机会

现在我要回答一个全场人都想问的问题：“在费城真的有发财的机会吗？”其实，很容易找到发财机会的，当你发现机遇时，你就已经拥有它了。曾经有位老者对我说道：“康维尔先生，你应该在费城也住了三十多年了吧？你应该知道在费城做生意的艰辛，我在这里开了一个店面，苦心经营二十年，也没有挣到 1000 美元。”

可以说，对这个城市你奉献多少就会得到多少回报，因为一个人所获得的金钱数量与他对社会的贡献是紧密相连的。如果你在费城奋斗二十年还没有挣到 1000 美元，那么你理所当然会被社会所淘汰，即使在街上开一家杂货铺，在二十年中也会很轻松地挣到 50 万美元。

也许会有人反驳我说：“你一个做牧师的，根本不懂得做生意的诀窍是什么。”那么，现在我就能很好地证明自己也是一位商界精英。这也是迫不得已而为之，因为假如我不是专家，又有谁愿意听取我的意见呢？

现在说一下我的经历。小时候，父亲在乡村开了一家杂货铺，杂货铺是天底下最能学会做生意的地方。每当父亲出门时，店铺都由我来照看。有一件事情一直让我记忆犹新。有个人进铺问道：“有锄草刀卖吗？”我很自在地吹着口哨说：“我们不卖锄草刀。”然后他就离开了店铺，我有必要顾及每位顾客的需求吗？一会儿又来了一位农夫，也问卖不卖锄草刀，我哼着小曲说道：“不卖。”然后又有人进店问了同样的问题，我说道：“难道我们开杂货铺就是为给全村人提供锄草刀吗？”

你是否在费城开过这样的店面呢？在这里我要郑重声明，宗教信仰与生意红火是没有任何矛盾冲突的。假如有人说自己不能把宗教信仰与生意巧妙地联系在一起，那么这句话也就暗示，他在生意场上的愚昧，他也许很快就会遭受破产的命运，或者他是一个万劫不复的盗贼，三者定有其一。用不了几年的时间，他就会失败落魄。在生意场上不能坚信自己的宗教信仰，那么就注定着失败。如果当时的我按照基督教的信仰以及上帝的庇护照看父亲的杂货铺的话，当他们来买锄草刀时，我就会毫不犹豫地卖给他们。那样，我既做了自己能做的事情，也会得到相应的报酬，这些也是我应尽的义务。

有一些过分信仰基督的教徒认为：不论你卖的商品是什么，都是罪恶的。在现实生活中，事实正好相反，假如你卖出的商品价格低于成本价，那你就成了真正的罪人，因为你没有权利这样做。假如一个人连自己的财富都不能很好地照看，那么又怎么指望别人把自己的财产放心地交给他呢？假如一个人对自己妻子都不忠诚的话，那么又会有谁会愿意他去自己的家中呢？如果一个人品质败坏、不诚实，一定不要相信他。我有义务把锄草刀卖给第二或者第三位客户，这样的话自己也会获得利润。但是我没有资格向顾客索取超过商品价值的金钱，也没有权利做亏本的生意。买卖双方同时获得所需的利益，才是真正的经营之道。

福音书上曾传达着这样的原则：在你生存时也要帮助别人很好地生存。数年来，我一直用这样的方式来解读人生，也获得了相应的回报，这就是我帮助别人生存的方法。每个人都应该真心地去帮助别人，这样才会从中获得快乐。假如一个人偷窃了别人靠真诚挣来的一元钱，晚上回到家他也不能安心地休息。第二天，他就会拖着疲惫的身体，无精打采地去上班，因为此时他的良心受到了谴责。即使他是百万富翁，也不算是个成功人士。假如一个人在自己获得利润以及权利时，都会与人共享，这样的他不但生活得有滋有味，而且还会一直不断地走向一条通往财富的光明之道。很多百万富翁的例子都在诠释着这个观点的真实性。因此，如果一个在费城经商的人说自己一无所获，那只能说明他的经商之道有问题。如果我明天走进你的店中，问你："你知道某某吗，他的住址你知道吗？"

"我对他好像有点印象，他好像在街角的商店上班。"

"他的老家在哪里呢？"

"这个不知道。"

"那他家中都有些什么人呢？"

"不知道。"

"选举时，他把选票投给谁了呢？"

"不清楚。"

"他平常去哪个教堂做礼拜呢？"

"不清楚，这些和我又没有直接的关系，你问这些有什么意义呢？"

假如你是在费城开店，这样回答我的话，你的经营模式就像我少时在乡村帮父亲照看店一样。你对自己的邻居就像陌生人一般，假如你稍加留意的话，现在的你就是一个百万富翁了。你要是对他们的事情足够感兴趣，明白他们的需求，你就一定会发财的。你总是在抱怨没有挣钱的机会，其实，你错了，机会就在你的眼前，只是你自己不懂珍惜罢了。

假如你有很富有的父母，他们给你足够的资金去做生意，这时的你不是自己在创业，而是在帮父母打理生意。

假如年轻人拥有了一些不是自己挣来的金钱，也就意味着灾祸的开始，财产继承从另一方面来说，是毫无益处的。把自己的金钱留给孩子，这样对孩子的成长是没有一点好处的，假如你拿这些钱去让他们接受很好的教育，让他们有虔诚的信仰，留给他们更多的朋友以及好名声，这样就会让他们受益匪浅。让他们继承财产，不但对他们不利，对国家也是有害的。年轻人，其实你继承财产也不是一件很好的事情。那些"嗟来之食"只会给你带来伤害，使你看不到世界上最美好的东西。其实，富人的子女是相当可怜的，因为他们没有独特的人生经历，没有真正属于自己的人生，永远都不知道世界上真正美好的东西是什么。

人生中最美好的事情应该是：一个努力拼搏的年轻人与心爱的女人订婚，决定营造一个真正属于自己的家，因此爱就给了他无限的正能量，于是他努力地工作，努力地改掉自己的坏习惯，把自己的积蓄存到银行。当他拥有几百万的时候，就去乡村买一所房屋，可能会花掉自己一半的积蓄。紧接着他就带上自己心爱的人回家。当他第一次把自己的新娘带回新家时，就会很骄傲地说："这些都是我自己努力得到的，它属于我，也完全属于你。"这一瞬间，才是人生中最美好的时刻。

当然，很多富家子弟就没有这样的人生经历，他会把自己的新娘领到一个豪宅中，但是不得不说："这些都是我父母所赠予的。"结果会让新娘觉得自己不是和他结婚，而是和他的父母，这岂不是人生中的一大悲哀？

有一项调查数据表明，在马萨诸塞州，有十七分之一的富家子弟都是在贫困中死去的。我同情那些富人的孩子，因为他们都没有像范德比尔特的大儿子那样奋发图强。这个孩子曾经这样问自己的父亲："你的所有积蓄都是自己挣来的吗？"

"没错，孩子，都是我自己努力挣来的。我最初在码头工作时，每天只有 25 美分的工资。"

"那好，你的财产我一分也不会要。"

在和自己父亲谈话后的一个周六晚上，他曾尝试去找一份码头上的工作，最后却以失败而告终，但是他后来却找到一份每周可以挣三美元的工作。如果一个富家子弟这样做的话，就会像穷人家的孩子一样得到磨炼，这样的生活经历比接受高等教育更加重要。只有这样，他才可以很好地去经营父亲的百万资产。但是在现实生活中，富人是不会这样做的，他们不愿看到自己的孩子受苦，不愿让他们去做自己曾经做过的工作，甚至不会同意让孩子出去工作，孩子的母亲更是不会同意。这其中的原因是什么呢？因为他们的母亲认为，自己的儿子像女孩一样娇贵，像穷人一样靠自己的劳动而生存，对他们来说是一种莫大的羞辱。这样的富家子弟是不值得别人同情的。

致富的技巧

我用一个大家都很熟悉的故事来诠释这一真理，当然这个故事也是真实无疑的。出生在纽约的斯图亚特，是一个贫困家庭的孩子，他起初用 150 美元来开始自己的谋生之路。他先用 87.6 美元开创自己的第一份事业，但是却失败了。其实从某方面来看，第一次失败对男生也是一种幸运。他也曾经说过，再也不会冒险去做生意了。确实，后来他真的没有做第二次冒险尝试。

也许大家都很熟悉他是怎么样把 87.6 美元损失掉的。他用 87.6 美元买来的针线以及纽扣，不是人们所需要的，因此只能留在自己的手中，就这样第一笔生意就亏了。经过这次事件后，他意识到自己再也不能这样盲目了。于是，就挨家挨户地去询问他们的需求，无论是在生意上，还是在日常生活中，都必须去研究别人的需求，这就是他后来获取成功的技巧。只有了解了别人的需求之后，才可以把自己的精力投到最需要的地方去。斯图亚特利用这项法则，挣取了 4000 万美元的财富。沃纳梅先生后来接管他的事业，把斯图亚特在纽约创建的店经营得更加出色。他之所以拥有很多的财富，是因为他认为必须把自己的金钱投资到别人的事业中去。在座的各位，你们什么时候才能领悟这个道理呢？伟大的制造商们，你们什么时候才能读懂成功的前提是满足别人的需求呢？不管你是工人，还是伟大的制造商，世界上所有的人都应该去满足别人的需求，对于全人类来说，这种原则也是很实用的。

我想问在座的各位一个问题：在一个工业很发达的城市中，是否在制造业上有发财的机会呢？也许某个年轻人会说：“假如你能得到托拉斯的赞助或者是得到两三百万的流动资金，就会有机会的。”亲爱的年轻人，打击大资产企业而导致托拉斯解体的实例告诉我们一个道理：现在是中小企业盛行的年代。在当今时代，即使你没有足够的资金，也可以在制造业上有所成就，这是一个很有创新性的发财机遇。

可能有些人会质疑地问：“这是不可能发生的事情，没有资金，怎么可能做生意？”这一观点我有必要给在座的各位解释清楚，我也有义务让所有的年轻人明白这一道理，从而更快更稳地开展自己的事业。年轻的人们，一定要记住：假如你了解人们的需求，那么此时的你所掌握的财富知识就远远大于流动资金。

曾经在马萨诸塞州，有一个失业的木匠，穷困潦倒，还一直很懒散地待在家中。有一天，他的妻子要求他出去找工作，他听从了妻子的建议，但只是在海边闲坐了一天，由于无聊，他把一块潮湿的木头雕刻成一个小木人，当天晚上，孩子们因只有一个小木人而争吵起来。为了让孩子们安静下来，他又雕刻了第二个小木人。当他雕刻第二个小木人时，他的一个邻居很感兴趣地看了一会儿说：“你为何不把削好的小木人拿去卖呢？它肯定可以挣很多的钱。”

他说道：“你说得很对，但是我不知道该削成什么样的。”

“关于这一点，你大可去问你的孩子呀！”

这位贫困的木匠又说：“但是别人家的孩子和我们家的孩子想法也不一定相同呀！”

不管怎么样，他还是听取了邻居的建议。第二天清晨，当女儿玛丽起床后，他就问道：“亲爱的宝贝，你都想要什么款式的玩具呢？”女儿告诉他，想要奔跑的马车、漂亮的小雨伞，还有脸盆架，还说了很多能够让他做一辈子的玩具。就这样，通过了解自己家孩子的需求，他获得了创造性的灵感。

由于没钱买上乘的木材，他就找来烧火用的木材，雕琢出一些不加色彩修饰而结实的玩具。数年后，这些玩具闻名于世。

那位木匠起初只是为自己的孩子做一些玩具，接着按照它们的模板，做了很多各式各样的玩具，摆放在隔壁鞋店里出售。最初，他的收入也是不值一提的，后来就渐渐开始赢利。劳逊先生曾在《暴热金融》中提到，这位工匠是马萨诸塞州的首富，现如今的他已经拥有 1000 万美元的财富。三十年来，他一直遵循着起初的原则来赢得财富——通过对自己家孩子的了解去发现别家孩子的需求；通过对自己以及对妻儿的了解来揣摩别人的内心世界，这也就是他赢得财富的法宝。或许你们会问道，难道他就没有一丁点资本投入吗？这个当然有，就是他的小刀，但是那把小刀是不是他自己买的，至今也无人知晓。

我在康涅狄格州的新不列颠的一次演说中，讲这个故事时，一位坐在第五排的女听众回到家中，想把自己外套的衣领卸下来，不料衣领上的纽扣卡在扣眼中，不能顺利取下。她很气愤地把纽扣拽下来，并大声说："我一定要发明一种很方便取下的纽扣。"这时她的丈夫说道："倾听康维尔先生的演讲后，你一定觉得发明一种很方便的纽扣可以满足市场的需求，是一种极其可观的财富吧。那你就去努力地发明创造吧，或许你会成为最富有的人。"他在嘲笑自己妻子的同时，也间接地在取笑我。

这件事情像阴影一样，一直浮现在我的脑海中，每每想起我就觉得很伤心。尽管我几十年来一直在劝导别人，但是实际的成效却是微乎其微的。今晚虽然有很多人赞赏我，但我坚信在座的听过我的演讲后，可以在短时间内成为百万富翁的不足十分之一。不过这样的结果关键不在于我，而在于你们自己本身，我所讲的都是事实。假如大家在听完我的演讲后，没有丝毫的领悟，没有依据我所讲的方法去做，那么我的努力就失去了原有的价值。就像我上面所提到的那位女士，虽然丈夫对她百般地嘲笑，但并没有影响到她的思绪，她还是毅然决然地依照自己的想法去发明更好的纽扣。

后来，随处可见的按钮——扯一下就可以解开衣服，就是这位新西兰女士的发明创造。当然这位女士还发明了其他一些便捷的纽扣，也逐渐投入了生产，她也慢慢地成为大厂商的合伙人。

现在，每到炎热的夏日来临时，她都会与自己的丈夫乘坐自家的私人游艇去享受大海的波澜壮阔，迎接清凉的海风。假如有必要的话，现在的她，足以能够为自己的丈夫买到与公爵、伯爵同等令人尊重的称谓。

这个故事让我们领悟到什么道理呢？它很明确地告诉我们，其实机遇就在我们的眼前，但是我们却不曾发现它。这位女士就是牢牢地抓住机会，获得了成功。

我曾经在一份报纸上看到一则这样的报道：发明东西与女人这个词毫无关系。这家报纸就应该受到严办。

假如说，女人从未发明过什么，提花机从何而来？你们身上穿的衣服又是如何缝制的呢？它的发明者正是雅卡尔夫人。工人所用的那些滚筒以及印刷机，都是农村妇女发明创造的。使美国财力迅速增长的南方轧棉机又是谁发明的呢？是著名的杰纳瑞尔·格林夫人，而其中的原理法则也只是惠特尼先生讲解了而已。

就像常见的缝纫机，又是何人发明的呢？就算是一个儿童也知道是伊利阿斯·豪。但事实并非如此。我曾经和豪一起参加内战，还巧合地住在一个帐篷中。豪常常对我讲，他足足花了十四年的时间去研究如何发明缝纫机，但是结果还是失败了。直到有一天，他的妻子觉得，如果这个东西在短时间内不能发明出来，那么他们一家就会面临被饿死的困境。于是，只用了短短两个小时的时间，她就发明了缝纫机。当然豪用自己的名义申请了专利，因为这是男人的一贯作风。

而我们所用的除草机和收割机又是谁发明的呢？最近麦克·科密可先

生发表的一份申明中，明确地指出这两项机器是弗吉尼亚州的一位女士发明的。科密可先生以及他的父亲都曾试图发明收割机，但是最后还是以失败而告终，于是他们也就放弃在这一领域的努力。然而正是这位女士把很多剪刀固定在木板上，每把剪刀都有一支把柄是可以活动自如的；接着她就把这些可以活动的把柄用线连接在一起，当向一个方向拉动时，剪刀就会很轻松地打开，而拉向另一方，就会很快地合拢，就这样，她发现了除草机的工作原理。你看一下除草机的构造，就会很自然地发现，就是由很多的剪刀所组成的。假如女人可以发明轧棉机、提花机以及具有深远影响力的轧钢机（卡耐基先生曾经说过，轧钢机的出现为美国的钢铁厂奠定了坚实的基础），那么，身为男人，也可以发明创造世间所有的一切东西。我这样的说辞只是为我们男人加油鼓劲。

我再次提问：在这个大千世界中谁又是最有威望的发明家呢？他与你朝夕为伴，他就是你自己。你或许会说："在时光荏苒的岁月中，'发明'这个词总是与我擦肩而过。"最具威望的发明家也没有任何的创造发明，直到有一天他们发现一个重大的秘密。在你的观念中，发明家就应该有一颗神奇的脑袋，或者说是像闪电般的灵感吗？事实正好相反，真正的伟人也是平淡普通、深明大义的。假如没有他的实际成就展现在你的面前，你永远都不会想到他就是那位令人敬仰的天才发明家，他的左邻右舍也不会把他看作是伟人，原因就是新大陆永远不会在自家院墙内发现。俗话说，自己的身边怎么会出现伟人呢？他们都会在很遥远的地方。这就是因为身边的伟人太过于普通、真实，没有那种若即若离的感觉，以至于自己的左邻右舍不会敏锐地觉察到。

事实证明，真正的伟人是不会让人觉察到的，人们也会对那些所谓的伟大的人物一无所知。曾经我因要为加菲尔德将军写传记而去他家时，他家的门口被人包围得水泄不通，正是他的一个邻居，得知我的事情紧急后，就把我带到将军后院的门前，还很大声地喊道："吉姆、吉姆！"一会儿，那个"吉姆"来为我们开门，并让我进屋，也正是这样，我为美国最有威望的人写了传记。在加菲尔德将军的邻居眼中，他永远都是"吉姆"。假如你认识费城中的一位伟人，在明天与他相遇，那么你一定会这样与他打招呼："山姆，最近可好？"或者是"吉姆，早上好！"

由于在内战时期有一个战友被判死刑，我生平第一次来到华盛顿，去拜见住在白宫的总统。在等候室中，我和很多人一起坐在长椅上等候，总统秘书也很有秩序地来询问我们每个人的需求后，走进总统的办公室。当他再次从办公室走出时，就示意我过去。秘书把我带到大厅，并指着一扇门说道："这就是总统的办公室，你敲门进去就行了。"这时的我，感觉到莫名的害怕，呆站在总统的办公室门外，丝毫不能动弹。我曾经上过战场，在安提塔姆战场上，子弹从我们身边飞过，但是那时的我也没有今天这样的害怕。最后，不知是哪里来的勇气，鼓励我慢慢敲响了那扇门。里面没有人开门，只是说道："进来，坐下吧！"

我进去之后，只是很拘束地坐在椅子上，心里还不停地念叨，要是此刻在欧洲是多么好的一件事情。坐在桌子旁边的那个人，根本没有抬头看我。他是世界上的伟人之一，也是凭借自己的原则才获得今天的成就。假如这次费城的年轻人在这里就再好不过了，我会向他们讲述这位伟人的原则，他的这项原则肯定会为费城以及整个人类文明带来巨大的影响力。林肯总统的原则适用于所有的人。这条原则就是：不管做什么事情，都要持之以恒，坚持不懈，直到获得最终的胜利。在全世界的每一个角落，这项原则都会造就伟人。

林肯总统一直在埋头批阅自己的文件，坐在椅子上的我，紧张得不断颤抖。最后他把批好的文件用绳子捆绑好放在一边，抬起头，他疲惫的脸上仍闪现出会心的微笑。这时他说道："我现在的时间很紧，请你用最简洁的话语来说明你的要求，最好在几分钟内把它讲完。”于是我就用简洁的话讲出这件案子的始末。他说：“这件事情我已经知晓，现在就请你安心地回去吧，总统不会狠心判处一个不到20岁的小伙死刑的，一定不会，你不妨把这些话告诉他的母亲，让她也放心。”

接着，他问道：“你觉得战争怎么样？”

我说道：“有时候我们真的很泄气。”

他说道：“不用再揪心，现在的战争已经接近尾声，我们也很快就能取得胜利的果实，光明大道也不断地向我们靠近。谁也不能指望自己担任总统后就可以高枕无忧了。到任期满时，我也会很高兴。我现在已经计划好，到那时，我和泰德回到老家伊利诺伊州斯普林菲尔德去，我也计划在那里买下一座农场，重新回到每天只有25美分收入的生活，那样我也毫不在意。泰德还能饲养几头骡子，我们还可以种一些洋葱。”

接着他又问道：“你从小是在农场生活的吗？”

我回答道：“是的，我一直在马萨诸塞州的伯克郡山庄生活。”

他的一条腿在椅子的一角动弹了一下，接着说：“我从小就听说伯克郡山庄有一项趣味十足的习惯，会把羊的鼻子削尖让它们去吃岩缝中的青草。”现在的他显得是那样的普通，平易近人，好似一位农人，我的拘束感也很快消失了。

紧接着他又拿起了一份文件，微笑着对我说：“再见！”我也知晓他的用意，就这样站起身走出来。等到走出来以后，我不敢相信自己刚才拜见的是美国总统。几天以后，我在那座城市中再次见到了他，但这次是随着数以百计的人流穿过白宫来瞻仰他的灵柩，他的脸上依旧是微笑。我默默地在心里想：就在几天前我还见过他，他是那么的平易近人、朴实无华，他是上帝钦定的伟人，去带领国家走向繁荣富强，迎接胜利的曙光。正是这样一位伟人，在左邻右舍眼中，是永远的“老亚伯”。当地举行葬礼时，我也应邀护送林肯总统的灵柩到斯普林菲尔德墓地。在墓地旁边站着的左邻右舍的眼中，他仍然是过去的“老亚伯”。

你见过那种飞扬跋扈、趾高气扬，撞到正在工作的修理工还毫无抱歉之意的人吗？你觉得这种人会是伟人吗？他们只不过是充满气体的气球。这种人根本就不伟大。

谁才是真正的伟人呢？

在几天前，我曾经听过关于一件小饰物的故事。正是这个小饰物让一个贫困潦倒的人变成富人。因为一次惨痛的经历，他发明了一种有新意的别针，也就是现在的最安全的别针。就凭借这枚小小的别针，他成为美国最富有的家族企业的创始人。

在马萨诸塞州，有一位制钉工人，他是一个贫困潦倒的人。三十八岁时的一次工伤，让他失去了在车间工作的能力，只能在办公室中做一些擦除铅笔笔记的账单工作，收入很低。他每天用橡皮擦账单，会很容易导致手酸痛。后来，他就把一块橡皮绑在小木棒的一端来擦账单，这样速度就提高很多。

他女儿看到他工作的样子，就说：“爸爸，你已经拥有了自己的专利。”这位工人后来说道：“我女儿曾经告诉我，把橡皮绑在小棍的一端就是一项专利，最初的想法就只是这样而已。”于是，他在波士顿申请了专利，我们现在所用的带橡皮的铅笔就源于这项专利。正是这项专利，让一位贫困的工人拥有了上百万的财富。

相信自己

我有一个问题想问大家：“在费城中曾有哪些伟大的人物？”或许会有一些人站起来告诉我：“在费城根本就不存在伟人，伟人都不居住在这里，伟人们都在遥远的罗马、伦敦、圣彼得堡、马纳温克，还有一些另外的地方，但是就是不在费城。”

现在让我们谈论一个很重要的问题，它一直困扰着我：为何费城没有成为一个富丽堂皇、繁华富有的城市？为何纽约超过了费城？或许会有人回答我，那是因为纽约是一个海港城市。那为何美国另外的一些城市也超过了费城呢？最根本的原因就是费城人瞧不起费城。

假如世界上有哪些城市需要在鞭策下才会进步发展的话，那就包括费城。把修建林荫大道的提议驳回；把修建高质量先进学校的提议驳回；把实行法制变革的提议驳回；把所有的提议以及建议统统驳回。虽然费城待我不薄，但是我也必须提出这座城市所面临的问题：费城人的精神萎靡。好好地巡视一下整个费城，你就会发现，现在的费城完全处在百废待兴中。我们应该有一种很积极向上的学习精神，就像芝加哥、纽约、圣路易斯和旧金山人的那种精神状态。假如我们能唤醒费城人的这种精神，那么费城就会成为一个星光灿烂的伟岸之城。

努力拼搏吧，数以千计的费城人，相信上帝的垂爱，相信人类的呵护，相信在这里有“钻石宝地”，不是纽约，也不是波士顿。在这里有发展商业的机遇，也有赢得生命中所有宝贵财富的机遇，让我们勇敢地振兴费城的事业吧。

我冒昧地讲了上述的这席话，虽然已经说了很久，但是至今仍有两个年轻人扭曲了我的用意。

其中的一位年轻人说道：“费城会出现一位史无前例的伟人。”

“这是真实存在的吗？那你可以肯定何时可以成为伟人吗？”

“让我在选举中获胜成为政府职员时。”

年轻的朋友们，难道你就没有学过政治学的初级课程中的一些道理：在我们现行的法治社会中，担任政府职员的人是极其渺小的。在这人民当家做主的时代，政府为人民所有，为人民服务。只要这条原则不曾变化，担任政府公职仅仅只是人民的公仆而已。《圣经》上曾说：“仆人的地位是永远不会凌驾于主人之上的，派遣的人永远高于被派遣的人。”假如真正的统治者是人民，那么我们就不需要伟人来担任政府职员。假如伟人担任了政府职员，那么，在十年内，我们的国家就会成为一个专制帝国。

妇女在即将拥有选举权时，我就听到很多妇女说道：“在未来我也会成为美国的总统。”我一直都赞成给妇女选举的权利，这是现实社会发展的一个必然趋势。我也无比地渴望自己以后也可以担任一个公职。但是假如担任公职而影响到妇女的选举权，那么我将会把告诫年轻男人的话语告诉她们：获得一票的权利并没有多大的意义，除非你可以影响到很多的选票，否则就没有人知道你的存在。因为个人的力量与社会相比就如九牛一毛。现在的法治国家不是靠选票来统治的，选票在现实社会中并没有你想象中的那么重要。统治一个国家靠的是影响力，靠的是可以控制选票的雄心壮志。为了担任国家公职的女选举者也犯了这样一个错误。

另外一个年轻人说道：“在美国的费城，肯定会出现伟人。”

“一定会如此吗？那是何时呢？”

“当一场战争来临时，当我们与墨西哥或者是英国发生战争时，或者是与日本、中国以及一些遥远的国家发生战争时。到那时，我就会穿梭在枪林弹雨中，迎着炮火冲锋陷阵，跳进敌营，扯下敌方的军旗，赢得最后的胜利。这样我就可以凯旋回到故土，佩戴星章，去担任国家委派的任何公职，这样我就理所当然地成为一名颇有威望的人。”

年轻人，你不可能会成为一个伟人，你只是一味地认为政府公职使你伟大，但是请你记住一点，在担任公职之前你是一个极其平庸的人，而在担任后你也不会变得多么伟大，这只会是一种莫名的讽刺。

在纪念西班牙战争五十周年时，我们举办了以和平为主题的欢庆活动。对此欧洲国家很是费解，在他们看来，再过五十年费城人就不会知道西班牙战争了。在座的各位肯定有人亲眼见过布劳得大街的欢庆活动。因为我当时不在费城，家人曾经写信告诉我，当豪普逊中尉的四驾马车从我家门口经过时，涌动的人流高喊：“豪普逊万岁！”假如我在场，我也会如此地高呼，因为这是豪普逊理应享受的国家荣誉。当我们走进学校，问是谁击败了“梅里马克”号的时候，很多男生都会以钦佩的口吻说是豪普逊中尉。但是我却认为他们说的并不是完全正确。因为在那艘轮船上还有其他几位伟人，他们临危不惧地坚守着自己的岗位，在西班牙的炮火中洗礼着自己的灵魂。而豪普逊作为一名军官，理应躲避在后面。这里聚集着很多聪明的费城人，但是却没有一个人可以记起他们的名字。

现在讲述历史也没有实际的意义，但是现在我们只是教育人们：一个人不管他的职位有多么的卑微，只要他恪尽职守，坚守自己的岗位，他就会像美国总统一样，成为人们心中的伟人。但在现实生活中人们并没有受到这样的教育，而人们被灌输的思想是：战争都是靠将领打下的。

我清晰地记得，在南北战争结束后，我去南方拜见罗伯特·爱德华·李将军，他是一位很虔诚的基督教徒，南北方的人都认为他是一个伟人，都为他而自豪。将军给我讲述了他仆人的一个故事。他是一名应征入伍的黑人士兵，名叫拉斯特斯。有一天李将军把他叫来取笑道：“拉斯特斯，我听说你们全连阵亡，你为何没死呢？”拉斯特斯眨眨眼睛说：“每当战争的炮声响起，我都会与将领们一起后退。”

还有一件事情令我记忆犹新。我紧紧地闭上眼睛，眼前就会浮现出年轻时代那些熟悉的容颜。的确，他们曾经很虔诚地对我说道：“你精神抖擞，忘我地工作，仿佛从来没有见你停下过，但却一如既往地保持青春。”如同任何同龄的老人一般，当我闭上双眸，那些爱过的和失去的人的容颜也会很清晰地出现在眼前。是的，不管我是否承认，我现在已是暮年。当我闭上双眸时，我好像又回到了麻省故乡，山顶的牛栏以及马棚都瞬间出现在眼前，还看到公理会教堂、省政厅、登山人的小屋以及成群的人们。他们衣着鲜艳，挥舞手绢，在军队的旋律中欢呼雀跃；还看到那些刚刚入伍的士兵以整齐的队列进入广场。虽然当时的我只是一个初出茅庐的青年，但那时已是一名连长，我趾高气扬，好像是在经历人世间最伟大的事情。现在想来，当时的自己根本经不起任何的打击与失败。假如你曾梦想成为国王或者女王时，那就请你先去等待市长的接见吧。

在雄壮的军队乐曲中，很多人来迎接我们的到来。我很自豪地带着自己的队伍，以整齐的步伐经过那片公地，下山进入市政府。士兵们来到中央过道后，也很有秩序地坐下，我坐在第一排。市政府的礼堂也已被几百人包围得水泄不通，四周都是人。很快，市政府的官员也陆续到齐，在讲台上形成一个半圆形，而市长就坐在中央。虽然市长之前没有担任过任何公职，但是他是一个公认的好人，他一直相信公职可以让一个人变得无比伟大。当他在讲台上发现我坐在第一排时，就立刻邀请我与政府官员一起坐在讲台上。在我参战之前，除了向老师建议被处罚之外，他们从来都不曾知道我的存在。而如今竟然有人邀请我去讲台上与他们平起平坐，这是一件令人难以相信的事情。当时的市长就是我们的帝王，是我们那个时代的霸主，巨大的荣誉感让我激动不已。

等我坐好之后，大会主席来到桌边，我们都认为他会邀请公理会的牧师进行演讲，因为牧师是这个市里唯一的演讲家。而牧师也早已将演讲稿背得滚瓜烂熟，在草地上背诵时，惊呆了吃草的牛儿。他推了推眼镜，低头看一眼桌子上的演讲稿，然后阔步走向演讲台。脚步声也训练得那么有节奏感。从他的表情以及神态中，谁都可以清晰地看出，他为这次演讲做了很久的准备。他伫立在那里，左脚跟是他的重心点，双肩努力向后扩张，而右脚成四十五度角向前，就这样开始了他的演讲。或许有人会说，这样的演讲方式是不是太过于夸张，当然一点都不会夸张，演讲就是如此而已。

"公民们——"当他听到自己声音的时候，激动得手脚不听自己的使唤，全身发抖，而忘记自己接下来要讲的内容。这时他不得不去桌子上看一下演讲稿，再次紧握双拳，鼓起勇气继续演讲。"公民们，我们——公民们，我们——我们——我们——我们——我们——我们非常高兴——我们非常高兴——我们非常高兴。我们非常高兴地来迎接这些勇战沙场的战士们荣归故里——重回故乡。我们愈加——我们愈加——我们愈加，我们愈加高兴今天一位年轻的将领与我们在一起。"（在这里是指我）——"这位年轻有为的英雄人物，在我的意念中（庆幸他说了这句话，要不当听到'意念'这个词，还以为我是多么得自以为是。）这位年轻有为的英雄人物，在想象中，我们看到他指挥——我们看到他指挥着——指挥，我们想象中他指挥着自己的军队浴血奋战。我们好似还看到他锃亮的——锃亮的——他锃亮的——他锃亮的刺刀——在阳光下发出的万道光芒，他向着队伍高喊：'战士们，冲呀！'"

啊，天啊！真的难以想象，这位好人竟然对战争常识一无所知。任何一个部队的战友今天都会告诉你们，步兵的军官是不会跑在队伍的前面的，这几乎就是犯下不可饶恕的罪行。"他举起在阳光下锃亮的刺刀，向着部队高喊：'战士们，冲呀！'"我从不曾这样做过。你们也可以想象我怎么可能在敌军与我军部队中间，难道我想被刺死吗？那根本不是一个军官所该待的位置。在现实的战役中，军官的位置在战场的后方。职位越高的军官，位置越靠后。这并不是说明他们没有战士的勇猛，而是战争的规则就是这样的。不管是士兵还是军官，都要恪尽职守，恪守岗位，那样才是最伟大的！

从这次教训中我领悟到很多，只要我活在世界上一天，我就无法忘记。伟人不在于担任什么职务，而是在你贫困时的成功，在卑微中成就的壮举。假如想要成为一个伟人，那么你在费城就要有一番作为，把宽阔的街道、整洁的人行道、高素质的学校，把更多的幸福快乐、更多的文明信仰献给这座美丽的城市。那么他无论在任何时候都会是伟大的。

每个在场的人都应记住这一点：假如你想成为伟人，就要从你所在之地做起，从你现在的位置开始付出行动，从费城开始行动，现在就开始。只要一个人可以为自己的家乡做出贡献，做一个好公民，建造一个美丽的家园，不管他从事什么工作，是售货员、出纳员还是家庭主妇，不管是贫困还是富有，都能创造快乐幸福，不管在任何地方都能成为伟人，他必须先让自己的家乡变得无比的伟大绚丽。

最伟大的力量

卷五

［美］J·马丁·科尔

这是一部极具启发意义的书。

J·马丁·科尔曾说过："数以千计的人都在艰难苦痛中无助地度过一生，唯一的根源就是他们不曾发现自己潜藏的那个最伟大的力量。"

作为一名演讲家、作家以及心理学家，他几乎走遍了整个美国，为人们排忧解难。正是他的出现，让成千上万的人，勇敢向挫折和失败挑战，并想办法解决问题。最为重要的是，他为人类留下《最伟大的力量》这部旷世之作，帮助后人更好地面对生活中的各种苦难以及挑战。

假如你真正找到属于你的"最伟大的力量"，你就会永远地拥有它，并运用它获得成功。本书将指引你迈向更宽广的幸福与成功之路。

找到它，那个最伟大的力量

每个人都有一种伟大而惊世骇俗的力量，假如能准确运用，它将带给你自信而非懦弱，宁静而非嘈杂，从容不迫而非忐忑不安，心灵的安静而非痛彻。

在现实生活中，有许多人在埋怨自己时运不济，他们厌倦俗世以及整个世界的运营方式，但是他们却不曾意识到自己身上巨大的潜能，能够让他们获得重生。

假如能够领悟到这种潜能而更好地运用它，那么你的生活将会有翻天覆地的转变，变成那种你盼望已久的殿堂。一种原本充满痛苦的生活也可以变成五彩缤纷的生活，失败也有可能转变为成功。当贫困侵蚀着你的生活时，你可以把它转化为一种幸运。羞涩转化成自信。把苍白的生活描绘得更加五彩斑斓，充满情趣。恐惧害怕也可以转化为自由。

在走向成功的道路上，总会遇到很多挫折与苦难，使自己陷入无尽的逆境中。不久之后，就会形成一种这样的生活态度：人生是艰险的，人生就是挑战，生活总是与我作对……那么，做任何事情还有什么意义呢？“你永远不可能成为一个成功者。”紧接着，这个人就会沉沦，认为自己做任何事情，都不会成功。他在生活中获得成功的理想破灭后，就会把自己的这种思想转移到子女身上，希望他们可以享受另一种人生。有时，这的确是一种解决问题的方式，但是他们同样重蹈覆辙，继续父辈的生活方式。最后他们就会得出一个结论：“最好最完美的解决方式就只有结束自己的生命——自尽。”

由始至终，他都没有发现那股改变自己的伟大力量，他没有能力分辨这股神奇的力量，甚至他从不曾认为有这股力量的存在。他看到成千上万的人都以他这种生活方式与命运斗争，就认为这就是现实生活。

莱莫多·德奥维斯曾经讲过这样的故事：

亚历山德拉大图书馆被大火烧后，只有一本书得以幸存，但这本书的价值并不大。于是一个仅认识几个字的衣衫褴褛者，用几个铜板买下这本书，虽然这本书没有什么重要的内容，但里面却装着一个趣味十足的东西：在一个极其窄小的羊皮纸上写有“点金石”的奥秘。

点金石只是一块小石头，但它可以将任何一种普通的金属打造成纯金。羊皮纸上这样解释：黑海的沙滩上就有点金石，它和千千万万的小石子混在一起，但神奇的地方就在这里，在这些看似一模一样的小石子之中，摸起来比较温暖的就是点金石，而普通的石子则比较冰凉。然后，他变卖了自己所有的家产，买了一些必需的装备，在黑海边上扎起帐篷，检验石子就成了他这些年的工作。

他也明白，如果捡一块比较冰凉的石子就那样扔在地上，同一个石子他可能捡到上百次，于是他便把不是点金石的石子扔到海里。他就这样干了一个星期，一个月，一年，始终没有找到一块点金石。

终于，上天不负有心人，在一个中午，他偶然捡到了一块摸起来比较温暖的石子，但是他把石子扔到海里变成了一种习惯，自然而然把自己想要的石子也扔到了海里。

唉，人生就是这样，有多少次我们触摸到了那种潜在的伟大力量，但是却没有好好把握，这种神秘的力量就被我们亲手丢弃；倘若我们自始至终没有发现和把握这种伟大的力量，那么就不可能会创造奇迹，实现梦想。这就是我写这篇文章的目的：讨论人生中这种人类可以拥有的伟大力量的存在。

康维尔在他的作品《钻石宝地》中提及这样一个故事：

一个农夫利用自己的土地赢得了大笔的财富，而且也有一个比较温馨的家庭。每年秋收后，他都可以积攒一笔钱。在他的生活中，认为自己什么都不缺，生活过得不仅快乐，而且很有意义。然而直到有一天，一个僧侣跟他说："如果你能找到一个水从洁白的沙子上流过的地方，你就可以找到钻石。这样，你就会无比富有，你的子女会过上比王子和公主还幸福富有的生活。"这个农夫听后，那一晚在床上辗转反侧不能入睡。终于有一天他做了一个重大决定，他卖掉自己所有的土地和房屋，把自己的妻儿委托给邻居，自己带着钱去找寻钻石宝地。就这样他找了好长时间，自己口袋中的钱也所剩无几，他开始对自己所做的一切感到厌倦，对自己的人生也充满了不满，于是，他自杀了。就在这时，那个僧侣，又来到自己曾经去过的农场，他问这里的人说："这个农场原来的主人是不是回来了？"新农场主人说："自始至终不曾回来！"僧侣说："他一定回来了，要不然壁炉上边怎么都是钻石。"农场主说："不是的，这些石头是我在后院发现的。"僧侣又说："我没有说谎，这些石头就是钻石啊。"

你读过这个故事之后，发现它的深刻含义了吗？当我们盲目地跑遍整个世界去找钻石时，才发现钻石就在我们的身边。我们花尽一生的精力和时间，去找可以改变我们生活的那股力量，然而许多人都不曾找到，他们却不知道那股力量就在自己身边。

"伟大的力量"的神奇之处，就是每个人都可以发现和利用它，并不需要经过特殊的训练或者教育。这并不是你想象的那种具有天赋的人才有资格去拥有或利用它，这是上天赋予每个人的权利，无论他是贫穷还是富裕，只要他越早意识到这种力量，就会越快踏上人生的成功之路和实现人生的梦想。倘若你一直这样走下去，那么，在你的心中就会产生燃烧激情的力量，成功就会向你招手。

选择权任你主宰

当走进一家鞋店时，人们往往不会意识到，能买一双黑色皮鞋的同时，也可以选择买一双棕色的；走进一家服装店的时候，可以买一件浅色的外套，也可以买一件深色的；打开收音机的时候，既可以调到这个台，也可以调到那个台；走进一家冷饮店的时候，既可以买一个脆皮巧克力，也可以买一杯菠萝汽水；想看电影的时候，既可以选择去近处的电影院，也可以选择去远处的电影院。的确如此，倘若让你选择的话。倘若让你去旅游，你会选择风景优美的城市，而不是污染严重的城市；当你买一辆汽车时，你会选择世界名牌，而不是普通牌子。换种方式说，一个人掌控的最大的作用力就是选择的力量。

的确，不管现在你的信仰是什么，具备什么样的价值观，你都有选择的力量，你有选择鞋子、汽车、广播、娱乐节目、影视、度假方式以及伴侣的权利，你本身就具备这种力量，不会有任何外在的因素要挟你做出决定。正是由于你做了决定，你才拥有了选择权；正因为这是你内心最真实的声音，因此你才会毅然决然地做出这样的选择。

当然，当这个选择出现错误的时候，我们也会自然而然地找各种理由把责任推卸出去，因此，我们就会听到有人说："这一切都是命运的安排！"但事实真的如此吗？大家一定都经常听："上帝只会帮助那些有准备之人。"现在我们先不管那些与上帝有关的传说是否可信，但是上帝赋予每个人自助的权利与能力，换句话来说，就是上帝让每个人都拥有选择权。

很多人都有一种习惯，他们会对自己的孩子说道："假如你们做错事情，就会受到上帝的惩罚。”因此在小孩的心中，就留下对上帝恐惧的阴影。他们选择恐惧上帝。后来，孩子慢慢长大，但是恐惧上帝的阴影依然存在，于是他们就会对自己的孩子说出同样的话语。就这样，一代又一代的恶性循环，而那些父母并不了解选择的力量是可以改变人的一生的，就这样这种恐惧上帝的阴影不断地加深蔓延。假如对自己的孩子说上帝的惩罚只是让他们不再犯错，这倒也值，但只要你仔细地观察就会发现，这些所谓的“恐惧”并没有带来真正的效果。

假如我们选择暴饮暴食而因此生病时，该怨谁呢？假如我们选择开快车而导致车子失控，该怨谁呢？假如我们选择让自己行为龌龊，让人厌恶，该怨谁呢？假如我们把财富带进坟墓，成为“坟墓中的首富”，这又能怨谁呢？假如我们没有学会自立自强，而导致最终一事无成，这又能怨谁呢？难道我们要去埋怨上帝的不公吗？不对，在我们的心中都很清楚，自己才是这一切错误的最终决策者，因此所有错误的选择所酿成的后果，都应由自己来承担，而不能去怪罪任何人。

错误的结局并不是上帝的惩罚，而我们之所以受到沉重的伤害，是我们没有充分利用上帝赋予我们的最伟大的力量——选择的力量。

选择财富

生活在这个世上的人，多数是为了寻找财富，他们总希望有那么一天能够对自己说："现在，终于不用再为钱的事发愁了。"假如不用为钱的事而发愁，他们就会变得很高兴。于是他们为了这个目标而制定了各种计划和方案，尝试各种各样的方法和途径，努力使自己在短时间内富起来，而这一切往往和预想的相反。结果，他们就会变得垂头丧气，认为自己懦弱无能，没有做这些事情的才能和天赋，不能拥有一个别人向往和羡慕的位置。他们只想着做过的尝试，未曾想改变自己的思维，如果进行换位思考的话，他们做的事情会有所改变。

前不久，我曾遇到这样的一个男人，他面临着严重的财政问题。于是他的妻子每天都抱怨，她已经很恐惧开门，因为一开门就可能遇到讨债的人。这种情况令他们的生活非常窘迫，于是我送给他们一本书，我认为他们读过这本书后，会改变自己思考问题的策略。他的妻子看一眼书就说："我对这书不感兴趣，也没有时间和精力去精读。"丈夫说："或许这本书对我有用，留下来我看看吧。"结果，这个人开始以一种新的思考方式考虑问题，用一种崭新的姿态和精神投入到生活中。几年过后，他们换了一个新的地方，而且还买了家具，还了部分债款。

我没给过这个男人一分钱。给他钱只是暂时的帮助，不是长远的。我们可以做的，就是让他用自己的方式来改变经济状况。假如我们不改变思考问题的方法和方式，就很难改变自己的经济状况。牙是由内向外生长的，因此，我们也应该转化自己内在的思想。假如我们内心潜在的思想改变的话，外在状况也会随之发生改变。因此，我们应该做好选择财富的思想。倘若你能够正确运用这种潜在巨大的选择力量，那么你所面临的金钱问题就会迎刃而解。但很多人却不能够正确地运用这种力量，而是尽可能地随遇而安，躲避这种力量。

曾经有个年轻人，生活极其困难，也没有找到工作，最后费了九牛二虎之力好不容易找到一份工作，可这并不是别人羡慕的工作，但这个人并没有放弃。后来他结婚生子，说："我不想成为富人。"他每天只是努力地工作，试图每月都把自己工资的一部分储存起来，这些钱将会给自己的孩子以后上学用。这样看来这个人很明智，很会生活，他选择了储存一部分钱作为孩子的教育基金。说他现在的生活是一种挣扎也不为过：为了能够省钱，他不去灯红酒绿的闹市观赏电影而是去街道边看露天电影；拒绝去豪华的饭店吃饭而去吃街边的地摊；买车时也是选择最实惠的。假期时，往往待在家里而不是去旅游，因为花费太大。可这个人还理直气壮地说："我不想成为富人。"

在这个世界上，穷人总比富人多，这一点不足为奇，很多人必须"克勤克俭"地生活，假如一不小心超支，他们就很难维持最基本的生活，因此他们选择精打细算地过日子。而事实上，假如他们意识到"选择力量"的存在，就可以摆脱这种困境，而这些人现在还不知道该怎么运用"选择"这股巨大的力量。

或许我们每天都能听到抱怨声："我想买东西，但是没有钱。"

因为条件的限制而去节省，这就是不容改变的现实，但请你不要再说"我没有钱"这类的话。只要你一直不间断地说"我没有钱"，那么这句话将终生陪伴你。选择一种积极奋进的思维，譬如："我要买下它，它是属于我的。"当买下以及拥有它的思想在你脑中时，你就会对生活充满期盼，对未来就会有目标，于是你的生活也会充满希望。

一定不要让自己的希望破灭。假如你葬送了它，那么你将永远生活在一种无聊、绝望的无底深渊中不能自拔。

一个一贫如洗的年轻人曾经说过：“将来某一天，我一定会去欧洲。”当他说这话时，在场的一个朋友取笑他在信口雌黄。我们一定要确定，当时那个年轻人并不是说：“我想去欧洲，但是我可能将永远没有足够的资金去完成这个心愿。”

“我会去”与“我想去”的概念是有天壤之别的，这位年轻人为自己设立了“会去欧洲”的目标，于是他对未来充满希望，正是这个希望给了他无限的动力，这个动力一直鞭策着他不断地努力挣钱去完成自己的目标。终于有一天，他实现了自己的目标，去了欧洲。

当你不断说“没钱”时，所有的一切都会停止在原地，不再运转。因为你没有希望，头脑也变得无比麻木；因为你没有动力，因此不再相信这个世界会有奇迹的出现。你一定要头脑清醒地意识到，你自己本身拥有一种巨大的力量——选择的力量，它会带给你希望、动力，还会带给你一种把理想变成现实的勇气；它能让你得到自己想拥有的一切。

选择是一种巨大无比的力量，一个人只要很好地运用它，就会获得自己想要的生活。

有这么一个年轻人，能力很强，很上进，做什么事情都很成功，但是他每年的努力都徒劳无功，在金钱方面，一直一无所获，人们对这件事情都很费解。他曾对别人说道：“我可以把任何事情都做得很成功，除了挣钱。”或许你已经发现这位年轻人有一种错误的积累财富的心态！后来这位年轻人请求别人指出自己的问题所在，当他领悟到只是自己挣钱的思维不正确时，一切都发生了翻天覆地的变化。他再也没说过“我可以把任何事情都做得很成功，除了挣钱”这类的话。他开始说：“我可以把任何事情都做得很成功，包括挣钱。”在以后的几年中，年轻人的经济状况发生巨大的转折，他开始积累到金钱，他的财富也让人刮目相看。现在的他，已经成为一名让人羡慕的富人了。原来这位年轻人可能会终生面临一个困惑：能做好任何事情，除了挣钱。当他领悟只是因为自己错误的思想之后，他就立刻去纠正这种错误的思维，于是他的财政状况也随之改变，向好的方向发展。

只要你领悟到选择这股巨大的力量，选择一种积极正确的心态去面对金钱问题，你就会找到更多、更好、更有成效的赚钱方式。

选择环境

由于世界的瞬息万变，每个人都知道自己不能决定周围的环境，周围的环境也不会永远朝着我们希望的方向发展。事实上，有很多人在优越的环境中还会出现各式各样的问题，更不用说把他们放在一个恶劣的环境中。当面对挫折时，很多人都会选择后退，内心充满无限的失落与悲观，却把自己所有的希望都放在政府政策的救济上，而这一切都是因为他们没有充分利用选择这股伟大的力量。而另外一些人懂得利用这股力量，于是在艰难的环境中他们脱颖而出，获得成功。

很多杰出的成就都出自于恶劣的环境中。为何会是这样呢？原因就是这些创造者并没有被挫折击倒，而是想办法继续在逆境中前行，于是他们获得了成功。或许很多人并没有意识到，在艰难的环境下，其实有很多有利的条件是在优越的环境中不具备的。譬如：在经济危机下，只要用少量的资金就可以让一个企业发展下去；在经济萧条的情况下，用较低的薪金就会获得一个好帮手，竞争也不会很激烈……更重要的是，当全世界的人都处于悲观失落的状态下，只要你有勇气，不管面对任何困难都不会退缩，你就一定会获得成功。

在经济萧条的情况下，有一个商人认为自己生意不好是由于运气的缘故。在他的思想中，认为只有经济危机过去，否则自己的生意永远不会出现转机。就在他事业处于低谷时，偶然有一次走进副食品市场，他看到购物区中有两家肉铺，中间相隔十几家店铺，一家人山人海，另一家却是门可罗雀，几乎没有什么客人。现在你意识到问题的根源了吗？经济萧条、环境恶劣这些都是一些客观因素，这些都是无法改变的事实。但对于同一条街上的两家肉店老板而言，其中一个丝毫没有受到影响，而另外一家却面临着停业的危险。

于是这个商人就决定找寻其中的根源所在。他来到那家排队很长的店铺，老板很和善地说道：“不好意思，现在很忙，请你稍微等几分钟好吗？到时我再服务您。”这位老板对待每一位客户都和蔼可亲，愿意为客户服务，为客户帮忙。他向顾客提出不同的见解，但是从来不曾与顾客争执不休，因此，他的生意很兴隆。过几天后，这位商人又来到另外一家肉铺，刚一进门就听到老板在吼：“你想要什么？”这位老板不但不为顾客提供想要的肉类，反而强迫顾客购买他所提供的肉类。这位老板只考虑到自己的利益，话语令人心生厌恶，商人决定再也不到这家店来购买东西。

从上述的实例中，你是否体会到选择力量的强大？一个店铺的老板选择相信现在是经济萧条时期，生意不好做，于是他就对顾客表现出没有礼貌、很粗暴的言行，把所有的怨气都发泄到顾客身上。而另外一个老板却选择相信生意的好与坏完全取决于自己，他根本就没有理会经济不景气这个外在的因素，仍继续努力地做生意，为顾客热情地服务。结果也很明显，选择在恶劣的环境下继续努力的老板的做法是正确的，而那个选择相信经济危机就会导致生意不好的老板却是大错特错。

意识到选择这股巨大无比的力量，可以帮助人在生活中获得成功；而没有意识到这一点的，或许就会感觉生活的压力越加沉重。

这个商人弄清这两个肉店老板的生意截然不同的根源所在。第二天，他就回到办公室工作，他这次选择相信事在人为，经济因素以及政府因素都不是人取得成功的主要因素。他开始做广告、促销，把自己的生意做了多方位的调整，使之更好地与当下的大环境相融合。他降低价格，于是货物开始狂销，生意越做越好，他也开始赢利。当时外在的环境没有发生丝毫的变化，而改变的只是商人原本的思想。他懂得很好地运用选择这股伟大的力量，他的生意不但没有垮，反而更加兴隆。

没人愿意失败地度过一生，其实导致失败的最终祸首就是你自己，可是在现实生活中，有很多人不能意识到这一事实，他们在面对问题时只会选择怨天尤人，却不曾察觉令自己犯错的就是自己。

人生命中最巨大的那股选择的力量就存在于人的大脑中，任何人都有选择的权利，实现自己的目标，过自己梦想的生活。假如你真的选择自暴自弃，把责任推卸到周围的人或事物身上，那是很容易的事情。但那些认识到这股力量的人，就会选择继续前进。只要意识到自己就是那个能做决定的人，那么你就会变得更加自信起来。

有了这种建立在个人能力、行动以及思维上的信心，你将不会再依赖于周边的环境，也不会再去幻想那些不存在的事物，你会慢慢懂得如何去获得成功。一旦你具备了这种思想，你的潜能就会被激发，你的生活也会自然而然地发生变化，你也会逐渐地走向成功的彼岸。

选择自己的个性

你一定听说过“个性决定命运”这句话。它很生动地诠释了个性问题是人生中重要的问题之一。

我们一生中的很多苦恼以及困惑都是由个性造就的，各种不同个性之人很难和睦地相处，家庭也由于每个成员个性不同而出现矛盾摩擦，朋友因为个性不合而决裂，以及人们因为个性的缘故不能找到称心如意的工作，等等。

人类所拥有的巨大选择力量在个性问题上也可以起到举足轻重的作用。

你可以选择赤诚待人，也可以选择恶毒待人；你可以选择助人为乐，也可以选择不去帮助他人；你可以选择与人精诚合作，也可以选择孤身奋战；你可以选择为某些事情很急切，也可以选择不动声色；你可以选择对某件事情大发雷霆，也可以选择事不关己；你可以选择做人见人爱之人，也可以选择做悲观者；你可以选择乐观地面对生活，也可以选择悲观面对；你可以选择去相信别人，也可以选择去怀疑别人；你可以选择相信自己身边的人都在关心自己，也可以选择相信身边的人都与自己作对；你可以选择做一个整洁之人，也可以选择做一个邋遢之人；你可以选择做一个用功的强者，也可以选择做一个没有上进心的懒汉。

本杰明·富兰克林曾经惊奇地发现自己的朋友在逐渐地减少，后来他终于意识到自己不能与朋友和平共处的原因，是因为自己经常与人争执，发生不必要的摩擦。

有一次，新年将近，大家都在准备新年计划，而富兰克林对自己做了一个总结，把自己所有令人厌恶的个性罗列出一个清单。他把这些缺点按照危害程度从大到小排列，下定决心要改掉这些坏习惯。每当他改掉一个毛病时，就会把相应的缺点从清单上划除。到最后，清单上所有的缺点都被划掉。后来，富兰克林成为全美国个性最完美的人物之一。所有的人都向他投来羡慕以及敬佩的目光。当长期受英国殖民统治的美国想要独立，想要得到法国的援助时，他们就派遣富兰克林赶赴法国。法国人都很喜欢富兰克林完美的个性，因此就满足了他的请求，为美国独立提供了帮助。

现在在所有的个性改造书籍上都会出现富兰克林的名字，人们都认为他是这方面最成功的实例。

但是，我们可以设想一下，倘若富兰克林选择终生不去改变自己的个性，那么他的一生也会像其他常人一样那么平凡；倘若富兰克林继续与人争执产生矛盾，那么他就不能说服法国人支持美国的独立，那样一来，美国的历史甚至将被改写。

是人类创造了社会文明，个性对国家以及民族都有着很重要的意义。但在现实生活总有许多人在不停地抱怨："我该做什么？我能怎么样？"抱怨也是于事无补的。我们明知道时间在不停地流逝，而你本来应该做什么！另一个美国历史上的伟人林肯曾说："我要随时做好准备，因为机遇随时都会到来。"林肯随时准备整装待发，后来机遇真的出现。我们有义务让周围的人相信生活是充实的，是公正的。我们不要为身边的人带来不必要的烦恼。

在家庭中，总会有一些成员为其他人带来麻烦。数以千计的子女因为家中不尽人意的父母而痛恨自己生活在这样的家庭。家庭有时也会因为一个人而面临分裂。但是，同样一个人可以充分利用最伟大的选择力量，让身边的人有幸福快乐的生活。假如我们可以让所有的人都体会到生活是充实幸福的，那么他们会比我们想象的更美好。

在现实生活中，很多人都会面临失去亲人或爱人的问题。很多人在失去亲人之后，就悲观地觉得生活不再有任何意义。他们往往也会对自己说：“活着还有意义吗？”在世界上，很多人都像行尸走肉般地生活着，麻木地穿梭过每条街道，每天都在一成不变地活着。在他们的潜意识中，从来不曾发现自己已经选择了一种固定的生活模式，使自己成了周围人的负担。巨大的挫折会在毫无征兆的情况下来袭。他们失去理智，不知道究竟发生了什么。的确，有时候知道发生什么事情并非一件易事。但无论我们能不能了解清楚，我们一定要让活着的人保持正常的生活状态。

当我们深爱的人永远离开时，我们该如何做？继续以一种积极向上的精神去生活！不管他们身在何处，我们的存在都会成为他们的骄傲。我们不能掌控周边环境，但是我们有选择的权利，可以通过这种选择权让自己的生活更加丰富多彩——活着不仅仅是为我们自己，也为周围关心爱护我们的人。

生活中种种的挫折，让我们盲目地认为挫折是难以克服的。此时的我们就会怀疑我们的生活是否有价值，甚至有一些极端的人，会说出世界即将毁灭之类的话。当我们选择让世界变得美丽时，那么世界就会变得美丽。不要一味等待让别人改变世界；别等着让你周边人改变——先从自己出发。假如每个人都能很好地改变自己，那么就可以改变自己的小世界。我们每个人都生活在属于自己的小世界中，也是我们自己努力经营的小世界。每个人都可以与五个或者是一百零五个人进行联系，假如我们为这些人留下深刻的印象，我们就可以影响到他们，使他们朝着积极正确的方向发展。而这些人又可以以同种方式去影响更多的人。这个世界就会被改造成一个完美的空间，或许并没有你想的那么困难，也不需要那么久的时间。

一次，在报纸上看到一则政府要把一条街道改造成林荫大道的文章。等计划制定完善，所有的人都等着政府机关下达命令，开始实施对这条街道的改造工作。这将是一项耗费百万的巨大工程。由于出现一些问题，政府意识到继续这项工程的危险性，于是这条大街的改造就没能实现。而住在这条大街上的一个人想尝试着做一些改变。他心里想，倘若政府不美化整条大街，起码自己可以把自己门前的区域美化。于是他就付诸行动，从此那条大街就成了吸引人的风景。当他的邻居看到这一切后，也开始把自己门前的区域进行美化。每个邻居都这样继续下去，直到这条大街被看作是“百万大街”一样。谁让这件事得以实现的呢？其实只有他一个人。他选择带头行动，然后所有人都跟着做。一定不要再说自己不可能改变世界，你可以改变自己的小世界，这点是极其重要的。你选择认为自己可以把它改变……那么后面的人也会有同样的思维，事情就这样完成了。你可以成为领头人，从你的家庭、工作、社区甚至国家开始行动。

事实上，只要我们能够接受一个小提议然后付出行动，与个性有关的所有问题都可以轻松解答。就是因为各种分歧的存在，让很多夫妻过着生不如死的生活，有时因为分歧的存在，让很多想解决问题的人，因为盲目而没有任何结果。更恐怖的是，一些民族发生战争的根本原因就是分歧没有得到合理的解决而引发的矛盾冲突。假如人们可以很好地运用上帝赋予的最伟大的选择力量，他们肯定会以一种幸福快乐的方式生活。

假如在工作中与同事发生分歧，就会在办公室中造成很重大的影响，与他人在一起工作也会成为一件很头痛的事情。许多人意识到：他们对工作、薪水以及环境都很满意，但就是不能忍受与其他人合作。很多人跳槽的原因，仅仅是与同事不合。假如这些人运用选择的力量，用一种不让人讨厌的方式去表达自己不同的见解，他们就会发现自己活得很自由轻松；当把所有的精力放在工作上时，也会很舒服；与他人交往也会觉得很自在。他们会感觉自己身上少了很多压力，因为他们再也不用与身边的人发生争执，相反，他们会多为别人着想，去认真地聆听别人的建议。

很多人都经历过战争年代的洗礼，那些年长者更是经验丰富。我们会意识到：取得胜利与和平是两个截然不同的概念。战胜国一般会在战后向战败国提供经济援助以及物质上的帮助，使战败国能重新生存并逐渐恢复实力。没有人可以解释这其中的奥秘。为了下一轮战争做准备？后悔自己曾做过的事情？想要复原曾经毁灭过的东西？

在世界上能否由国家运用选择的力量，把自己的国家从灾难中解救出来？我们都盼望着那一天的到来。在世界上的各个国家是否可以选择用一种和谐的方式去表达自己不同的见解呢？我们都希望事情可以向好的方向不断地发展。只要他们能像我们一样运用最伟大的选择力量，就一定会做到这所有的一切，让我们的生活更加美满幸福，世界各国就像一个大家庭一样其乐融融。这一切听起来是那么的不着边际。但只要我们选择努力去拼搏，就一定能做到，因为我们相信我们有能力办到。

为何我可以如此自信呢？

假如你去听过交响乐，或者在电视上看过交响乐队的演出，你会发现什么呢？是的，一百多人同时演奏同一个曲目。假如你再仔细一点，你就会发现不同的乐器都有它特有的声音，为这首曲目贡献出自己的一份力量。

这就是由不同乐器演奏出的乐章，的确，优美至极，没有一点瑕疵。所有的演奏家都为这一支曲子而演奏，他们配合得完美无瑕，堪称一绝。所有的演奏家都有一个共同的心愿，就是把这首曲子演奏成世界上最完美的音符。大家都尽自己的一份力量，也感觉很快乐。当演出结束时，他们心中都有一种无比的自豪感。

假如你对这场演奏会进行深刻的剖析，你又能观察到什么呢？每个人都选择把这支曲子演奏得无与伦比，都选择用最好的乐器去配合这场演奏会，都选择与别人保持一致，都选择做到最好，都选择在演奏中听从指挥棒的指挥。

上帝已经赋予我们一种最伟大的选择力量。上帝是热爱我们的，他真心希望所有人都可以和平相处。的确，每个个体、家庭以及民族都存在着不同，有不同的风俗习惯、不同的饮食、不同的兴趣爱好、不同的言语等。只要我们把这些不同之处以一种快乐的方式表达，这些并不能影响到我们的相同之处。上帝在默默地指引着我们人生的航向，他如同父亲一样鞭策鼓励着我们，他让我们快乐地生活在一个美满的大家庭中。这一切都是他赋予我们选择的力量而实现的结果。

我们拥有这股巨大的选择力量，我们该如何去运用呢？是理智地运用还是盲目地拒绝呢？这一切，充满智慧的你，在心中早已有了答案。

选择幸福的生活

当我们意识到自己拥有巨大无比的选择力量时，就会觉得自己的生活比往日更加快乐。然而有些人得到这种幸福时，就会对这种幸福抓住不放。还有些人感觉到这种幸福的时候，觉得这是一件匪夷所思的事情，认为一定是某方面出现了问题，还觉得这种幸福不会一直维持下去。

在百老汇曾经上演过一段这样的戏，女主人公走向舞台（刚度蜜月回来）说道："我觉得现在的自己无比幸福，我想终结自己的生命。"用你的脑袋好好想象一下，一个在追寻幸福的人，当她得到幸福的那一刻想到的竟然是死亡。这就是最伟大的选择力量的一种错用！我觉得很诧异，世界上怎么还有这类人？在得到幸福的那一刻产生一种恐惧的心理，以至于他们不能及时地抓住幸福，最后在得到的时刻，同时也是失去的时刻，成为世界上最不幸之人。

在几天前，有个年轻人给我们讲述了他自己的故事。他说道："当我和一个女生恋爱之后，彼此间有很强烈的好感，我们就考虑订婚的事情。当我们订婚后，就觉得更加幸福，于是我们决定把这种幸福用婚姻来维持。等我们买了一栋别致的小公寓之后就踏进了婚姻的殿堂。我们的朋友事实上都很羡慕我们的小公寓。我和妻子都会出去工作，有一定的积蓄，还有属于自己的一辆小车。我们感到自己的婚姻就像天堂一般。当我与朋友们聊天谈心时，他们都一致觉得这种生活是不会长久持续的。他们说道：'琼斯夫妇就是一个很好的例子，刚结婚前几个月生活过得非常甜蜜。而如今呢，被苦难以及烦恼包围着，再看史密斯夫妇，在刚结婚的前几个月是多么的幸福，而现在却闹得不可开交。’我听到他们的那些话，才察觉到那才是最正常的生活，而我与妻子这样的生活有点不正常。我也相信我们这种天堂般的生活就像气球一碰即破。

“每当与那些‘美好生活持续很短’的人聊天后，回到家，我就会与妻子谈论。我会说：‘亲爱的老婆，我们现在的生活过得太幸福了，恐怕这种生活的保鲜期不会很久。现在的我们过着天堂般的生活，我感觉这种生活不会永远持续。’不久后，担心终于成为现实——我和妻子都失业了，我们只能把车子以及公寓都卖掉，回家与母亲一起居住，而更不幸的是，妻子怀孕了。”

这位青年呐喊道：“假如事情在开始有转机时就会失去希望，那我活着又意味着什么呢？”他想过自杀。他认为，如果生活如此痛苦，生命就可以从此终结。

当我听完这个故事后，我就向这位年轻人努力地解释，假如他正确地运用伟大的选择力量，这类事情就可以完全避免。我还告诉他那些传递婚后生活不幸福的人思想是不正确的。我还告诉他，有一个女人写的书中有一句很经典的话，这句话就能让他避免磨难。弗洛伦斯·斯科沃·辛是《人生的游戏和游戏规则》与《你的魔杖就是你的话》的作者，她曾经在一本书中写道：“世界上没有任何东西因为完美而不能永远存在。”

假如你可以积极正确地运用自己伟大的选择能力，在世界上，毁坏你生活的事情就永远不会存在。假如你可以运用自己的潜能，相信完美的东西可以永远存在，那么生活就会变得更加幸福，甚至比想象中的更加幸福。当然，这听起来让人匪夷所思，但是这一切都会是真的。这也就是事情良性发展的奥秘。对于那些发展迅速且很顺利的事情，你也要坚信一切都是正常的。

星星不会与月亮相撞，月亮也不会与太阳相撞，而太阳更不会与星星相撞。既然在高速运转的条件下，星星、月亮与太阳都不会相撞，那么，我们的生活为何不能事事顺利呢？只要我们充分利用好选择的力量，我们就应该坚信生活是事事顺利而没有任何不幸的。

只要你能好好掌控选择的力量，你的生活就会越来越幸福，甚至美好到超出你的想象。曾经有人说过："其实人间天堂就在我们的生活中，可惜的是我们却没有发现过它。"

不管你在哪里你或许都会听到，有些人的生活本来是美满幸福的，后来却因为种种不幸而遭遇烦恼，且烦恼一直缠绕着他。曾经有这样一个人，工作很出色，婚姻很甜蜜，又有很多积蓄，还有一部很好的私家车，他的生活就好似天堂一般。但是他并没有很安心地去享受自己所拥有的一切，他其实并没有别人想象出来的那么幸福。他自认为自己比任何人都优秀，这让他变得很自傲。自傲让他变得粗枝大叶，慢慢地陷入一种无法自拔的困境，更不幸的是，他变得很不自信。他不是已经得到自己想要的一切了吗？难道他之前过得并不快乐？他很想找到一个合理的理由去推卸责任，他一直都认为是外界的原因导致了他现在的烦恼。

事实上，他并没有去做任何招引烦恼的事情。现在让我们去了解一下他的现状，看能否找出其中的原因所在。在物质上，他一直都很富有，生活得也很快乐。后来的一个小错误让他变得过度自信，正是这份"自信"，让他慢慢地去放纵自己。他并没有因为自己生活得美好而去感谢上帝的垂怜，也没有选择继续过这种生活。相反，他的选择是让自己更加马虎大意。更可怕的是，他自己并没有意识到自己正在不自觉地返回到过去麻烦的旋涡中。正像我们所见，这份过度的自信毁灭了很多人的幸福生活。

对于过度自信这个问题，很少有人提到，我们也没有意识到，因此我们有时候就会受到过度自信带来的困扰。虽然上帝不希望我们去做一个丧失信心之人，但是他也不希望我们过于自信。现实中的很多人都有点过度自信，但是他们却不曾认识到这一点。假如他们没有意识到，就很容易被过度自信击败，每当挫折来临时，就会对生活完全丧失信心，不能理性地去分析任何问题，结果导致自己成为对生活丧失信心的人。

有一次，约翰涨了工资，回到家中兴致勃勃地对妻子说道："咱们出去庆贺一下。"于是他们就邀请另外一对夫妇去一家酒店庆贺。他们在酒店喝了酒，不久后，约翰就与另一个男人的妻子发生了性关系，而他的妻子与另外一个男人也做了这样的事情。回到家中，酒醒之后，他们都很恼火，整整吵闹了一晚上，事情算是过去了，但是约翰宁愿选择自己从来没有涨过工资。但这一切发生的原因是什么呢？难道是因为外界的因素吗？还是因为上帝不想让他享受幸福的生活呢？这一切究竟是为何呢？其实答案很简单，正是他的好运让他变得过度自信，而他的过度自信导致他的粗心大意，而正是他的粗心大意给他带来了种种麻烦。

因此，要学会细心，而细心与粗心同样容易做到。你很清楚自己在意发生的事情，思考问题时，总也会往好的方面想。要多思考一些可以帮助自己而又不带来伤害的想法。这点很重要，假如你可以很好地运用选择的力量，你的生活就会像你想象中的那般幸福快乐。

我们的祖辈在我们的脑海中灌输了一些片面的思想，例如我们一定会遇到挫折，美好的事情不会长久，导致我们这辈人在精神方面受到禁锢。

伟大的选择力量可以改变我们当下的生活，能够让我们与故事中的青年一样得到新的自由。他能够踏实地入睡，感觉也好很多，他也认识到没有任何外界的因素肆意去伤害他或者去毁害属于他的幸福。他开始快乐起来，发现一种崭新的生活在向自己招手。他开始认识到世界上没有什么东西可以毁掉自己的幸福生活，如果他能做出积极正确的选择。假如他意识到这种简单而又伟大的力量，他的整个世界都会发生翻天覆地的变化。他一直都深知，自己的选择将会为自己带来何种麻烦，并不是外界因素的能量或者力量。

在世界的任何一个角落，总会有人选择坚信假如不发生这类的事情，就会发生那类的事情，到处都有人受到这种思想的折磨。一个人工作很顺心……一切都顺利，没有丝毫的麻烦——唯独他的思想。于是，他就让自己的大脑陷入无休止的是非战争中。他会想："现在的我的确有工作，但是它会持续多久呢？"果不其然，没过多久，他就失业了。食品店的账单也开始慢慢堆积，他开始为不能支付的租金而发愁；当下的他，在没有找到工作时，自己的孩子却病了，然后他也生病了。他必须要支付巨额的医院账单与家中的所有开销。后来，他又去重新找工作，开始慢慢付清自己所有的欠款。当所有的一切都朝着良性方面发展时，在快要付清所有的欠款时，却发生了另一件令人意外的事情——重复事件的经历，使他更坚定地认为，假如不发生这类的事件，就一定会发生那类的事件。

在遭遇麻烦时，他就会惊奇地发现，这段时间自己一直被麻烦掌控着。他从未认真地思考，主要是从来不曾有人教授他如何去清醒地思考，而他自己也没有学会认真思考问题的方法。他一直都有着自己的"钻石宝地"，但是却从未发现它。他的思想一直都被一些消极的想法左右着，而这又会给自己带来一些不好的后果。假如发现自己最伟大的选择力量，他就会很快意识到，许多麻烦的根源都取决于自己的思想。当然，假如他意识到没有任何东西因完美而不能永远存在的话，他就会永远避免这些麻烦，不会希望麻烦来到自己的身边，而会期盼能够长久维持这种幸福快乐的生活。

在现实生活中，我们总是会遇到一些麻烦、苦难以及失望，想要过一种顺利安静的日子并非那么容易。然而，假如我们意识到那些面临困难之人，他们并没有恰当运用自己最伟大的选择权，那么我们就会很快明白为何他们的生活总是那么不如意。我们一定要不停地告诉自己，世界上任何东西不会因完美而不能永久存在，我们要相信这种思想。当身边的人都在慢慢相信这一思想的时候，我们就会像哥伦布发现新大陆似的，在现实生活中找到属于自己的那片“新大陆”。

一位伟大的宗教领袖曾说：“假如世界上其他人不快乐，我又如何能快乐呢？”这是个很好的实例。这位领袖讲出了一个值得令人反思的问题。想象一下，如果那个领袖用另一种思想来表达自己的话语：“大家请看，我是多么的快乐，假如大家可以按照我指定的去做，就会像我一样获得快乐。”那么，他成千上万的崇拜者就会认为快乐是一件很容易的事情，世界上就会多很多快乐幸福的信徒。你是否领悟到，这位伟大的领袖也在运用自己最伟大的选择力量，但他选择确信只有全世界的人得到快乐之后他才会得到快乐。但在现实世界中，有何事物能阻碍他成为千万信徒的心目中快乐生活的榜样呢？绝对不会有，除了他自己那份选择。

这样的状况同样适用于国家。当国家经济发展迅速时，所有的人都会有属于自己的工作，失业率也会降低；社会中就会刮起一阵购车狂潮，房产以及股票价格也不断上升，每个人的好运都来临，都积攒了大量的财富。那段最美好的时光里，社会好似发展到从未有过的鼎盛时期。但是，不管是穷人还是富人，不管是强者还是弱者，几乎世界上所有人都会认为：在世界上美好的东西都不会永恒存在，而这类思想已经在人类的思想中生根发芽。于是事情就发生了很大的转折，所有的人都变得更加小心，股票开始下跌，银行也面临倒闭。在社会生活中满是失落与失业之人，生活再也没有任何生机，一个不久前鼎盛的时代突然瘫痪。根本原因就是世界上大多数人都一直坚信所有美好的东西都不会永久存在。

那些认为美好的事物不会永恒存在的人，假如他们运用了伟大的选择力量，并相信世界上任何东西都可以因完美而长存，那么，又会出现什么情形呢？他们就会有办法让那个鼎盛的时代继续延续。好比曾经有人说道：“这的确是个了不起的国家。”当整个国家似乎停滞不前，没有任何发展的时候，汽车来了。它使所有人忙碌起来，不断前进。当所有人都卷入汽车浪潮中社会又好似不再发展时，飞机拯救了整个生产状况。当飞机的狂风有停滞的迹象时，无线电又拯救了萧条的生产状况，紧接着是电视机……这正是运用了伟大的选择力量，并相信一切美好的东西都会永存。

其实发生美好的事情，就像发生糟糕事情一样容易。但我们必须充分地利用这种伟大的力量，进行正确积极的选择，否则，我们生活中的愿望就会成为泡影。

在这个现实的世界中，有很多一贫如洗之人，甚至有很多人连一件换洗衣服都没有。很多人没有合适的房子居住。即便在美国，也有少数的人没有浴室，没有一个像样的住房，缺乏一种过美好生活的憧憬。

既然我们拥有这股强大的力量，我们就应该很好地去运用。如果我们利用自己的大脑选择最好的处事手段时，就会发现这股巨大的力量一直与我们同在。它能帮助我们找到准确的答案。有了这股强大力量的帮助，我们定会获得成功。

获得成功的精神因素

卷六

［美］克莱门特·斯通

克莱门特·斯通是美国联合保险公司的总裁，在整个欧美地区商业中，他都负有盛名。克莱门特·斯通先生通过自己不懈的努力，为社会做出了卓越的贡献。

本书就是克莱门特·斯通先生对社会的一个贡献。书中字里行间都透露着一个成功者的优良品质。阅读者也可以从中获得精神信仰以及一些成功信息。克莱门特·斯通先生通过自己的亲身经历，慷慨地告诉人们成功的秘密以及成功所带来的幸福生活。人们都渴望自己做出一番成就来，可是往往现实与理想相差甚远。因此，一些失望、落寞以及厌世的情绪就会在思想中滋生。这是极其可悲的现实，无成就对于一个人来说，是莫大的耻辱。针对现实中的这些情况，克莱门特·斯通先生向你准确地阐述如何使用你的精神思维去除你脑海中的负面情绪，让你心胸开阔、思维敏捷、行为灵便，为此确定一个宏伟目标，并努力拼搏，让它成为现实。

生活中的哲理名词

生存

生存的本质是没有任何条件的，我们与世界都已经不容置疑、很真实地存在了。与其说这种存在是上帝的赠予，还不如说是我们自身所需。这就是人类的本能，也是本能的权利。但是亲爱的朋友们，生存是有条件限制的。虽然上帝不可能创造整个世界，但是它足可以毁灭整个世界。不过生存的潜能是极其强大的，不容许我们肆意地毁灭，因此我们要快乐地——生活。

生活

人是由劳动所创造的：有了生产之后，人类才可以很好地生活。“生活”向我们每个人发出呐喊：要努力地劳动，才可以创造价值。就是在这一过程中，我们收获了幸福——切实的、无与伦比的、善良纯美的“人之幸福”。为何是无与伦比的呢？因为我们拥有着宇宙中独一无二的——生命。

生命

何为生命？哲人告诉世人：一种高尚的使命就是生命。世间的万物都拥有生命，但人类的生命有着更崇高的使命感。原因在于我们要进入更高层次的生命。的确，生命是一种高尚的使命。从人类诞生的那一瞬间，就明白了其中的道理。换言之，正是那份使命感的树立才产生了人类。“我们是高尚的，我是高尚的。”既然生命亦使命，那我们必须进行坚毅的——奋斗。

奋斗

努力拼搏是奋斗亘古不变的真理。人类正是为了实现永恒的存在，而去努力地拼搏奋斗。正因永恒或使命感的存在，人类的拼搏奋斗注定要比世界上其他万物更加艰难。人类的奋斗绝不仅仅是为了生存。拼搏奋斗是人类的本性，然而随着世界历史的变迁这种拼搏会更加困难，而在当今这个社会破坏人类或宇宙系统的时期，奋斗就有着生死攸关的意义。奋斗不外乎两种，一种是恶奋斗，一种是善奋斗。我们之所以不要恶奋斗，是因为它可以造成世界的快速毁灭；我们必须进行善奋斗，那样才可以在这个世界上永恒存在。善奋斗的本质是什么？这就包括——正义。

正义

通过勇敢地战斗，让正义的力量战胜险恶，保卫世界和平发展。

财富

通过奋斗驱除贫苦，丰富人类物质文明，促使社会更加富裕。

感情

通过拼搏，我们获取纯美善良的人类感情：亲情、爱情、友情以及所有的“世俗情愫”。

幸福

幸福是什么？从表面上看，幸运与福气是幸福的真实写照。当然事实也不完全如此，我们不需要是个“法定的幸运之人”，也不需要让别人或者自己感觉很有福气。真实的生活不是这样的。生命是无比幸福的，而努力拼搏会让我们更加幸福。而一个幸福之人也就是一个胜利者，因为使命的完成能给我们带来幸福感。其实，在失败中我们同样可以获得幸福感，失败也是有幸福存在的，当然，失败之幸福不能与成功之幸福相媲美。我们一定是幸福快乐的。等我们一旦获得幸福时，也就更真实地展现了我们的——成功。

成功

成功并不仅是表面上的成名与立功，它的本质是生命的成熟以及生活的幸福。个体的成功当然与社会的成功以及他人的成功不相同，但是它们同在一个系统中存在。假如从本质而言，个人的成功起源于社会的成功。我们只有对社会做出应有的贡献，才是真正意义上的成功。可见在这种观点内有两个要点：一是发挥自己的主观能动性；二是要自觉地与社会以及他人搞好关系，两者缺一不可，只有这样才会获得成功。

与成功密不可分的十大问题

1. 您陷入失望以及混乱的生活了吗？

2. 您对现在的生活以及工作是否满意？

3. 家长以及朋友对您有什么期待，而您自己最想得到的又是什么？

4. 您现在笑的频率是多少？

5. 您喜欢自己的国家吗？您觉得自己所处的社会前景是否一片光明？

6. 您有梦想与思维吗？

7. 您是否长期处在无限不快的循环中？

8. 您知道怎么样才会成功与致富吗？

9. 您会拒绝财富以及厌恶金钱吗？

10. 您的发展道路能证实您计划的可操作性吗？

是真诚地回答自己，还是离开，请您做出正确的选择。

成功的十七个黄金法则

一定要注意，从此刻开始你就进入一个积极良好的成功状态中，只要你掌控这一切，美好的未来就会向你招手。依据柏拉图“学习亦回忆”的学说，作为一名“胜利者”的我们，回忆起拼搏的经历，望着这片由我们建立的纯美世界，感觉生活是多么美好，我们的成功是极其高尚的。而现在，当我们经过千辛万苦才实现自己愿望时，我们更能简单明了地归纳出影响我们成功的重要原则——共有十七条具有重大意义的原则。

1. 积极正确的心态

拥有积极正确的心态是成功的基本要素。

记住！当你某天认为自己有了积极心态，你就会遇到最重要的人，而在现实世界中这个最重要的人就是你。你的这种思维与精神正是你万金难求的法宝以及力量。

积极的心态是正确心态的表现形式。而正确的心态总是带着“正向”的特性，譬如：忠诚、博爱、刚正、希望、积极、勇猛、创新、大方、聪明、亲切以及通情达理。拥有积极心态之人，必定有远大的梦想。他们会不断地拼搏，从而实现自己的目标。

消极的心态正好相反。如果说，积极的心态是人类制胜的法宝，那么消极的心态就是人类致命的短处。倘若你不能征服这个致命弱点，那么你将永远失去成功的希望，同时也要承受失望所带来的灾难：痛苦、寂寞、烦闷、沉沦，世界也就这样渐渐被毁灭。

不，这不是我们所追求的。我们虽然有缺点，但是我们并不是懦弱之人。积极心态的筑建让我们摆脱消极心态的阴霾，变成一个乐观的强者。

——成为世界上独一无二的重要之人，那个人便是你，你的胜利、健康、快乐以及财富，完全在于你如何应用自己无形的法宝。运用它的方法，也只能靠你自己决定。

——你无形的法宝正是你的心理。它的正面写着“积极的心态”，而反面写着“消极的心态”。真善美的潜能总是向积极心态靠拢，而它们却被消极心态拒之于千里之外。假如不小心，消极心态会掠走你现实生活中所有宝贵的财富。

——不要因为自己尚未成功，而埋怨社会的不完美与现实，因为这是可耻的表现。你要像所有的成功者那样，让自己追求梦想的热情充分发挥。但如何去发挥呢？就是把你所有的心思都放在想做的事情上，那些必须抛弃的东西，你要把它们拒之千里。

——不要刻意拒绝励志书籍以及他人的帮助与指导，更不要把自己内心的激情永远埋葬。

——对于有积极心态的人来说，在每一次挫折以及失败中，都会包含等量甚至超量的能力。有时看表面是一些失败的东西，但是从本质而言，那是一次提升自己的无形机会，你愿意花工夫去认真思考，并把失败的东西转化为同量甚至超量的能力吗？你一定要回答：我愿意！

——请诚恳地接纳一份叫“开心的劳动”的礼物，找寻人生的价值；热爱人类，为万物服务。

——假如你太轻视消极心态，那么你注定会被它打得一败涂地。决不能轻视消极心态那股强大的毁灭世界的力量。你人生中的机会会被它阻碍，让你永远只能面对失败。

——你能否从失败中领悟道理呢？是的，积极心态已经将挫折转化为激励的力量了。有些失败正是成功的起点。

——永不停止地工作！重新审视自己在学习、工作以及在生活上的态度，并把今天的挫折转化为明日胜利的动力。的确，我对此并不满意！我要……不，不，不是一蹶不振，而是努力拼搏！请相信，每当你说这些话时，积极心态就会帮助你消除苦难以及迷惑，并把看似几率为零的成功变成现实。你要热情（不带任何忧郁的）幸福而坚定地说："我从未失败，请允许我继续工作。"你能做到这一点吗？成功者的称谓只属于那些勇敢之人。

——不要觉得自己一直很委屈，从而对自己怜悯。失败之人永远是无知、无能力，更没有什么价值可言的。而胜利总是由那些拥有积极心态的人所获得的，并被他们一直保持着。

很多故事都能诠释上面的道理，拥有积极正确的心态是成功的基本要素，这是不容置疑的。

福勒出生在美国路易斯安那州，是黑人雇农的孩子。他家的生活一直很贫困，五岁时福勒就开始辛勤劳动，九岁时他就可以靠赶骡子挣钱。这并不是很奇怪，因为穷人的孩子都会这样。对这些贫困之人而言，贫困的生活是上帝的安排，他们从来就没奢求过可以过更好一些的生活。但福勒的母亲是个伟大的女人，她并不安于现状。她认为生活在繁荣的社会之下，之所以贫困，一定有一些主观的原因。因此她说："福勒，听着，我们不应该是贫苦的。我不想再听到你们说这是命运的安排。不是的，《圣经》中的每行字都在引导我们找寻富裕之路。那你为何不可以做一个杰出的人物呢？"这段话一直埋藏在福勒的内心深处，也正是这番话改变了他的一生。

"我要致富，我要成为杰出之人！"在他的内心一直有这样的呐喊。于是福勒就决定把做生意作为获得财富的一种途径。后来他开始做肥皂销售。就这样，他做了十二年的肥皂流动推销员。后来他听说供货的肥皂公司要进行拍卖，售价高达 15 万美元。而当时的福勒只有 2.5 万美元的积蓄。

凭着自己的努力，他和肥皂公司达成了协议：在交付 2.5 万美元的定金之后，在十天内交清剩下的金额。假如十天不能交清，那么定金要视同放弃。机会是来了，但是要面临巨大的风险。然而福勒很努力地去做这件事情，最后获得了胜利。之后他是这样向别人讲述的：

“即便我知道当时面临很大的风险，但是我很自信。我所有的朋友、客户、信贷公司以及投资公司都给了我很大的帮助。在第十天的前一晚，我已经筹集 11.5 万美元，但仍差一万，再也想不到解决的办法。深夜时，我在那个暗淡的房间里，默默地祈祷，奇迹就这样出现了！但我当时也明白这个所谓的奇迹其实是在哄人。于是我还是决定出门去找寻别的办法。夜已经很深，我一直沿着芝加哥 61 号大街往前走，走了好几条街之后，突然发现一间承包事务所还亮着灯，我就很兴奋地走进去。一个看似经常熬夜工作的人坐在写字台前，我立马轻松了很多，好似早和他认识一样，我从内心告诉自己一定要勇敢，一定要勇敢！

“我很直白地对他说：‘先生，您是否想挣一千美元呢？’承包商听到我的话很是震惊，但他还是回答说：‘亲爱的，是的！’

“当我清晰地听到‘亲爱的，是的’时，就很兴奋。‘亲爱的，那么请您给我签署一张一万美元的支票，等我还钱时，我多付一千美元的利息。’我很真诚地对他说。于是，我就将我所有的借款名单以及他们亲笔签名的借款单都让那位承包商看，还很详细地向他介绍我这次商业冒险的计划，他听后很是感动，然后给予我帮助。这样我就如期付清了购买肥皂公司的资金，有了这家公司，所有的事情都慢慢地转向正常化的轨道！”

一定要建立积极正确的心态。这也是福勒先生强调再三的道理。

积极正确的心态让你成为一个勇敢、聪明、坚强以及成功之人！

请把力量赐予自己吧！

2. 确定的目标

所有的成功，都是由积极正确的心态与确定的目标相结合而开启的。一定要记住，你的世界终将改变，你一定要确定自己的目标。当你以积极正确的心态去确定自己的目标时，你将水到渠成地倾向于以下七个成功法则：

（1）个人首创精神

（2）掌控能力

（3）创造性的见解

（4）积极地思考

（4）集中注意力

（6）预估时间和金钱

（7）热忱

要做就做最好，假如已经很好了，那就把“做到最好”作为自己的奋斗目标！第一名是人类永远的追求，只有依靠后天的努力拼搏才能到达成功的彼岸。但所有的人一出生就有这种先天条件，因此，刚诞生的我们已经是第一名了。好好思考吧！在你出生之前，很多战斗已经出现。在激烈残酷的战斗中，数以百千万计的精虫只有一个能取得最终的胜利——就是构成你的那个。这正是为了完成目标而进行的大规模的马拉松。或许这个精虫所争夺的目标还没有针尖大小——每个精虫被放大几千倍才可以看到。

不过，你人生的精彩战斗就是在这些微小的场合中进行的。精虫染色体中的所有物质都是由父亲和祖先所提供的，母亲为它提供卵细胞的染色体。而你的父母本身就已经代表了二十多亿年前战斗的开始。而作为一个最好、最优质的精虫，以最快的速度与等待着的卵细胞结合，最终形成一个微妙的活细胞。正是因为它们的成功结合，才有了现在的“你”。

由此可知，人是天生的胜利者，是天生的冠军。一定要记住，我们要像细胞一样，不断为生活努力拼搏，对自然以及自身都不要屈服，这样我们才会达到冠军的目标！

当罗伯特研读了朱尔斯·维因所著的《80天环游世界一周》时，他的思维被激发，激情澎湃。“别人仅用80天就可以环游世界，而我为何不能用80美元去环游世界呢？因为我信心十足，我坚信我可以完成任何目标。换句话而言，我从现在的所在地出发，就可以抵达我想要去的目的地。”于是罗伯特就在纸上列出详细的计划，同时罗列出可能出现的问题，并记录三种以上解决问题的方法。当他下定决心，就立马付出行动：

——与某大医药公司签订合约，确保为它提供他所到国家的土壤标本。

——取得一个国际司机从业执照和一整套地图，用提供中东路况的报告作为酬谢。

——想办法找到海关机密资料。

——获得由纽约警察局开出的个人无犯罪记录的证明。

——准备一个青年联合旅游会成员的会籍。

——与航空货运公司签订协议，该公司同意把他送去大西洋，他所拍摄的照片供他们宣传使用。

当他把一切准备就绪之后，就拿着80美元离开了纽约去环游世界。下面就是他的一些亲身经历：

——在加拿大时，在纽芬兰岛的甘德城吃了免费的早餐，因为他帮厨师们拍照。他们都很是高兴。

——在爱尔兰时，在珊龙市花费4.8美元购买了四条美国纸烟。在当时的一些国家中，纸烟与纸币一样都是人类进行交易的媒介物。

——而从巴黎到维也纳的车费就是一条美国纸烟。

——乘火车从维也纳穿过阿尔卑斯山再到达瑞士的花费就是四包纸烟。

——在伊拉克时，与快递公司的经理以及员工研讨了一下运输以及道路的专业问题，搭顺风车沿途经过伊朗首都德黑兰。

——在曼谷时，一家豪华宾馆的老板把他当作上帝一样款待。因为罗伯特向老板提供了一个他所需要的信息，就是一个地区的详细境况以及地图。

——他做“飞行浪花”号的轮船水手，从日本抵达旧金山。

就这样，罗伯特用充足的时间以及丰富多彩的旅途生活完成了他 80 天用 80 美元环游世界的目标。

3. 多走几步路

曾经的你努力拼搏过，却还是要承受失败的痛苦。其实你失败的真正原因是你没有准备好去迎接成功的到来。“整体的事物等于所有部分的总和，而大于每一个部分。”这是欧几里得的原理。这个原理可以用来解决我们所面临的问题。但最重要的是，你应该把部分添加到整体中去。当你用积极正确的心态去找寻成功时，那就意味着你在不断地奋斗。你会不断地寻找，寻找更多的事物。有些人在面对困难时，就会停止自己前进的步伐，带着失望落寞而归。

当你遇见一个难题，那是一件很幸运的事情！因为当你不断地去解答这些难题时，也就是你所获得的一个个成功，它们会为你增加更多的智慧。有时，多走几步路也并非坏事。因此当你遇到难题时，你要用积极的心态去面对它、解答它。这样你就会成为一个善良、宽容、有智慧以及成功的人。

那么，当遇到问题时将如何处理呢？你不妨用以下的方法去尝试一下：

——认真思考，力图解决难题。

——分析并阐述这个难题，给它设定一个本质含义。

——热情地对自己说：很好，太好了！

——向自己提出几个特别的问题。譬如：那个东西的好处是什么？到底什么被我忽略了？

——不断地去寻找解决这个难题的方法，直到找到三种以上。

——不能因找寻问题的道路艰难而停止不前或者放弃。绝对不能那样做。不管在任何时候都要学会忍耐，多走几步路。

现在广义地来说，你面临三大问题：

个人问题：情绪、经济、心态、伦理道德、身心健康。

家庭问题。

事业或职业问题。

个人问题是既普遍又直接的问题，那么我很乐意讲述一个曾经遇到这类问题的人的故事。但凡人类经历的一切苦难他都曾经历过。当你认真地读完下面的故事，你就会领悟到他是如何运用自己积极正确的心态去解决一个又一个难题，直到最终取得胜利。

其实把失败转化为成功，只需一个想法加一个行动而已。

在芝加哥的北密歇根，有一个叫作“富丽里”的地区。1939 年，由于经济萧条以及生产过剩的缘故，那里的办公大楼一直没有得到很好的开发利用，几乎每座大楼都空无一人。一座楼能出租一半就是极其幸运之事。那时，或许你会听到一些消极的观点：“登广告毫无作用，问题是没有资金”或者“我们没有必要再继续工作下去”等。就在这种阴郁的环境下，出现了一个有着积极心态的经理。他有一些新的想法，并且马上付出行动。

他受一家人寿保险公司的委托来管理密歇根大道上的一座楼。当他接手时，这座大楼只出租了 10%。但是不到一年的时间，这座大楼的出租率达到 100%，并且还有很长的待租名单呈现在他面前。这其中有何奥秘呢？这位经理没有把未出租的办公室当作不幸，而是一种挑战。他努力去做，最后取得成功。其中的道理很简单：就是多想，多走几步路。他讲道：

我很清楚自己想要什么：我要 100% 的出租率。根据当下环境分析，这是很难做到的事情。因此，假如我想把工作做到完美，就必须做好下面五件事情：

选择称心如意的客户源。

发挥吸引力，为客户提供最完美的办公室。

租金不能高于他们当下的租金。

倘若租客以一年的租约支付我们同样的租金，我们就对其负责。

另外，我还要为租客提供装修服务，请最好的设计师以及装潢师，彻底地改变我们的办公大楼，以很好地符合租客的个人需求爱好。

经过我的推理得知：

首先，倘若一个办公室在今后的几年间仍无法租赁，我们就不能收到任何利益。如果我们坐以待毙，情况会更加糟糕。但假如我们付出行动，情况就会有很大改善，在往后的日子里，租客会如期交付租金，原因就是我们满足了他们的需求。

再次，出租仅以一年为限。在大多时候，房间只会闲置几个月就会有新的租客。因此，获得租金也不会成为问题。

最后，在一个设备先进的办公大楼中，倘若租客在租期未满的时候退租，再次出租也是一件很容易的事情。免费装修可以提升大楼的股票涨幅，所以也不会损失太多。这样做简直就是一种最好的解决途径，每一个新装修过的办公室都是那么整洁优美。租客也会很满意，完全没有必要进行二次装潢，还节省了一些额外的开支。

起初这座大楼只租出10%，不到一年时间出租率上升到100%。而且在租约到期时，也没有一个租客终止租赁，住在这种摩登大厦中让他们无比喜悦。在第一年的租赁到期时，我们并没有去上调租金，就这样得到了租客的信任以及友情。

亲爱的朋友们，这就是多走几步路对我们攀登事业巅峰的影响力。

不管何时都要对自己说：多忍耐，多走几步路。

4. 积极的思考

你一直在思索什么？是的，在思索些什么呢？你的思维清晰吗？真诚吗？准确吗？蜘蛛网可以禁锢一只昆虫，只要昆虫陷入网中就无法自拔。但是在世界上有一种东西，每个人都可以本能地、绝对地掌控它，这种东西叫作心态。我们可以拒绝在心灵上结出蜘蛛网，也可以去把它清除。倘若我们不慎入网时，也会很快地把自己解救出来，获得自由。

我们的思维蛛网之一是：因为自己一时的冲动而去行动，而在现实中，所有有意识力的行动都只是我们想要做的事而已。一定要记住，不要因为我们的一时冲动，就立刻行动，对投资而言，这是非常不可取的冒险行为。在行动之前和进行中一定要时刻提醒自己，去辨别事情的本质以及形态。勇敢付出行动，你的思维也会更加勇敢。

只要你会反省，这些厌恶的蜘蛛网就会被你发现：

消极的感情、情绪、习惯、信仰以及偏见。

只看到别人的缺点。

不整洁的思维以及习惯。

以虚假的前提做出虚构的结论。

面对苦难只会选择逃避，而不去想办法解决问题。

因为词义上的误会而导致的争论。

虚构、欺骗别人。

无法接受别人的建议。

其他。

因此，你就会发现蜘蛛网的不同类型——有些是微小的，有些是超大的；有些是软弱的，而有些是坚固的。然而，假如你把这些蜘蛛网的意义罗列出来，然后仔细观察它的每条蛛线，你就会惊奇地发现它们都是由消极心态组合而成的。你再认真思考一下，就会发现，由消极心态编织而成的蜘蛛网最坚固的就是“惰性蛛网”。惰性的蛛网将让你无所作为，指引你走向错误的道路，让你沉迷或不思进取，慢慢沉沦到无底的深渊中不能自拔。你认真地回答我：是否有勇气与自己的思维蛛网展开生死挑战？

一件事对于不知实情或是缺少常识的人来说，是合乎情理的。而对于有智慧并有斗志的人来说，则完全相反。当你下决心时，假如不能保持积极开朗的心态去学习真理，那就是愚昧至极，自断前途。

请用积极正确的心态，指引你的思维，掌控你的情绪，控制你的命运！

5．自我约束

想要获得成功就必须马上行动。关于这点，我们足可以运用“自我发动疗法”。负有盛名的哲学家以及心理学家威廉·詹姆士曾经说道：“播种一个行动，你将收获一种习惯；播种一种习惯，你将获得一种个性；播种一种个性，你将获得一种命运。”“自我发动疗法”其实就是一种鼓励的警言：“马上行动”。不管何时，让这个警言从你的潜意识中闪现，在你有思维意识时，你就会马上行动。很多人都有拖延时间的习惯，或许正是因为这个习惯，让你耽误搭车，导致上班迟到，或者是一些更重要的事情——失去改变你当下生活的一个良好契机。对于拖延这一不良习惯留给我们的教训，在历史上也有很多记录。

请自我约束与自我暗示，这样你就会恢复自己积极的状态并很好地调整你当下的生活；通过它，或许会让消沉孤寂的一天变得无比快乐。

请适当地激励自己。激励是什么？激励就是鼓励人下决心并采取行动，也就是“内部催动”。本性、热忱、情绪、心态、习惯、冲劲、理想以及思维，都能激励人付出行动。在没有激励的前提下，人是不会去做任何事情的。

激励有很多动机，最基本的十种是：

进行自我保护的心愿；

挚爱的情愫；

惶恐的情愫；

性的情愫；

死后生活的心愿；

追求身心自由的愿望；

愤怒的情愫；

厌恶的情愫；

追求自我认识以及表现的情愫；

获得物质财富的心愿。

这些都需要我们自我控制和自我激励。人是世界上唯一有意识的物种，只有人类才可以理性地掌控自己。

虽然你的情愫不能立刻受到理性地掌控，但可以受到行动的控制。以积极正确的心态代替恐惧，要很好地做到这点，自我约束或自我暗示是一种很实用的方法，也就是说采取自我命令。倘若你心存恐惧而又想成为一个勇敢之人，你就应该采取自我命令：一定要勇敢！你要重复以及快速地重复这些词汇——勇敢，勇敢，我要勇敢！慢慢地，你就会勇敢地去付出行动！

勇敢的同时要注重自己的自我修养，对于人类而言，修养始终扮演着激励以及暗示的角色。富兰克林曾列举出 13 种修养品质：

节制——食不宜饱，酒不宜多。

寡言——说一些有益的话，避免空谈。

有序——生活从而进入很好的状态。

信心——信心即勇气。

节约——适度用钱，不宜浪费。

辛勤——不浪费光阴，努力做该做的事。

真诚——不欺骗他人，为人正直。

公正——牢记自己的义务与责任。

适当——拒绝极端与过度。

整洁——让自己与环境共同美化。

沉稳——不因任何事而张皇失措。

贞洁——为了自己、伴侣以及孩子的健康与幸福，约束自己的性欲，勿做危害家庭之事。

谦逊——效仿耶稣与苏格拉底，越伟大越谦逊。

查理·华德出生在一个贫困的家庭，当他十七岁高中毕业后，就离开了家，成为流动工人队伍中的一员。他的同伴都是些性情刚烈的人。他去赌博，同一些“危险人物”厮混在一起。与军事冒险者、逃亡者、走私者以及盗窃犯等成为朋友。他还参加了墨西哥有名的武力部队。他经常在赌博中大起大落，最后因走私而被逮捕，判了刑。在查理·华德三十四岁的时候，他被送进了荣文沃斯监狱。他扬言没有任何一个监狱可以禁锢他，不断地找寻越狱的机会。但是当越狱的机会来临时，他的内心又悄无声息地发生了转变。在他内心深处有一个声音在呐喊：要停止敌对的行为，成为这所监狱中最好的犯人，做最好的人。从那一刻，他的人生轨迹开始朝着有意义的方向发展。他下定决心要改变并掌控自己的命运。于是他不再有敌对行为，不再厌恶法官以及警察，他决定永远不再犯罪。然后找寻可以让自己过得快乐一点的方法。他向自己提出很多的问题，而这些问题在书中都一一找出了对应的答案。正是由于他态度的转变，他的行为发生了翻天覆地的变化，让狱吏对他刮目相待。有一天，一个刑事秘书告诉他，想要减刑的唯一途径就是想办法做些事情。不久之后，查理就提交了在狱中工作的申请。他的言行举止给副监狱长留下了深刻的印象，结果他如愿以偿地得到了工作。

查理很积极很努力地工作以及学习，他担任了监狱电力主管的职务，有一百五十人被他领导。他还不断地激励这些犯人把自己当下的境况改善到最佳状态。查理出狱后，就来到圣保罗。他凭借自己超强的能力在两个月内找到了属于自己的工作——工头。一年之后，他又担任一家公司的主管，最后，他还荣升为总经理。在查理的缜密管理下，他所在的公司从每年不足 300 万美元的销售额上升到 5000 万美元以上，在同类公司中堪称龙头。

一定要准确而缜密地掌控自己当下的状态，掌控它，就像我们被世界掌控一样。

6. 集体思想

作为一个有思维的社会动物，我们的爱是无法掩藏的。一定要记住，你属于集体，而且是至关重要的，不管是在家庭、单位、学校还是机构中，你都是无比重要的。

当你真正地融入社会的那一刻，你就会直接获得相关的信息、关系网以及所谓的成功。团体的感觉会让你化险为夷，更好地靠近你成功的目标。

爱德华·瑞侃巴克机长是美国最有成就、最受人敬仰的伟人之一。

正是因为他是真诚、刚正、快乐以及勤奋和善良的代名词，人们尊称他为艾迪。凡是见过他、听过他演讲或者是读过他的《七人得救》那本书的人，都会自然而然地认为他就是代表自己的标杆。

一次，艾迪的飞机不慎坠入太平洋。在第一周，人们没有搜寻到任何飞机的遗骸以及人的痕迹。第二周仍没有。但是到第二十一天时，艾迪机长以及飞行员得救的消息震惊世界。你可以想象一下，艾迪机长以及他的组员，被困在太平洋三个木筏之上，除了蓝天与大海，根本不能看到任何事物。想象一下，他们坠机时的恐惧，以及被烈日烘烤，还有饥饿难耐的痛苦……你可以想象到当时残酷的境况，那现在就让我们听听机长艾迪在自己书中的心声吧：

“像我曾说过的，我从来都没有丧失过被救的希望，但是其他人却不能像我一样保持积极的心态。当时我的同伴们都开始按照自己的生活方法来考虑死后的事情。的确，不管在任何环境下，我都抱着被救的信心，从不曾改变过。我尝试把自己的想法与同事同享，鼓励他们坚持下去。我参照最简单易懂的经验：在恶劣的环境，吃的苦越多，就越坚信自己能够得到救助，这是从一些年长者身上领悟到的真理。”

在激励自己以及别人的时候，希望会产生奇迹。亲爱的朋友们，请在人世间寻找那份希望。

7. 掌控信心

当你拥有了积极正确的心态以及掌控自己的能力时，你就拥有了克服一切困难的信心。信心的本质是什么？信心正是自己的意念与信仰被世界所认同的心理。拥有信心，将让我们的行动变为可能，大大地降低了事情的困难程度，让我们更能迅速准确地抓住重点，更好地找寻目标。

一个丧失信心之人，对成功也会存在怀疑态度，无论做什么事情，这类人只有注定失败。自古到今，只有信心百倍之人才拥有伟大的成就。

虽然“信心促使我们成功”是一句再简单不过的话语，但是却有很深的含义。

乔治·康贝尔是先天失明者。医生说：“他患的是白内障。”但是他的父亲却不敢相信这一事实：“难道就真的无药可救了吗？”医生很无奈地摇头说道：“迄今为止，还没有听说任何一个治好的先例。”虽然乔治看不到光明，但是由于父母的爱，他的生活也过得丰富多彩。由于年龄太小，他还没有真正明白自己所“失去的东西”的重要性。

在六岁时，发生了一件让乔治无法明白的事情。他和一个小伙伴玩，但是那个小伙伴忘记了乔治是一个失明者，于是他把球传递给乔治，随之便喊道：“乔治小心，球要向你砸来！”就这样乔治被球击中——从那之后，在乔治身上再没有类似的事情发生。

虽然乔治没有受伤，但此事令他一直不解，他去问自己的母亲：“为何比尔在我被球击中之前要告诉我即将发生的事情呢？”母亲很无奈地叹着气，自己担心的事情还是发生了，必须选择面对这个残酷的现实，告诉儿子“他是个瞎子”。

她很温柔地让乔治坐下，同时伸手去抓乔治的手，说道：“孩子，我可能解释不清楚，你或许也不能很准确地明白，但是我会尽量去解释！”她很疼惜地抓着他的小手，开始用手指头计算。

她说道：“假如用一、二、三、四、五，这些手指代表人的五种感觉。”她用拇指和食指顺次捏着乔治的每根手指。“这个代表听觉，这个代表触觉，这个代表嗅觉，这个代表着味觉。”她停顿一下，又说道，“最后这个就代表着视觉，这五种感觉的任何一种都会将信息传递给你的大脑！”接着，乔治那根代表视觉的手指被母亲按在自己的手心中。她接着说：“我的孩子，这就是你和其他孩子的不同之处，因为你只运用了四种感觉，而你的视觉没有发挥任何作用。现在我去拿一样东西，你先站起身来！”

乔治站起身来，他的母亲拿起他的球。她说：“乔治，伸出手，就像球就在你手中一样。”乔治伸出自己的双手，当触摸到球时，他就双手并拢，抓住球。

他母亲接着说道：“就是这样子，乔治，我希望你永远不要忘记刚做的事情，你完全可以用四根手指抓住球。倘若你不断地努力，那么你完全可以用四种感觉代替五种，去创造自己幸福而有意义的生活！”乔治的母亲用一个暗喻，并用简单的数字解答了这个深奥的问题，这样就会更快捷地得到他们思想沟通的目的。

乔治永远都记得“用四根手指代替五根手指”的原则，对他而言，这正是希望。每当他因自己的缺陷而恐惧时，这个原则就是他前进的动力，激励着他前进。这个原则让他进行内心的自我暗示，在必要时，会由一种无形的潜意识转化为一种有意识的心理。

他认为母亲的话是正确的，只要充分利用剩余的四种感觉，生活也仍旧可以五彩斑斓。

到这里乔治的故事还未告一段落。

在读高中时期，他因病住院。当他的身体正在慢慢恢复健康时，父亲为他带来了一个重大的好信息：科学家已经找到治疗先天性白内障的方法！当然，也面临失败的危险，但是成功的几率毕竟还是很大。

乔治很渴望自己可以看到光明，于是他宁愿去冒险尝试。

在以后的半年时间内，医生为乔治做了四次外科手术。每只眼睛做两次。他的眼睛被蒙着，躺在阴暗的病床上慢慢地等待着。

等到拆纱布的那一天，医生很小心地拆开缠在他头上以及遮住眼睛的纱布。躺在那里的乔治内心很激动。过了许久，才依稀听到医生在病床边走动的声音，他的眼睛上好似被放了什么东西似的。医生问道：“现在你能看得清东西了吗？”躺在枕头上的乔治微微抬起头，模糊地看到一个彩色的形象。一个熟悉而温柔的声音叫了一声“乔治”，那是母亲的声音。在十八年的光阴中，他第一次看到自己的母亲。母亲有一双疲惫的眼睛，经过六十二年岁月的洗礼，她的脸上布满了沧桑的皱纹，还有那长满老茧的双手。但是在乔治的眼中，母亲才是世界上最漂亮的女人。

对乔治而言，母亲就像天使一般。他所看到的是母亲常年的勤苦与劳累，常年的教导与规划，常年期望自己的儿子可以恢复健康的博爱以及真诚。迄今为止，乔治对第一次看到母亲还倍感珍惜。从第一次看到事物，你就学会了珍惜自己的视觉。他说道："人是无法体会视觉的神奇之处的，而你一旦失去时才会意识到，生活在没有视觉的日子里，会是多么的艰苦。"

只要我们有信心，就一定会取得成功！

8．良好的性格

个性、能力、智慧在当下的环境中或许会让人快乐与成功，但在另一种环境中，就会产生截然不同的效果。人都会有一种心理倾向，喜欢把自己想做的事情做好。当你在做不满意或者是不熟练、厌烦的工作时，你就会表现出不高兴。其实在不愉快的环境下，你仍然可以调整自己或改善环境，使自己处在快乐中。

改变你的个性以及智慧并非一件易事。你可以去调整一下自己的环境，使它与你的个性、能力以及智慧很好地融合，从而让自己更加快乐。当你去做这件事情时，就好比把圆变成方，这就是调整环境，使它更能适应你的需求，这样就会很好地帮助你把消极心态转化为积极心态，使你能够更好地解决问题。

倘若一直保持积极向上的心态，你就会改掉以前的旧习惯以及心理倾向，筑建新的习惯以及心理倾向。倘若你能受到足够的鼓励，将圆变成方，也就是改变自我，你就更容易获得成功。首先，你必须做好充分的思想准备，去面对心理以及精神上的压力，这样你才可以很快地改变之前旧的习惯以及心理倾向。只要你愿意努力，你就会获得成功。

在进行这场激烈的内心战斗时，如果想要赢得成功，就一定要尽其所能地保证身心以及道德上的健康。

阿塞姆一直保持着积极向上的乐观心态。他爱自己的工作，也在工作中找到了属于自己的快乐。

阿塞姆是谁？他做什么工作？他是夏威夷王室的后裔，是一家在夏威夷设有人事处的大企业的销售部经理。他酷爱自己的工作，对工作更是得心应手、操作熟练。这样，他做工作就更加游刃有余了。当然，在工作上他仍会遇到挫折，倘若一个人对销售工作不加思考、研究，又缺乏计划，不能以积极向上的心态去面对的话，一旦遇见挫折，就会造成很大的心理伤害。因此，阿塞姆经常阅读一些鼓励人的书籍。通过阅读这些励志书籍，他学到了三个重要的法则：

——利用自我鼓励的警言来改变自己的态度。

——拥有目标比没有目标，更能让你清楚地认识到帮助你完成目标的事物。如果你一直保持着积极正确的心态，将目标设定到一定的高度，那相对而言，你获得成就的机会就会更多。

——当你想要在任何事情上获得成功时，一定要先了解这些事情的一般发展规律，并知道如何运用这个规律，同时定期从事有创造性的思维、学习、研究以及计划。

阿塞姆完全坚信这些法则，并用自己的亲身经历来诠释它们的正确性。研究公司的销售规则，并在实践中运用自己所学到的东西，努力达到自己所设定的高目标。每天早上他都会大声地告诉自己：“我感到康健！我感到快乐！我感到前途无量！”而他确实是健康、快乐和前途无量的，他的销售业绩也很突出。

当阿塞姆确定自己对销售知识有很深的造诣时，他就召集一些新的销售员，向他们传授自己的销售经验，并按照公司销售手册上最创新、最有效的销售方法来培训他们。他会让销售员设定一个高目标，并用积极正确的心态去完成目标。

阿塞姆小组每天早晨都会聚会，齐声呐喊：“我感到康健！我感到快乐！我感到前途无量！”之后，他们还会笑着以拍背的方式来祈祷一天的好运，接着进行各自的工作，他们朝着自己当天设定的销售目标而努力。看到他们那些高目标，甚至会让资深的销售员以及销售经理为之一惊。每到周末，这些销售员都会提交一份销售报告，每当看到这些报告时，阿塞姆公司的总经理以及销售经理都感到无比高兴。你绝对可以相信阿塞姆以及他公司的高层看到这些报告都发自内心地高兴，这些报告让他们的工作也无可挑剔。其中的原因主要有：

——他们对销售工作非常熟练，对工作的规则以及技术都了如指掌，正是他们充分利用了这些规律，才让他们的工作更加得心应手。

——他们制定明确而有高度的目标，并坚信能完成目标。他们从内心深处相信，只要以积极的心态去对待，就一定会取得成功。

——他们用自我激励的经验，来让自己一直保持积极乐观的心态。

——他们尽情享受完成工作后的快乐。

我感到康健！我感到快乐！我感到前途无量！

9. 个人首创精神

要把下面四个重要事项铭记在心：

写下目标。当你书写目标时，自己的思维活动就会顺其自然地让目标永远停留在脑海中。

设定期限。即完成目标的时间，激励你不断向目标迈进。

设定一个有高度的目标。你必须知道目标的难易程度与你付出的努力是成正比的。一般来说，设定的目标越高，你就越会集中精力去为这个目标而奋斗。

豪情壮志。设立人生更高的目标，不断地向自己提出挑战。因为有高度的目标会刺激人们更加努力地奋斗。

为自己的目标绘出一幅宏伟蓝图，那是再好不过的事情了。

你用来挑战、获取成功的秘密武器就是个人的首创精神！

10．热忱

在“成功学培训班”上，学生与老师有如下的对话：

老师：你想要自己拥有无限的热忱吗？

学生：很想！

老师：那就请你学习这句自我激励的警言，“要热忱，行动一定要热忱！”老师让他重复这句警言，要热忱，行动一定要热忱。

老师：就是这样，那么在这个肯定句中，哪个才是关键词呢？

学生：行动。

老师：说得很正确，现在我们来解读这句话，这样你就可以很好地学习这一原则，假如你想做出生病的神态，该如何去做呢？

学生：在行动上生病。

老师：说得很对。那么如果你想忧郁该如何做呢？

学生：在行动上使自己忧郁。

老师：说得对，那要是你想热忱，该怎么办呢？

学生：要变得热忱，就要在行动上热忱。

接着我们要明确指出：你必须把这句自我激励的警言与可以提升的品德以及目标很好地结合在一起，那样我们才可以用“愉快”来举例子，“要愉快，就要在行动上愉快”，把这样的话写在卡片上。

之后，老师继续讲述：

老师：一定要记住，当你接纳别人的观点后，你就可以运用这个观点。现在我要以热忱的态度讲话，也衷心地希望你们用行动来表现自己的热忱。为了让语调更充满热忱，请你按照以下七种建议去做：

——大声讲话。倘若你的思维已经很混乱，或者是你站在众人面前就很紧张，那你就应该大声地说话。

——迅速讲话。当你迅速讲话时，心理作用也会更快地发挥其功能。假如你能聚精会神地阅读，那么你就会用阅读一本书的时间来阅读两本书的内容，并且理解得很到位。

——强调。要强调关键词，也就是强调对你或者对听众是关键的词语。比如“你”这个词汇。

——中止。当你迅速讲话时，在书面文字中如果有一些顿号、句号以及其他标点符号的地方，就必须进行恰当的停顿，这样你就会赢得艺术化的静默效果。这样的话听众就会与你的思维同步。在你强调的关键词后面停顿一下，这样就能起到强调的作用。

——让你的声音含着微笑。当你大声而迅速地讲话时，就能避免声音的沙哑；如果你容光焕发、笑容满面，你的语言中也会有微笑。

——转化声调。假如你讲话的时间过长，这点是极其重要的。一定要记住，声调以及音量是自己所能控制的。只要你愿意，不但可以大声讲话，还可以随时改变自己的音调以及音量。

——当你淡定地面对这一切后，你就会很自信、很有热忱地讲话了。

炙热以及浓烈的情感铸造了坚强的人，拿破仑·希尔如此描绘自己的继母如何改变自己的一生，并使自己有那么伟大的成就的。

在童年时，大家都觉得我是个应该下地狱之人。不论在何时发生何事，例如牧场的母牛跑出，堤坝崩裂，甚至是树被风吹倒，每个人都想当然地认为是我做的。

事实上，这一切怀疑都是毫无根据的。母亲过世早，父亲以及兄弟们都觉得我很顽皮，于是我便真的很顽皮了。如果别人真的这么看我，我一定不会让他们失望。

一天，我的父亲宣告他将再婚。我们都很担忧，新母亲会是个什么样的人？我自己妄下定论，来我们家的新母亲，日后是不会对我手下留情的。当她走进我们家的第一天，我父亲站在她身后，让她来应对这种局面。她走进每一个房间，向大家问好，等到她走到我的房间时，我双手叠在胸前，挺直身板面对她，没有任何欢迎之意。

我父亲便说："这就是兄弟里面最顽劣的那个拿破仑·希尔！"

而我继母对我父亲这句话的态度让我终生难忘。她把双手放在我的肩膀上，在她眼中有股慈爱的光芒，她直视着我，让我感到我将有一位亲密的人陪伴。她说道："这是最顽劣的孩子吗？一点都不像，或许他是最聪明的那个。而我们现在要做的，就是让他的聪明才智很好地发挥出来。"

我的继母总是不断地激励我发挥内在的潜能，勇敢地制定计划，坚持不懈地前进。后来的事实证明，我所有的事业成就都来源于这份计划。她的教育我会永远牢记在心："当你激励别人时，一定要让别人有信心。"

继母造就了一个成功的我。正是她那份深沉的爱以及坚持不懈的信心鼓励着我，让我为了成为她心中那个自信的孩子而不断努力。

浓郁、炙热的真情，确实可以造就一个坚强勇敢之人。

11. 集中注意力

一定要注意，从此刻开始，你就已经步入成功（创造性）的阶段！同时还要注意，你将会遇到很多的挫折，进入一个危险的阶段。一定要慎重再慎重，集中心智！看准后，英勇地去投资。

集中心智不仅是一个意念的问题，也是一个心理的问题。

人们能够成功地找寻到运用传心术以及观察力的方法与方式吗？人们不久之前，都轻视下面的一些想法。而现如今这些都被认为是一些必要的因素，先前却没有任何人相信：

——物质与能量相互之间的转化。

——原子的裂变。

——人造卫星。

——喷气式动力。

——生活必需品，比如电视机。

在人的思维中，能够想象以及相信的东西，一定会用积极正确的心态去创造。

在世界上，任何一项发明与一台机器，都不能与你的“人脑计算机”——大脑和神经末梢系统相媲美。

人类不但拥有肉体，而且还拥有心理。有意识的心理以及潜意识的心理是心理的两大组成部分。

在这里，我们已经强调了潜意识心理的含义，它已知以及未知的无限潜能与力量。其实有意识心理也有异曲同工的重要性。

集中心智，将让你或者已经让你进入备战的状态中。

一定要注意，只要你仔细地观察，或许机会以及成功早就来到你的身边，同时幸福也就在你的左右。

集中注意力，能让你进入真正的状态中。

12．合作精神

我们不但需要集体心态，而且还要屡次强调合作精神。

假如你可以为了别人的利益而站起高声呼吁；假如失败可以激励你成功的斗志；假如你可以勇敢地面对挫折；假如你可以忠诚地工作，并好好运用属于你的机遇；假如你不浪费、奢靡地花费自己的财产，以便可以养活自己，对那些世界上的贫困人群大方地捐助，并对有价值的事业而进行经济上的援助；假如你每天都可以做一件不需要回报的好事；假如你可以对全世界的人都友善，都亲如友人；假如你对全天下的人，尤其是弱势群体都彬彬有礼；假如你可以愉快地工作；假如你不懒惰或者不逃避挫折；假如你可以真诚对待一切应该真诚对待的人，对你的家人、工作以及你的国家忠诚；假如你可以尽力履行对国家的责任；假如你可以时常帮助别人；假如你可以保持身体康健、头脑清晰、品质优良——倘若你的生活达到了这些标准，那么你就可以站在成功的巅峰上眺望，你就可以拥有打开财富堡垒的钥匙。如今的你，准备好获取成功吧！

拉汶与妻子爱丽丝是一对生活以及事业上的好伴侣，他们和谐地共同工作。他们自己制造化妆品，同时还担任几家公司的销售员。正是因为他们没有那么多独立经营的成本，因此任何事都要自己去做。

当他们的事业逐渐崛起时，爱丽丝已经成为一名专业的管理以及销售专家。他们凭借极强的专业化经营——成功创业的秘诀，非常快速地采取律师所提供的专业服务。他们也从一个会计或专家身上得到了很多的教益。

财富之路就是反复地生产或推销一种产品（最好是一种比较实惠的生活必需品）或者提供一项服务，他们就是这样做的。

他们把节省下来的每分钱都再次投资到事业中。让每分钱都发挥出它超常的作用，杜绝铺张浪费。激励他们不断研究、深思以及计划的正是“需求”。

拉汶的成功，正是因为他和妻子的合作精神。他们共同合作，不断地改善他们事业的进程，直到最后的成功。

13．汇总经验教训

回顾自己曾经走过的路，在对经验教训汇总时，把那些所有的暗示都清晰地记起，从而更准确地把握现在，进而拥有美好的未来。

十九岁的毕尔，开办了一家出售兽皮和皮革的商店，但是不久之后，就破产停业了。沉重的打击并没有击垮这个年轻人，反而激励了他。不久之后，他开始找寻新的成功方法。由于毕尔急于想要致富，他自认为在一些励志书中就可以找寻到发财的方法，于是，他就去图书馆找寻这类的书籍。在那里他发现一本叫作《思考与致富》的书，立刻欣喜若狂。毕尔反复阅读借来的书。当阅读到第三遍时，他还是不能理解世界上的大富翁是如何致富的。

毕尔曾经告诉我们说："当我阅读《思考与致富》第四遍时，有一天，我到辛得立的一条商业街上漫无目的地闲逛。突然发生了一件很令人惊喜的事。我站立在一个肉类市场的橱窗前，向上观望，就在那么一瞬间，我的脑海中闪现出一个创意点。"他微笑着继续说道："当时我大声宣告：'就是它，我已经找到了它。'我激情澎湃，连我自己都为之一惊。从我身边经过的一个妇女也不禁停下来很惊讶地看着我。就这样，我怀着发现新大陆的心情，匆忙赶回家。"

在此，他严肃地对希尔说道："你看，我正在研读第四章的《自我暗示》，这一章节的副标题就是'影响潜意识心理的对策'。至今我还记得在我小时候，父亲曾经很大声地朗读过艾米尔·柯艾所著的《自我掌控——运用知觉的暗示》那本小册子。就像你在书中所提到的那样：假如艾米尔·柯艾成功运用自我暗示的方法帮自己克服疾病，健康得以恢复，那么一个人就可以运用自我暗示获取财富或者世界上的任何东西。我的伟大发现就是：运用自我暗示致富。对我而言，这是个崭新的概念。"

然后，毕尔阐述自己对新概念的了解。"你明白了，自觉地自我暗示是掌控性的组织，个人能够通过它自然而然地把自己的潜意识灌输到创造性的思维中；或许也可能因为一时疏忽而让毁灭性的思想找到路径，走进它内心最富饶的殿堂。当你每天激情四射并精力集中地朗读那些从致富书中抄录下来的语句时，你便可以把你的目标与你的潜意识心理很好地联系在一起。不断地去重复这个过程，你就会慢慢养成思考的习惯。这对把理想转化为现实有很大的益处。在使用自我暗示的方法时，要把精力聚焦在已定的心愿上，直到达成这种心愿的欲望越来越强烈。有一次我从外面气喘吁吁地跑回家，坐到饭桌前就写下：“1960 年成为百万富翁是我的主要理想。”他仍看着希尔说道：“书上曾说，一个人应该把自己想要获得的金钱数量有明确的设定，还要设定一个期限，现在我都一一照办了。”

坐在这里与我们谈话的再也不是以前的那个毕尔了。虽然他曾经在十九岁时面临失败，但如今的他是人们所敬仰的威廉·维·麦克考尔，是一名最年轻的澳大利亚国会议员，也是著名的辛得立可口可乐分公司董事会的前任董事长，以及一家为 22 个家族所共同拥有的公司的总裁，他现在已经成为一名百万富翁。他成功的秘诀就是学会进行自我暗示并用以探索潜意识心理的作用力。而这些所谓的“自我暗示法则”以及“用以探索潜意识心理作用力”的东西都仅仅是人们在汇总经验时所得到的反省以及反叛的力量而已。

要严格审视自己的过往，并改变自己！

14. 创造性的见解

现在让我们向前迈进一步，进入未知的世界，即心理现象的魅力领域。比如：

（1）超思维的知觉——可以清楚地反映或影响一个外部事件，而非一般科学可以解读的五官感觉。包括以下四种知觉：

传心术——思想转移性。

观察力——能辨别未知事物的力量。

预见——能看到未来。

返见——能看到过去。

（2）思维对事物的作用力——心理对事物的作用力。

如今的我们，需要面对现实，以一般的常识去探寻未知的领域。首先让我们来聊一下往事：

1893 年，由胡德生编著的《心理现象的规律》成为畅销各地的一本书。这本书涵盖了很多心理实验报告中所提出来的感人故事，成千上万的读者被打动。从那刻起，大众对心理现象的兴趣有了质的飞跃。但是由于很多人没有做好准备，反而把自己给害了。主要是因为这些人懂得一些来自内心的心理潜能，从而对它产生了无限的敬意与神秘的兴趣。一些人的倾向是值得关注的，由于他们没有受到适当的教育熏陶，心理还不够成熟，还不能很好地支配自己的情感，因而对这类东西的学习并不觉得很吃力。我们很容易理解为何许多宗教领袖、研究者以及政府官员认为研究心理学是一件极其讨厌的事情。他们觉得：

研究心理学让人变得狂躁，不能更公正地服务于人民。

研究心理学，容易让人把事实与幻想混为一谈。

心理现象是一些业余爱好者和杂技演员所使用的催眠术，以及由骗子、宣传以及滥用心理的庸医所用的骗人的伎俩。

研究心理学，会很容易把宗教的原则扭转到犯罪的方向。

在他们的思维中，任何与心理学有瓜葛的事情都会是一件很讨厌的事情。因此，这就成了禁忌。但这种所谓的禁忌是完全不存在的。一定要丢弃这些禁忌，这样你的思维、心理以及精神才可以自由全面地发展，去进行创造性的思维，去获取财富。

当你的脑海中闪现一个新颖的创意时，就要马上把它记录下来！

15．预估时间和金钱

不管你是何人，不管你的年龄、教育程度以及职业是什么，你既可以吸引财富，也可以排斥财富。但是我们要说的是：“要吸引财富，不要排斥！”

现在，我们就教你致富的方法。你想致富吗？你一定要真诚地回答。致富几乎是每个人的心愿，问题在于你将如何致富？当你消除各种消极因素，并又确定多方面有利的条件后，你进行投资的时候，一定要记得，要去预估自己阶段性的时间和金钱。

奥斯朋先生是仅靠工资生活的雇员，然而他却获得了财富。几年前退休时，他曾说：“付出时间让我的财富为我挣钱是我现在最想做的事。”正是因为奥斯朋先生采用的方式太过于平常，反而被人忽略。在研读《巴比伦的首富》时，奥斯朋领悟到：只要你遵循下面的说法，财富是很容易获得的。

——在你挣的每一美元中节省下十美分。

——每当六月时，把自己的积蓄以及利息或者这个积蓄的投资所得利润拿来投资。

——当你选择投资的时候，一定要听取行家的忠告，这样才不至于因冒险而损失资金。

让我们重新审视一下以上三点，这正是奥斯朋先生致富的秘诀。你也可以好好思考一下。在你获取的每一美元中节省十美分而进行投资，这样你就会获得安全以及更多的财富。

你应该从何时开始呢？从现在就开始行动！

对于一个投资者，时间与金钱就是他全部生命的两大重要组成部分。

16. 保持身心健康

积极正确心态的两大回报就是生理的健康和心理的健康。请你一定要相信，努力地实践才可以获得和保持积极正确的心态。确定的目标、准确而清晰的思想、创造性的思维、英勇的行为、长时间的坚持以及足够的观察力，如果你可以保持满腔的热血去很好地运用它们，你就可以掌控积极正确的心态。

洛克菲勒在退休之后，认为保持身心的健康才是他最大的目标，他希望自己可以延年益寿，获得更多人的爱戴。金钱对于实现这个目标能起到作用吗？以下即是洛克菲勒完成这个目标的计划纲领（看看对于你，是否有意义？）：

——每个周末都去礼拜，记录下所学的原则，以便每天运用。

——每天八小时睡眠，午休片刻。保持适当的休息，避免疲倦带来的危害。

——每天都洗澡，保持整洁干净。

——到佛罗里达州定居，因为那里的空气对健康以及长寿有利。

——生活要有一定的规律。每天从事户外运动，例如打高尔夫，享受新鲜空气以及充足的阳光；定期进行一些室内活动、读书或者一些其他的活动。

——注意饮食。用餐要慢。避免过热或过冷的食物，以免损害胃。

——要吸收一些心理以及精神上的养分。进餐时，注意自己的言行举止。和家人、朋友以及客人等一起阅读一些励志的书籍。

——请毕格医生做自己的私人医生。

——将自己的一些财富分享给有需要的人。

洛克菲勒起初的想法或许是自私的，为了自己的声誉才把自己的部分财富分享给有需要的人。但事实上却有一些出人意料的事情发生：通过捐款给慈善机构，他把健康与快乐传递给别人，而他获得声誉时，也获得了快乐与健康。还有，他成立的基金会，为后人带来了极大的好处。他的金钱以及健康，既是做善事的武器，也帮助自己达成目标。

首先，你应该领悟到积极正确的心态可以吸引财富，还可以积累财富。但是在利用积极正确的心态时，你一定不要忽略自己的健康。

对于身体以及心灵的健康，我们需要拿出更多的勇气才可以得到这种结果。当然，这是一种良性发展，一个勇敢而又积极的人，成功就会更快。所以在事业上，我们理应经常这么做：

首先对于那些可以改变你生活的经验以及演讲，一定要认真地倾听。这样你就会对以前做的错事而感到愧疚，从而做出真诚的忏悔。你必须勇敢地跨出前进的第一步，这是极其重要的。当你跨出第一步的时候，就等于在大众面前宣告：对之前的自己感到无比的惭愧，而如今的自己已经开始新的生活了。然后，你再跨出第二步，并开始纠正自己的每一个错误。

在这个过程中，一定要记得时刻提醒自己：

——寻求真理。

——鼓舞自己进行创造性的行动。

——为自己的理想而拼搏，使自己长期拥有良好的身心健康。

——理智地生活在自己所处的社会环境中。

——纠正那些让你受到不必要伤害的行为。

——不管你现在或者将来成为什么样的人，让自己现在出发，去自己想去的“世界”。

在你的人生道路上，对那些阻碍你前进获得成功的东西都要果断地丢弃。这就需要你了解什么是正确的，什么是错误的；了解在一定情况下与一定阶段内的善与恶的划分。

你要清楚所处社会环境下的善与恶的力量，要分辨出哪些力量才可以指引你到达成功的彼岸。

在《人生是美妙的》中，主教富尔顿·辛恩说道：“结识目标是一回事，为实现目标而工作却是另外一回事。选择自己的目标，为完成目标而不断努力地工作。指引你的思维，把握你的情绪，从现在开始行动，你就会把握住自己的命运。

我们必须拥有良好的身心健康，才可以为自己的梦想不断地奋斗。

17. 运用普遍规律的能力

真理是什么？真理亦是运用普遍规律的能力。它有着规范的科学规律，财富也是一样。

有些人一生漫无目的地漂泊，胸无大志，抗争、战斗，但从来不曾有过确定的目标。现在的你，是否可以说出你想从生活中得到什么？确定目标也许并非是一件易事，甚至还会让你承受巨大的自我挑战的痛苦。但是不管怎样，这一切都会是值得的，因为只要一提到你的目标，你就会得到很多益处。这些益处都会自动送上门来：

——第一个益处是你的潜意识会遵循一条普遍存在的规律，进行工作。这条普遍的规律就是："人类所有的理想以及想要的一切，都可以用积极正确的思维去完成。"假如你已经设定自己的目标，那么在你的潜意识中就会被这种目标所左右。于是你就会开始工作，进而完成目标。

——假如你明白自己的需求是什么，你便会产生一种走向正确道路的心态，不断地迈向正确的方向，于是你就会更接近成功。

——而现如今，你的工作变得趣味十足，由于在激励的推动下你付出了行动。你也可以很好地预估时间与金钱了。你很乐意去研究学习以及去设计自己的目标。你对目标考虑得越多，就会有越多的热情，你的目标就会变成你热衷的心愿。

——你很敏捷地捕捉到一些机会，正是这些机会可以帮助你取得成功。由于你确定了目标，你想要什么，你就会很容易地觉察到这些机会的存在。

一定要记住，真理是朴实无华的，而我们所运用普遍规律的能力，就能够改变生活中的缺点，进行自我创新，从而很轻松地赢得胜利。

测试一下你的成功商数

为了让你更全面地了解自己，现在需要我们每个人都准备一份问题分析表格，此表格已经帮助很多人清楚地认识自己。你还可以进行很多方面的测试——潜能、智商、性格、词汇以及其他的方面等等。这项测试有别于其他的测试，因此我们称它为“成功商数检测”。它源于十七大原则，而这些原则都是对世界上伟大成就的总结。这项测试还有很多目的：

引导你的思维进入你希望的轨道。

阐明你现在的理想以及其他特点。

鼓励你用积极向上的心态付出行动。

指出你在成功道路上的具体位置。

帮助你确定努力方向。

精确地估计你达到目的的概率。

现在我们只是建议大家，立刻回答下面“检测成功商数”的问题，尽量以真实的态度去对待，而不是去糊弄自己，只有正确真实地回答问题，才可以有效测试出你的成功商数。

成功商数检测表

用“是”或“否”来作答。

一、确定的目标

1. 你确定一生的宏伟目标了吗？

2. 你为那个宏伟目标设定期限了吗？

3. 你设定的那个目标为你带来一定的益处了吗？

4. 你为实现那个目标制定出具体的计划了吗？

二、积极正确的心态

5. 你了解积极心态的本质是什么吗？

6. 你知道如何发现自己或者他人的消极心态吗？

7. 你能很好地掌控自己的心态吗？

8. 你知道用充足的潜能去掌控的独一无二的东西是什么吗？

9. 你了解如何让积极心态成为一种习惯的具体做法吗？

三、多努力付出

10. 你是否听到一个人在某种领域获得了成功，而他所做的事情比他所得酬劳要少很多的事情吗？

11. 在所付出的努力超过自己的薪金时，你是否认为任何人都有要求涨工资的权利？

12. 你知道员工何时才可以涨工资吗？

13. 你是否养成了付出的劳动比所得到的薪金更多的习惯呢？

14. 假如你现在是自己的老板，那么你对自己现在的工作表现满意吗？

四、积极的思考

15. 你是否会把学习与自己职业有关的知识作为自己的职责呢？

16. 当你需要知识的那一刻，你会知道如何去找寻吗？

17. 你是否养成了对自己不熟悉的事情发表见解的习惯呢？

五、自我约束

18. 当你气愤时，你会缄默吗？

19. 你会容易丧失耐性吗？

20. 在一般情况下，你的性情是否处于平和状态？

21. 做任何事情之前，你会三思而后行吗？

22. 让你的情绪来掌控理智是否已经成为习惯?

六、集体思想

23. 你会通过影响别人来达到自己的目的吗?

24. 一个人在没有任何人的帮助下会成功，你信吗?

25. 当你收到团体的表扬时，你会骄傲吗?

26. 员工与老板在一起工作有没有好处?

27. 假如一个人受到妻子或者家人的强烈反对，还能在工作中很轻松地取得成就，你会相信吗?

七、运用信心

28. 你是一个刚正不阿之人吗?

29. 你相信自己有无限的潜能吗?

30. 你是否相信自己有能力做已经决定的事情?

31. 你能恰当地摆脱七种基本的恐惧（贫困、指责、健康欠佳、丧失爱、丧失自由、老去以及死亡）吗?

八、良好的性格

32. 你时常会打扰他人吗?

33. 你是否有运用“金科玉律”的良好习惯呢?

34. 你有令人厌恶的习惯吗?

35. 与你一起工作的人是否真正地喜欢你?

九、个人首创精神

36. 你是否能按照计划工作呢?

37. 你有把计划制定得很完善，来提高工作效率的习惯吗?

38. 在工作方面，你具有别人所没有的能力吗?

39. 你是否有拖延事情或时间的习惯?

40. 你的工作是否有一定的计划性?

十、热忱

41. 你能拿出自己所有的热忱去执行自己的计划吗?

42. 在你的心中是否有热忱这把火焰?

43. 你的热忱是否会阻碍你的判断力?

十一、控制注意力

44. 你是否习惯于把自己的思维聚焦在你的工作上?

45. 当你遭到别人的反对时，你会轻易地放弃自己的理想以及计划吗?

46. 当受到外界的干扰时，你会更改或者更换自己的计划以及决定吗?

47. 当遇到不可避免的烦恼时，你还会继续工作吗?

十二、合作精神

48. 你能与别人融洽相处吗?

49. 你能像别人随便给予自己帮助那样去帮助别人吗?

50. 你是否了解一次不和谐的合作会带来损失?

51. 对于同事间的合作，你觉得有好处吗?

52. 你会经常与人发生争执吗?

十三、从失败中领悟

53. 你知道由失败转化为成功的途径吗?

54. 对于暂时的失利你会觉得是永远的失败吗?

55. 假如在某次尝试中失败了，你还会继续努力拼搏吗?

56. 你会从失败中学到经验教训吗?

57. 当你遇到失败时，你会停滞不前吗?

十四、创造性的思维

58. 你能充分利用自己的创造性思维吗?

59. 你是创意发明型的人物吗?

60. 你认为那些刻板之人会提出比其他人更有价值含量的新创意吗?

61. 你拥有决断力吗？

62. 对于你的工作，你是否能提出有效的意见呢？

63. 当你对自己的现状感到满意时，你会听取别人善意的忠告吗？

十五、妥善安排时间与金钱

64. 你是否能按照一定的计划来节省自己的开支？

65. 你是否养成了利用业余时间去阅读图书的习惯呢？

66. 你每晚的睡眠时间充足吗？

67. 在你花钱时，你会考虑以后吗？

十六、保持身心健康

68. 你了解保持健康有哪五大要素吗？

69. 你知道调节健康的四要素吗？

70. 休息与健康的关系，你知道吗？

71. 你是否知道身体良好状况的起点？

72. 你是否知道“忧郁症”与“心理疾病”的本质？

十七、自我习惯

73. 你摒弃一些不良习惯了吗？

74. 你是否养成了一些自己不能掌控的习惯？

75. 近来你是否养成了新的好习惯？

“成功商数检测”评分标准

一、其中有 21 题要做出“否”的回答，它们分别是：

10，11，17，19，21，22，24，27，32，34，40，39，43，45，46，52，54，57，60，67，74。

二、剩下 54 题要做出“是”的回答。

三、答对每题得 4 分，反之不得分。

四、计算得分，并从下面查出自己成功商数的等级。

分数段等级（上、中、下）评价：

0 ~ 99 下，极差

100 ~ 199 中下，较差

200 ~ 274 中，一般

275 ~ 299 中上，优良

300 上，优

我的人生思考

卷七

[英] 詹姆斯·艾伦

有个人的作品，被戴尔·卡耐基、拿破仑·希尔奉称为经典之作。这个神奇的人物就是被称为“人类哲学之父”的詹姆斯·艾伦，他的个人经历以及思维都弥漫着一股神秘的色彩。

在现实生活中，人应该如何获取纯真的爱情，得到他人的理解，得到思想上的绝对安静呢？

在《我的人生思考》这本书中，詹姆斯·艾伦诠释出了其中的真谛，他的话在半个世纪以前就影响了成千上万的读者，为迷茫的人指出了一条光明大道。

詹姆斯·艾伦曾写道：“心灵的纯真会带来纯真的生活以及纯洁的身体。而肮脏的心灵只会给人带来肮脏的生活以及腐朽的身躯。”在这个现实世界中，很多人一味地追求物质享受，渴望权势，而只有甚少人仍重视精神上所拥有的财富。这个问题曾经在詹姆斯·艾伦生活的时代存在，且至今仍存在。艾伦这些内心深处的感慨一定会让那些迷茫的人走出困境，当然，也包括正在阅读本书的读者们。

意念影响人生的境遇

人类的心灵就好似一座五彩缤纷的花坛，你可以精心地去照料，也可以任其发展，当然，不管是有心照料还是视而不见，它都会按照自己的规律生长。假如不去播种有价值的种子，那么杂草的种子就会渗入泥土中，不断地生长，直到花坛充满杂草。

就像园丁管理自己的花园，除去杂草，精心呵护自己所播种的植物一样，人也可以细心地照料自己的心灵花坛，丢弃那些错误以及毫无意义的思想，努力地去培养积极正确、有价值的思想。

经过这个过程，你就会意识到自己心灵深处的园地，是自己人生道路上的导师；同时也会发现思维的真谛，更清晰地领悟到思维以及心智在人格品质、环境以及命运中是如何发挥其正确的作用的。

人格与思维是一体的，外界的境遇形成了一个人的人格品质，而且人生的境遇与内心思维有紧密的联系。当然，也不能通过一个人当下的境遇就洞察出其全部的人格，而这些境遇却不能摆脱对思维的影响力。从而可以看出，境遇对人格的正确发展起着举足轻重的作用。

在世界上，每个人都会通过机遇来达到自己现在所拥有的成就，是缔造人格的思维指引他进入当下的环境中，然而这样的人生并不完全依靠人的机遇，可以说这是那些亘古不变的天理运转的结果。这个理论既适用于那些认为周围环境“不对劲”的人，又适用于那些对当下环境感到满意之人。

一个不断努力的人，明确自己的目标以及发展方向，而且能领悟那些思想，那么他很快就会走向成功的道路。他读懂了“思维作用产生了境遇”

的课程后，在日常的生活中也能很好地运用。

假如人们都认为外界环境可以掌控自己，那么就一定会遭受命运的控制。当他认识到自己的创造性，还能掌控自己的思维，那么他的命运就由自己来主宰。

境遇是思维的产物，每个严于律己、洁身自好的人都能深刻地领悟到。假如可以很好地调整自己的心态，那么当下的环境就会有所改变；同样的道理，假如一个人可以很积极地纠正自己的个性缺陷，就会取得进步，自己主宰命运。

心灵会主动与那些自己内心渴望的、喜欢的以及恐惧的事物接近。它能够抵达内心所期盼的高度，也可以陷入不纯洁的欲望中不能自拔，所以外界的一切环境都会满足内心深处所需求的途径。

每粒思维的种子都埋藏在内心深处，慢慢成长，最终有一天破土而出，从此带来更多的机遇。

外界的境况可以很好地诠释内心的思想，不管是顺境还是逆境，都可以帮助人们达到至善的人生顶点。当人们在努力拼搏后，获得成功时，遭遇的痛楚以及深刻的人生体验，或能让他们领悟到人生的真谛。

一个人陷入痛苦而不能自拔，往往不是因为运气以及境况的作用，而是自己内心不正确的意念以及欲望所引起的。心地纯朴之人不会被外界的环境影响，而突发意念干一些非法的勾当。其实，犯罪的动机往往已经长期埋藏在心中，一旦时机来临，那些犯罪的欲望就会涌上来。假如人没有邪恶的动机，就不用去承受恶果，同样的，假如不去培养优良的品质，也就无法体会到内心纯净所带来的快乐幸福。

人们所得到的东西并不是拼命所追求的，而是那些反映人类自身的东西。人们的奇思妙想、远大的理想常常遭遇挫折，但是内心所隐藏的思维以及欲望，不管正确与否，都不会停下生长的脚步。而那个“决定人生抱负的决定因素”就埋藏在我们的内心深处。命运被思维以及行动守护着，它们可以让命运陷入无底的深渊，也可以让它进入美好的天堂。它们使人更加自由，让人更加崇高。人类并不能只依靠祷告和期盼就可以得到自己所渴望的，只有努力拼搏才可以取得成功。因此当期盼、祷告与思维、行动一致时才会实现自己的目标，取得成功。

所谓的“努力与境遇抗衡”说明：人类时时刻刻都与境遇相互抗衡，但却任由这种思想不断地蔓延。这种内心深处的原因会以有意识的坏习惯的形式展现出来，也可能以无意识的坏习惯展现。不管是以哪种形式存在，都会消耗人的精力，让我们不断地去弥补过失。

人们会主动地去改善周围的环境，但是没有人会想到去改善自己，因此，他们所处的环境也没有丝毫的改变。那些敢于与命运挑战的人，总是努力实现自己的理想，即使他们唯一的理想就是获得财富，那么也要付出很多的精力。试想一下，成功幸福的人，需要付出多大的牺牲呢？

先讲述一个穷人的实例：

有一个贫困落魄之人，他非常想改变自己当下的生活状况，但他在工作上却一点都不认真，只是应付而已。在他的思想中，因为薪金少因此在工作上不认真是应该的。这种人并不明白改变处境的方法，他的懒惰以及自欺欺人的想法，让他永远不能摆脱贫困，反而会陷入更加贫困的状态。

再来讲一个富人的实例：

一个富人由于暴饮暴食而导致疾病缠身，但他宁愿花费大把的金钱去看病，也不放弃自己暴饮暴食的坏习惯。他既想要满足自己的食欲，又想获得健康的身体。这样的人根本不会得到健康的身体，因为在他的心中，根本就不知道健康生活的标准到底是什么。

最后来讲述一个老板的实例：

这位老板总是想方设法去逃避税收，还想靠克扣员工的工资来致富。

这种人根本就没有拥有财富的资格。当他声名狼藉时，就只会抱怨命运的不公，丝毫没有意识到自己以前的行为举止有什么错误。

上面三个实例，诠释了这样一个道理：自己才是造成自己当下所处环境的根源（人们却不曾认识到这点）。当一个人设定好目标却难实现时，就只会对自己的境遇抱怨，这样的例子很多。假如人们了解思维是如何作用的，外界的境遇就不会成为自己失败的理由了。

人的思维是复杂多变的，思维深深地埋藏在心灵深处。一个人的思想，不容易让另外一个人凭借自己对世界的剖析而判断（即便这个人对自己已经很了解）。一个人可以真诚地待人，但是很贫困，而另外一个人就是因为自己某方面的不真诚而变得更加富有。

人们常常会有这种误解："一个真诚的人往往会很落魄，而不真诚的人往往会很富有。"这种思想就是一种很错误的思想，这往往只是根据事物的表面而下的结论，事实上，经过详细的剖析，可以判定这种结论是错误的。

不真诚之人也可能具备别人所没有的品质，真诚之人可能也具备别人所没有的坏习惯。真诚之人会因诚实而获得回报，同时也会面临坏习惯所带来的恶果。不真诚之人也同样承受着痛楚与快乐。

人们经常会因为自己的虚荣，而自认为是美德让自己遭受痛苦。然而一个人只有丢弃自己所有的杂念，洗涤心灵的污垢，他才有资格认为自己的遭遇是美德所导致的，而并非是恶意的报应。

在通向至善的道路上，他必然会意识到，思维、言行的信条是绝对公平公正的，领悟到这一点，他就会反思自己过去的无知以及茫然，坚信自己的人生最后一定会得到公平的回报，而过去的经验教训只是自己成长的证明而已。

积极正确的思维绝对不会产生坏的结果，同时，心存恶念绝不会有什么好的下场。这就印证了古语："种瓜得瓜，种豆得豆。"人类在耕种时期就已经领悟了这个道理，并一直恪守这项原则，但是人们却未曾意识到这种原则也同样适用于人的内心世界（尽管屡次试验都面临失败），因此人们并没有很好地遵循它。

苦难肯定是由错误的思想所导致的，它深刻地说明了自己的行为与内心的思维并不协调，同时也违背了自己做人最基本的准则。净化心灵是苦难唯一的好处，把我们内心那些杂念都摒弃掉。假如一个人达到至善的境界，苦难就会永远远离他。就像淬炼纯金一样，不用去铸熔，一个至善之人不会再次受到苦难的洗礼。

遭遇苦难只是由于内心思维的不和谐，而幸福快乐之人往往是思维与内心高度和谐之人。而这里的幸福，并不是拥有很多的财富，而是一种心灵的宁静；贫困并不是那种物质的缺失，而是心灵深处矛盾的煎熬。有人虽财富很多也不幸福，而有的人很清贫却过得很快乐。只有善于运用财富才可以变得富有而又幸福快乐。贫困之人经常埋怨命运的不公，而这只会使他们的处境更加悲惨。

缺乏与过度是不幸的两项极端，它们都是不符合常理的，是思维混乱的结果。一个人只有愉快、健康、富有，才能说他处在一个良好的生活状态下，而愉快、健康以及富有正是心灵与外界的境遇和谐相处的结果。

学会管理你的思想

一个人只有停止抱怨，开始追寻埋藏在内心世界的真理时，才有可能成为一个堂堂正正的人。当他慢慢学会管理自己思想时，就不再因自己的境况而自怨自艾，并会以崇高的思维来指引自己、更好地完善自己。他会把逆境看作是前进的动力，作为发现自己无限潜能的考验。

秩序，而并非杂乱无章，是世界运转的重要准则；正义，而并非邪恶，是内心的灵魂以及本质；刚正，而并非卑鄙，是前进的精神动力。人们想要在宇宙间找寻永恒的真理，一定要通过一些正规的途径。在这一过程中，他会深刻地领悟到，自己对世界的认识越深刻，对外界因素就会越了解。

这个真理适用于每个人，只要你能够进行反省以及自我剖析，就很容易验证这一真理。假如一个人努力地去改变自己的逻辑思维，很快他就会发现，自己的人生之路有了质的变化。

在人们的思想中总是认为思维是很隐秘的东西，事实上并非如此，思维会在平时的言行举止中表现出来。

邪欲在肆意夸张的糜烂生活中展现，长时间地沉醉其中，就会让人陷入一种贫困以及疾病缠绕的状态。

恶念在懒惰与杂乱的坏习惯中展现，时间一长也会让人陷入逆境中。

恐惧、怀疑以及武断的思想，在懦弱、害怕以及犹豫不决的习惯中展现，时间一久也会让人陷入一种失利、贫苦以及依赖他人的状况。

惰性在不干净、不真诚的坏习惯中展现，长时间地身陷其中，就会慢慢沦落到肮脏与贫困的境况。

不和谐、报复的个性在责备别人以及粗暴的环境中展现，时间一久就会伤害到自己以及别人。

自私自利在以自我为中心的个性中展现，会让人陷入悲惨世界。

与上面的情况相反，心地纯朴之人会慢慢变得有慈悲之心，周围充满欢声笑语，内心充满博爱。

心思纯真之人会慢慢养成自律的习惯，长时间生活在这种环境中，周围就会充满祥和的气息。

充满朝气之人会慢慢养成刻苦、整洁的习惯，时间一长周围就会充满和谐。

心胸宽阔之人会慢慢养成平易近人的性情，时间一长就会积攒起声望。

要学会关心爱护别人，这样就会慢慢养成无私的个性，长期处在这类环境中，就会让人感到无比地充实以及富有。

在我们的心中存在着各式各样的思想，不管是善或恶，对人的品质以及境遇都会有影响。人无法选择命运，但可以主宰自己的思想，而这又决定着人一生的命运。

在人的内心深处，存在什么样的思想，就意味着有怎样的命运。不管是善良或者是邪恶的思想，只要在人内心深处存在，就会很快暴露在日常生活中。

假如内心存在一个想要改变自己恶念的思想，就会很快发现所有人都变得那么和蔼可亲。假如能够改变自己懦弱的个性，机遇就会很快来临，处境也会很快通畅。假如一个人决定在自己内心深处建立一种良好的思想，历经沧桑的命运就会很快远去，就永远不会沦陷在一个贫苦以及可耻的环境中不能自拔。

世界就好比一个万花筒，随时都有可能在你的眼前呈现出五彩斑斓的色彩，就好像你心中的一个闪念。你终将完成自己的人生目标，让失败远离自己。纵然你还如以前那样贫困，但你的努力终究会为你带来幸福快乐以及自由。

如果有人居心叵测，想掌控别人的时间以及空间，想凭借自己的算计当上俘虏人民的独裁者，他就会很快声名狼藉。

人的意志力是一种无形的潜能，能够鼓励人们跨越危险，到达成功的彼岸。

精神飘扬在尘世之巅，那么还有什么你做不到的呢？

思想影响健康

人的思维掌控着人的身体，不管是刻意地思索，还是无形地流露，身体都会一一做出反应。为满足肆意的欲求，健康的身体很快就会被疾病缠绕；而美好快乐的思想，则会让我们的身体充满活力，更有激情。

健康和疾病与人的处境一样，都受思想的影响，因此脆弱的思想一般都出于病态的身体。大家都知道，害怕的思想就像子弹一般，足以毁灭一个人。

一个经常担心自己得病之人，很快就会患病，焦虑能迅速地蔓延整个身体系统，疾病也会很快乘虚而入。当心中布满杂念，即便在行动上没有伤害到自己的身体，但是神经系统会受到损伤，精神也会处于萎靡状态。

刚强、纯洁以及愉快的思维，会把生命力与优雅贯穿到身体中。我们的身体是一架结构缜密、反应敏捷的仪器，对内心产生的欲求能够做出迅速的反应，而这种欲求会对身体有影响。良好的思想产生好的影响力，坏的思想就会伤害到人的身体。

只要心生杂念，血管中就会有毒气污染血液。健康的生活习惯以及强壮的身体，都来源于纯洁的心灵；肮脏的生活习惯以及身体，来源于不纯洁的思想。因此思想是人们言行举止、外貌以及整个人生旅程的源头所在。倘若源头是圣洁的，那么所产生的一切都会是圣洁的。

纯净的思想可以养成纯洁的习惯，被称为圣贤之人，如果不能养成纯洁的好习惯就算不上什么圣人。而经常净化自己心灵的人就很少会受到疾病的侵袭。

假如你想拥有一个健康的身体，就要先净化自己的心灵。假如想要身体健康起来，就应该美化并净化自己的思想。心中的怨恨、妒忌、绝望、伤心，会让你的身体遭受疾病的侵袭，你的快乐幸福也会随之消失。愁闷的容颜并不是偶然存在的，而是焦虑的思想导致的。满脸的皱纹都是因为抱怨、发怒以及自傲而产生的。

我曾经认识一位年逾八旬的老妇人，她的面容展现出少女般的单纯；而另一个不到中年的男人，在他脸上看到的都是老态。老妇人那纯真的外表来源于积极正确的心态，而中年男人的衰老是由于满腔愤恨所导致的。

就像空气和阳光很自然地洒落在你的房间，你的家才会很温馨一样，只有积极快乐的念头才会让你的身体健康、心情祥和。

老人沧桑的脸庞，印证着岁月的痕迹；有些人脸上展现出信仰，而有些人展现出的却是怒火……那些光明正大之人，光阴安静地从他们身边流逝，岁月在顺其自然中慢慢成熟、老去，就像一轮夕阳。我曾经去拜访一位将要去世的哲学家，他虽然即将老死，心灵却一直保持年轻状态。他很安详地离开了家人，就像生前那么安静祥和。

在治愈身体疾病的问题上，积极乐观的思想也是一位很好的医生，在排解悲痛的问题上，善心是最好的一剂良药。如果处于一种恶意、忧虑、妒忌的心情，那就好似把自己囚禁起来。什么事情都要往积极的方面考虑，快乐幸福地去面对人生，真心实意地去发掘别人的优点。这一切无私的想法，都是开启幸福大门的一把钥匙。每天都要用善意去对待别人，这样你就会变得心境平和。

思想决定成功的系数

专心致志地寻觅智慧，或者探寻人生与大自然的真善美，以期待有所作为。看似与实现理想有相似之处，但是其结果却是天差地别。前者需要圣洁博爱的思维以及长期的不懈努力，而不是那种直达的结局。

一个人梦想的极致就是在精神领域取得一定的成就。心地善良、思想纯洁的人总会拥有属于自己的幸福。这就像太阳总有升到最高点的那一瞬间，月亮也总有月圆的那一刻。

你所赢得的成就，都是自己努力的结果，都是内心思想散发的耀眼光芒。假如以自控、坚毅、圣洁、整洁以及正念为辅，你的成就就是永恒的主题。假如以懒惰、胆怯、无礼以及迷茫等因素来主宰自己的人生，那么你将永远陷入沉沦的深渊之中。

经过不懈地努力，一个人可以取得成就，甚至在精神方面也可以到达理想之巅。但假如他自傲而不思进取，那么很快就会跌入可耻的深渊中。

通过正确的意念而获取的成功一定要细心呵护，得到一点微小的成绩就沾沾自喜之人，很快就会再次回到原点。

在这里所阐述的成功，有工作上的、能力上的以及精神层面的，这些都是正确意念的最佳表达。他们获取的方法都是大同小异的，不同的只是成就的大小。

一个人一生都平平凡凡，那只能说明他没有付出足够的努力。具有高成就之人一定是付出了超出平常的努力，而为人类做出贡献之人一定付出了无数次的牺牲。

伟大的梦想家在不断地改变世界。我们的生活也在被一股无形的力量掌控着，内心的梦想对我们人生的意义有着重要的作用。人类的历史与那些梦想家有着紧密的联系，人类的梦想不能被毁灭，人类的世界生活需要梦想，有时人类的梦想只是人们领悟以及预测的一种现实。

音乐家、雕塑家、画家、诗人以及圣贤者等都是雕琢未来社会以及拥有伟大理想的人，他们是名副其实的天堂构建师。五彩缤纷的世界与他们有着密切的联系。假如没有他们，人类的前程就像一个美丽的肥皂泡，不会永久驻留在人间。

一个心怀宽广以及拥有远大抱负的人，才有机会去实现梦想。因为梦想的牵引，哥伦布发现了新大陆，因此发现了美洲；哥白尼一直都坚信世界上有其他星体，后来，也得到了充分的证实；佛祖曾说有一个圣洁、安静以及和睦的精神世界真实存在，他最终走进了那样一个世界。

因此，我们要勇敢地去梦想，要去拨响自己的心弦，培养思维的魅力，培养你的博爱。它们会筑造出对你有利的环境，勇敢地去梦想，勇敢地去实践，你将会筑成一片属于自己的心灵家园。

人只要有梦想就会有所收获，只要有追求就会成功。

就在此刻，建造属于自己的梦想，让自己的生活能像你梦想中的那样幸福。你的个性与你的梦想有直接的关系，你的理想也昭示着你的未来。

最伟大的成就都来自于最初的梦想。橡树最初只是一粒橡实，鸟儿起初也是破壳而出，梦想孕育在人的内心中，就好像是现实的种子。

或许你一直都生活在水深火热中，但是你还是要树立自己明确的梦想，并去努力地实现。只有这样，你的境遇才能在短时间内得以改变。一定要牢记，无志向者永远不会进步。

我们不妨从下面一位贫困潦倒没有成就的年轻人身上找寻一些启迪。为了生计，他在一个破旧的小工厂中工作。虽然没有受过高等教育，没有任何熟练的技能，但是在他的内心中从来不曾放弃梦想，认为自己的梦想总有一天会实现。他期盼智慧，期盼温文尔雅，期盼幸福，他为自己勾勒出一幅梦想生活的宏伟蓝图，这就成了他努力的动力。他从来不浪费任何空闲时间，努力挖掘自己潜在的智慧与才能。

几年之后，我再次遇见这位青年人。在他脸上已经看到成熟，我也能感觉到他主宰的那股精神潜能，他已经能够很好地运用这种潜能来更好地为自己服务。他肩负重任，在言语中流露出一种自豪感，他还说自己的生活已经发生了很大的改变。周围的人都喜欢他讲话，听他宣讲自己的思想，以此来重新塑造他们的品质。他就像万人瞩目的太阳，而其他人就像群星一般，都围绕着他转动。他年轻时的梦想得以实现，他在别人眼中就是一个有远大抱负之人。

当然，你可以通过坚持不懈来实现自己的理想（不是那种惰性的美梦）。不管这些理想是多么的渺小或者多么令人望尘莫及，你都要把自己的精力全部投入。你的最终收获是自己思维的结果，你曾经的努力都会得到回报。

司汤顿·科克汉姆·大卫曾说过一句这样的至理名言："自古以来，可能都有一扇门在软禁着你的思维。"

等你起身，走出那扇门，在你的灵魂中就会呈现出这样的意念，"在现实生活中的你，或许只是一个牧羊者，不经意间来到这座城市，有机会去拜见导师，导师在点拨之后对你说道：'我已经把我所有知道的东西都告诉你了。'这样你也就是一名导师，尽管以前的你，是一个卑微的牧羊者，但你有着远大的抱负。现在你要做的就是朝着自己的梦想前进，这样你就会改变自己当下的境遇。"

一些思想贫瘠、没有智慧以及懒惰之人只关注事物的表面，不能看透事物的本质意义。在他们的心中只有命运、机会以及运气之类的东西，看到别人有所成就，他们就会觉得那是运气。发现别人知识渊博、聪明能干，他们就觉得是天分。发现别人声名远扬，他们就会觉得那是机遇。他们不曾看见别人在实现理想时所遭受的痛苦以及心酸。他们不曾领悟没有付出，没有经过种种磨难，没有经过坚持不懈的努力，理想永远都不会实现。他们躲避痛楚以及黑暗，只关注胜利以及喜悦。他们把它称为“幸运”。他们拒绝长期不懈地努力，只看到快乐的目标，他们称之为“机遇”。

在世界上，只有经过努力才会有成就。收获的多少是由你的努力程度来决定的，世界上根本就不存在机遇、巧合这类的事情。能力、财富以及知识的获取，都要经过不懈的努力才能得到。

假如在你的心中已经拥有了远大理想以及抱负，那么你就拥有了成就自我、改变自己的生活现状的动力源。

拥有安静的内心就拥有了无价之宝。它需要的是一个人在提高自控力方面做出持久的努力。心态宁静之人的人生一定是丰富多彩的，他们已经领悟到思维的法则以及这项法则的运作情况。

当一个人感觉到自己的思想成熟时，才会慢慢平和下来。但这需要一个过程。在这个过程中，他会更清晰地意识到因果联系以及事物内在的关系。他的焦虑以及愁苦都将消失，留下的只有平和与宁静。

一个内心宁静之人，有较强的自我约束力，因此懂得如何与人和睦相处；反之，别人也可以从他身上学到知识，得到鼓励。一个人的内心越平静，就越容易成功，他的影响力也会逐渐增大。一个极其普通的商人，不断培养自己的自控能力，在能够泰然自若地处理生意上的问题后，就会意识到自己的生意一天比一天兴旺。其中的原因就是他喜欢与性情中人、安详之人交往。

性情温和的人，更容易赢得别人的尊重以及爱护。他就像棵在炎炎夏日为人遮阳的参天大树，或者是在暴风雨时挡雨的巨大岩石，不管外界的环境如何变化，他都无动于衷，这与他们保持平静的心态有着很大的关系。

保持平和的心态是我们人生的必修课程。它是人生的花蕾，是灵魂的硕果，如同黄金一般宝贵。与那些宁静平和的人相比，一生只追求黄金的人是多么的庸俗。

可惜，在我们日常生活中，有很多人无法进入平静状态，从而失去了很多人生的乐趣。他们中的一些人根本无法控制自己的粗暴脾气，把甜蜜的生活一步步毁灭，因此而陷入痛苦中不能自拔。这种种的恶果都是因为他们没有自我约束能力，给本应幸福的生活蒙上一层痛苦。在现实生活中，内心平静、善于自控的人也是寥寥无几。

的确，人的情绪很难控制，譬如愤怒而发火，伤心而痛苦。那么拥有智慧之人，就善于掌控自己的情绪，净化自己的心灵，他们就能够做到心无旁骛、为所欲为。

不管你生活在什么样的环境之下，你的心灵都可以感觉到，幸福就在前方，自己将要登上幸福之巅。现在你要做的就是，当心灵因疲倦而沉睡时，你要及时唤醒它。自控能力需要意志力的辅助。自控力可以驾驭理念，宁静平和也是一种正能量。

你要不断地对自己说：“我想拥有心平如镜般的安宁。”

信念是成功的法宝

凭借信念的潜能，你就可以完成任何复杂而又艰难的工作。

对于梦想、生活以及工作，你一定要坚定自己的信念，信念就是你走向成功之路的垫脚石。只要坚定自己的信念，你就会建立起属于自己人生的摩天大厦。

在任何状态下，你都要遵循自己内心最真实的声音，以平和的心态看待自己的理想，并努力拼搏把它实现。要相信自己美好的未来，会有理想成为现实的时刻，相信宇宙间的永恒法则，是你的永远属于你，只不过是时间长短的问题。在这里，信念起着举足轻重的作用。

凭借坚定的信念，你可以把污水分流，把苦难这座大山击垮。

信念是一条通向快乐、健康以及幸福的捷径，它能让人脱离苦海，步入璀璨的人生。在信念这块永恒的奠基石上，建筑属于你的摩天大厦，这座大厦将永远不会倒塌，而那些建立在物质以及财富基础上的华美建筑，总免不了倒塌的命运。

不管你是在愉快的制高点，还是被抛弃在无底的深渊，都要永远怀抱信念，把信念作为奠基石，稳稳地踏在上面。

把信念存放在自己的心中，就足够消灭潜伏在你周围的邪恶势力，同时你就可以去实现那些远大的理想。

怀揣信念使之坚定不移，不让阴霾笼罩人生美丽的天空，你的人生道路一定会有所成就，即便像愚公移山、精卫填海那样艰难的事业，也会获取成功。

在世界上，有很多普通人以平民的身份，为达到自己的理想，不知疲倦地投身其中，在经历过严峻的考验后，获得辉煌的成就以及生活的宁静。只要有信念的鼓舞，这些人会把悲伤以及失望全部抛到脑后，在他们眼中，身心疲倦以及所有的伤痛都如过眼云烟一般，因为他们一直被坚定的信念鼓舞着。

我曾经认识这样一位妇人，她有着美满快乐的生活，朋友们都很是羡慕，对她说道："看你总是那么一帆风顺，那么幸福！"

她的朋友们只是看到了事情的表面，其实她所有的成功都来源于自己平时不懈的努力以及内心的完善。

我们可以把这位妇人称为一个智者，因为她领悟到了内心信念的重要性。有了这个无形力量的帮助，她造就了一座金碧辉煌的神奇殿堂。她眼中闪耀的光芒，脸上展现出亮丽的色彩，于是与她相处的人都被吸引与感染。

只有梦想也许带来的只是失望，梦想的实现依靠的是不懈的努力。

假如那位妇人可以做到，你同样也可以做到。

主宰命运的最重要的因素就是思想，成功或者失败、封官加爵甚至是整个人生之路，都是由自己掌控的。

奉献爱心、培养崇高的理想，幸福就会永远在你的左右，安静以及祥和也会永远伴随着你；如果你的心中满是妒忌、愤恨以及肮脏的思想，诅咒就像暴风雨一样猛烈，那么你就会整日惶恐不安。

你的命运都是由自己来创造的，你的言行举止会影响你的一生。假如你的收入很少，但是你有一颗博爱以及无私的心，那么你也会拥有显著的影响力以及爆发力；假如你把自己囚禁在一个心胸狭隘、唯利是图的空间中，那么即使你身价百万，也会遭到人们的鄙视，因而变得无比渺小。

因此，你要培养自己无私的精神，保持坚定的信念，把自己的精力专注在实现目标上，通过自己内心的潜在力量来改变外界环境，从而让健康以及成功永远伴随你。

锻炼你的意志

没有坚定的信念，就不会获取有价值的成功。培养稳重的性格——一般情况下称为“意志力”，是人类一项重要的职责，因为意志力的获取对于当下以及将来的成长历程都是不可缺少的一部分。意志力是一切成功的奠基石，不管是在外界还是在内心深处，没有它，人们就会生活在水深火热之中，只有靠寄生而存活。

在现实生活中就可以很好地锻炼意志力。

一个逻辑思维能力很强的人一定会相信，人不会同时既懦弱又坚强。当自己很懦弱时，就不能够很好地锻炼意志力。所以，拥有坚强的意志力就是为了坦然地面对懦弱，克服种种困难。所有培养坚强意志力的途径都在内心深处以及现实生活中伸手可得，它们都埋藏在企图击败意志的缺点中。

了解了以上一些简单事实的人，就会寻找到七种锻炼意志力的有效方法：

摒弃坏习惯。

养成好习惯。

坚定地履行自己的义务。

从现在开始行动履行自己的职责。

秩序化的生活。

语言慎重。

掌控心态。

如果能够很好地遵循以上七种法则，就绝对可以培养出坚强的意志力，对任何挫折以及危险都可以很快地解决。

第一个步骤就是摒弃坏习惯。这是一件很困难的事情，需要付出极大的耐心以及努力，需要长期地坚持。只有这样，意志力才可以得到鼓励并且振作起来。

假如有人谢绝向第一步迈进，那么自己的意志力就不可能得到加强，于是他便陷入坏习惯的深渊中，只是为了享受一时之快，失去自控能力，成为一个懦弱之人。不愿意自律，只想寻觅坐享其成就能增加意志力的秘诀之人，这一做法，不但自欺欺人，反而让自己之前的意志力更加消沉。

人们通过自己不断克服恶习来增强自己的意志力，并且可以建立起新的以及正确的好习惯。克服坏习惯需要的是决心，为此我们必须激昂澎湃、意气风发，并且时刻关注自己的言行举止。

成功跨越第二个法则之人，就会意识到坚定地履行自己义务的关键性。专心致志是培养意志力的关键所在，做事粗心，不能够坚持的人永远不会培养出坚强的意志力。一切事情达到质的顶峰才是最完美的，一些小事也是如此。把所有的精力都集中在每件事情上，才能够培养出一丝不苟、专心致志的好习惯，才能为自己的灵魂增添色彩，给自己的内心带来无限的平静及安详。

第四个法则——从现在开始行动履行自己的职责也是极其重要的。惰性和坚强的意志力是不能同道而行的，拖延时间更是决心的拦路虎。

对于任何事情都不要拖延，甚至几秒钟都不可以。要做的事情就要立马去做。这好似一句很平常的话，但是它的力量却是无敌的，因为它可以带来足够的潜能、胜利以及内心的那份安宁。

还有，秩序化的生活也是拥有坚强意志力之人必不可少的素质。

他决不会因为自己的一己私欲而犯下错误，相反应该很好地掌控自己的私欲；与人相处就要遵循一定的准则，而不是所谓的感情用事；他应决定该吃什么、穿什么、喝什么，不该吃什么、穿什么、喝什么，一天用餐几次，该何时用餐、睡觉以及起床。

在人生的旅途中，他应该为自己确立一整套准则，并且一直坚持遵守。散漫地生活、杂乱无章地生活、暴饮暴食，和动物又有何区别？根本就没有资格说自己是一个有着坚定意志力以及逻辑能力很强之人。

人原有的兽性都是需要驯服才能掌控的，真心渴望可以达到这一目的，只有凭借积极正确的行为准则来加以约束。

圣贤之人之所以脱颖而出，是因为他遵循了自己人生的行为准则，并依此来掌控自己的言行举止，他从不曾违背自己的承诺。在现实生活中，假如一个人可以遵循正确的行为准则，那么总有一天他那伟大的抱负就会得以实现。

第六个原则——语言慎重，应该得以很好的实施。人们应该注重自己的言行举止，在自己的话语中不要携带怒气以及令人难以接受的嘲笑，有极强意志能力之人在发言时，绝不会信口开河。

假如以上六种原则都得以成功实施，那就可以向第七条迈进，这也是最重要的一条法则——自控心态。自控是人生中最重要，也是最容易被人们所忽视的原则。那些认真实施第七条原则的人，就可以梦想成真，并且借助自己的经验以及努力，学会控制自己的心态，获得无与伦比的荣耀——坦然自若。

专心致志地去做事情，不管大小事都要非常慎重。现实生活中的一些小事情都蕴含着深刻的大道理，但却很少有人重视。那些忽略小事的思想，就是我们不能善始善终的源头，它导致生活不幸福，工作不完美。

“不积跬步无以至千里，不积小流无以成江海。”生活中大事都是由小事积累而成的，没有小事的集聚，何谈大事？只有当人们很清楚地领悟到这一点时，才会关注那些看似微不足道的小事情，培养专心致志做事的品质，拥有这项品质，可以让生命出现截然不同的变化。

每个老板在内心深处都意识到这项品质的重要性，他们发现找到一个愿意专心致志工作的员工是一件非常困难的事情。恶劣的作风在公司肆意蔓延，不管在大小事情上都恪尽职守、一丝不苟做事的员工真的是屈指可数。

尽管我们进行的社会变革不下数次，但思考不全面、无精打采以及惰性成风等常见的坏习惯已经四处蔓延。而在失业、无业这个庞大的群体中，相当多的人都已经被这些坏习惯毒害。假如他们一直不能认识到自己的不足而加以改正的话，永远都不会找到一份称心如意的工作。

自然界以及人类在创建社会的过程中，每件事物都是经过历史的积累而形成的。小沙粒组成了石子，细胞组成了世间的人与动植物，房子是由砖瓦所组成的，艺术、科学以及国家机关都要经过每个人的努力，一个国家的历史是由其行为累积而成的。

筑建的过程就是一个优胜劣汰的过程。旧形式不断被摒弃，而那些构建的旧内容也要进行合理地整合。在这一过程中，旧细胞不停地进行裂变，而新细胞也在不断地形成，慢慢地更新交替，老化的细胞也不断地被新细胞取而代之，这个世界就这样不断地循环发展。

人类创造出来的东西也需要进行不断更替，随着时代的不断变迁而变得陈旧，失去原有的价值，因此必须摧毁重新建造，以更好地适应社会的发展。自然界中的摒弃以及筑建的过程，称为生和死，人类社会就称之为摧毁与重建。

上述的众多现象，不仅在物质世界中可以看到，在微观世界中也同样存在。就像细胞构建了人体，砖块筑成了房屋，思维构成了人脑，不同性格的人都是由不同思维所构成的。正如格言中所表现的真谛："一个人心中想象的是什么，就足可以证明他是什么类型的人。"

每个人所具备的品格都是思维的固定模式，意思也就是说，思维是坚不可摧的，想成为个性的聚焦点，只有坚定的意志力以及长期的自律能力才会让它有所改变。

性格形成的过程与房屋建筑的过程有异曲同工之妙，就是要不断地增添新的材料，而前者增添的新材料就是人的逻辑思维。成千上万的砖头铸造了美丽的城市，而千千万万的思想铸造了人的性格。“罗马不是一天建成的。”而柏拉图以及莎士比亚也不会在极短时间内塑造成才。不管你是否认识到这一点，人人都是大脑的缔造者。每个人都拥有自己的思想，而每次思想都是组成头脑的一块砖头。在现实生活中，许多人都在粗心大意地进行头脑的堆砌工程，结果当然可想而知，这样就形成了一种不坚定的意志力。这种意志力不能抵御外界的引诱，随时都有崩塌的可能性。

很多人在自己的脑袋中添加了一些有毒的化学剂，就像在建造房子时使用一些不合格的材料，遭遇风雨时就会被摧毁。这样他内在的品质就难以建立，不能提供及时的慰藉，容易遭受痛楚的折磨，也无法成为心灵的避难所。对健康漠不关心的思想、寻觅私欲的思想、自甘沉沦的思想、恐惧失败的思想、自怨自艾的思想，这些都是一些不合格的砖块，使用他们永远都不会建造出金碧辉煌的心灵殿堂。

理智选择的圣洁思想，就像一块永不损坏的砖头，能够堆砌成一座智慧的摩天大厦，让我们得到精神上的慰藉以及呵护。坚毅、信心以及勇气，都是筑造真正的智慧摩天大厦的有价值的砖头。在构建智慧摩天大厦的整个过程中，一定要摒弃那些腐朽无价值的坏习惯，摒弃那些腐朽老套的思想，让纯洁的思想取而代之，从而建立起一座坚不可摧的人生大厦。

自己永远都是自己人生的缔造者。假如思想不够圣洁，内心充满的都是失落，那就更应该去培养自己的品质。假如一味地愁眉不展、逃避责任，那么现状就不会有丝毫改变，更永远不会为自己找到一个好的避难所。

如果能够逐渐地去增强自己的责任心，并合理地评估自己的潜能，就可以做个真正意义上的工匠，开始建造自己人生的摩天大厦。同时，还可以培养自己优良的品质，为人处世也会变得成熟。

一丝不苟或者全神贯注是完成工作不可或缺的因素，是持之以恒之父、完美无瑕之母。它是一种巨大的潜能，而不是一种目的，可以协助发挥其他方面的功能，完成所需的工作。它是达到目标的一种不可或缺的力量，就像机械上的蒸汽机一样，它不断把巨大的动力供给大脑。

这种潜能是普遍存在的。在现实生活中，不管是哪个领域的成功人士，虽然他们没有把过多的精力放在注意力的研究上，但做事情都是一丝不苟。每当他们看书、专心致志地工作时，这种力量都在无形中发挥着作用。

有许多声称是培养人心智的指导类书籍，只是一味地把获得注意力集中当作一种目标。他们一直主张让眼睛盯着鼻子、门扶手、一幅画、一个塑像，或者是集中精力在肚脐、脑袋抑或是幻想空间的一个聚焦点（我看到这类的书籍都在叙述这些方法），期盼能够达到专心致志，这真是多此一举。

这类的方法对实践者培养专心致志有一定的影响，这会让他们精力集中，而并不是专心；也会导致意志力下降，能力下降，而并不是意志力增强。我曾经遇见过很多这类的人，起初都会专心致志做某些事情，可是时间一长，就不能集中精力，最后陷入迷茫状态。

专心致志可以辅助做某些事，而不是依靠它去做。就像梯子本身是没有任何价值的，只有帮助我们到达我们自己去不了的地方时，才会展现它的价值。同样的道理，专心致志可以辅助我们做一些不可能完成的事情，但是它本身却是死气沉沉的东西，而并不是现成的辉煌成就。

专心致志要与完成的目标有密切的联系，不能相互分离。把工作放置在一边而专心致志的人，不但会失败，而且永无成功之日。他的自控能力与行动能力没有得到丝毫的改变，他的事业将永远不会走向成功。

在日常工作中，无论是获取知识还是打扫卫生之类的工作，都能在无形中慢慢培养专心致志的能力。把精力放在应做的工作上，才是培养专心致志能力的最终目的。

凡是漫无目的、做事欠考虑、一味地运用书籍上的一些培养专心致志的方法之人，眼中只有自己家的门、墙上的画或者是自己的鼻子。长期下去，他不但不会培养出专心致志的能力，反而会让自己处于一种精神萎靡状态（我认为就是因做这些训练而导致人发疯的）。

专心致志的敌人，也可以说是技巧以及潜能的敌人，就是犹豫不决、不懂自我约束以及做事散漫。它会慢慢地侵蚀专心致志所获得的成就。杂乱无章、不懂克制的心灵永远都是一片荒芜的田野，为了提高自己的办事效率，很快获得成功，就必须全身心投入其中。私欲、懦弱、疑惑毫无用武之地，而能够自律、有目标的人才是所向披靡的，在疑惑或者困境接近我们之前，就已经把它攻克了。专心致志对获得成功有很大的帮助。

专心致志并没有什么特别之处，它只是需要遵守一个准则：实事求是。为了把一件事情做到完美，你就一定要持之以恒，直到能准确地掌握它的方法。这个准则广泛适用。艺术、经商、科研、行为、学习或者是宗教都同样适用。假如想要画出美轮美奂的画，就要拿起画笔去慢慢学习；想要轻松自如地使用这个工具，就必须慢慢去练习使用这个工具；想要知识渊博，就要好好学习知识；想要成为一个智慧之人，就要做一些应该做的事情；想要集中精力，就一定要专心致志。

专心致志开始时就从日常生活做起，将自己的能力以及所有的精力都全部地投入到应该做的事情上。当你的思维要毫无目的地游荡时，就马上转到自己应该做的事情上。所以，你应该专心致志的重点不在于身体或者虚无空间的某一点，而在日常生活中；你应该把精力放在自己的目标上，驾轻就熟地做好自己分内的事情。除非你有很强的自控能力，否则就不能达到目标，更无法做到专心致志。

将思维、精力以及意志力都集中到做的事上，一开始可能并不是那么一帆风顺，就像一切值得做的事情都不会那么顺利一样，但只要你持之以恒，努力拼搏，你的意志力就会愈来愈强大，就能够专心致志地面对一切。当你专心致志的能力达到一定程度时，做事的效率也会慢慢提高，对世界也会做出更多的贡献，也会得到更多的机遇，同时也会享受到更多快乐以及幸福的生活。

培养一丝不苟的习惯，需要四个阶段：注意、深思、忘我、专注实践。

首先，思路不是为所欲为的，而是要受到一定的约束，把精力投放到专注的事情上，就是手边的工作上，这就是所谓的注意。然后去思考如何快速地完成手边的工作，找到解决问题的方法，这就是深思。认真思考把所有的精力都放在手头的工作上，而对外界的事物视而不见，这就是忘我。一丝不苟地高效率地工作，就能把手头上的任务完成得更出色，这就是所谓的专注实践。

完成一切任务的第一个阶段就是注意。那么不能做好第一个阶段的人，都是一些充满惰性与无逻辑思维能力者、冷漠者以及无能力之人，他们总是以失败而告终。当全神贯注时，才可以达到第二阶段深思，为了可以顺利地完成工作，这点是不能被忽略的。

具备技能的人都会很好地完成前两个阶段，只有极少数人能在第三阶段忘我的行列中站立。因为只有能达到忘记自我的境界，才可以直接进入天才的行列中。

在最前面的两个阶段中，工作与意图是完全分开的。工作需要坚持不懈地努力，克服很多阻碍才可以完成。但是当在第三个阶段时，工作与意图是紧密联系在一起的，没有太多的拼搏与挫折，做事效率也会提高。

在完成前两个阶段后，意图只是主观的集中，而且会很容易受到外界的干扰而导致分心。当达到第三个阶段时，进入一种忘我的境界中，就可以获取客观的工作方法，完全对外界的事物视而不见、听而不闻，而且内心也会极其活跃。

当这种人工作时，会达到一种忘我的境界，即使有人与他说话，他也不会受到影响，即使眼前有引诱出现，他也绝不会受到诱惑，对外界的任何事物都不去注意。是的，忘我的境界就像清醒的梦境一般，可以进行自我掌控；逻辑思维能力很有条理，一切都在正常化的轨道下运行，如果能够达到这种境界，觉察力以及理解力也能得到很大程度的提高。

能够忘我工作之人，在自己所专注的事情上一定会有一番作为。发明家、艺术家、诗人以及科学家等，都能达到一种忘我的境界，他们完全可以依靠自己的能力完成工作。而那些没有脱离第二阶段的人，不管怎么努力，也终究不能完成工作。

如果可以达到第四个阶段，就可以进入真正专心致志的境界中。进入这个阶段的人，做什么事情都得心应手，这真的没有办法用一个最恰当的词去形容，我们暂称它“专注实践”。

这个词看似很矛盾，现在我们用一个简单的陀螺实例来加以诠释。当陀螺飞快转动时，阻力就会降到最低点，陀螺看似静止不动，小朋友都看傻了，所以会说：“陀螺可能睡着了。”这个陀螺虽然没有任何动作，但是它并没有真正静止，而是正在很匀速均衡地转动。

培养专心致志的能力是必须要做的事情。当你精力专注于一点、表现得很出色，你的心态就会达到一种健康的状态。不管面临什么样的苦难，你都会泰然自若；思维越活跃，你脸上就会流露出越多的平静。

专心致志的每个阶段都有着特定的潜能。第一阶段完成，就会获取价值的潜能；第二阶段就会获取技巧以及智慧的力量；第三阶段就会获取创新能力以及天才思维的力量；而第四阶段就会获取灵通的力量，成为一名伟大的人生导师或者是领袖。

专心致志的过程就像万物生长一般，整体而言，后面的环节一定囊括前面的环节。那么我们就很清楚地知道：在深思的阶段中，就包括注意；在忘我的阶段，就包括注意以及深思；达到第四个阶段，就包括了注意、深思以及忘我这三个阶段。

能够一心一意进行自我完善之人，自己的意志随时都可以专注在某一件事情上，把事情做得很出色。既可以得心应手，还能领悟到如何把自己的精力集中在确定的目标上，不管做任何事情，他都会表现得很理智，而不是被杂乱思维指挥得一败涂地。

信心、才能、慎重以及认真思考、判断力以及一丝不苟的习惯，这些优良素质的培养，让你在工作中获得更多的机遇。

深思冥想的奥秘

等顺畅地实现目标后，人们就会向另一个高层的境界迈进——即深思冥想。遨游在这一境界中，人们就会获得伟大的启示，也可获得伟大的智慧。

将抱负心与注意点结合起来，结果即是深思冥想。如果有人想要拥有一种更高层次、更纯净、更五彩缤纷的人生，而不是无所事事、只会享乐，他就有了抱负；如果他一直一丝不苟地去追寻这种生活，那便是深思冥想。

没有激情抱负，就不会有深思冥想；心不在焉是深思冥想的大敌。一个人的期盼越强烈，那么他就会很快陷入深思冥想的境界中。内心激昂澎湃之人会唤醒自我的抱负心，在深思冥想中，就会更快地领悟哲理的真谛。

一丝不苟是获取成功的必要条件，达到一种理想的境界不能缺少的就是深思冥想。世俗的智慧可以通过一丝不苟来获得，而要想获得精神层面的智慧就只能借助深思冥想。一丝不苟造就了天才，却不能达到真理之巅，为了登上最高处，深思冥想是唯一的途径。

通过一丝不苟，人们可以更明确生活的真谛，掌控命运；由于深思冥想，人们可以获得更深层的知识，得到一种质的完善。

集中精力会增添更多的力量，一丝不苟地深思冥想就会产生更多的智慧。正是因为一丝不苟，人们可以掌握像科学、艺术学以及海外贸易等多方面的专业知识；而通过深思冥想，人们就会得到人生本质意义的智慧；可以成为一名智慧者，能够感悟人生以及为人导师等。由此可见，圣人以及哲学家之所以成为智者以及人生的导师，就是深思冥想的结果。

一丝不苟的四个阶段也可以运用到深思冥想中去。两股力量之所以不同，只是因为方向不同，并不是本质的不同。深思冥想是精神上的一丝不苟，在找寻伟大的智慧、辉煌的人生以及人生的真谛上，把精力聚焦于一点。

实质上的深思冥想，是通往神圣国度的必经之道。从失误走向真理，从痛楚走向宁静，都要经过这道神圣的阶梯。假如没有它的鼎力相助，你就永远无法踏上神圣的国度，主宰自己的人生，得到惬意的宁静，而且永远不会见到真理永恒的辉煌。

深思冥想就是一丝不苟去思考一种想法或者是一个主题，更深层次地了解它。不管你经常在深思冥想什么，最终你都会豁然开朗，并且和它也会越来越接近，那是由于它将会与你融为一体，成为你最忠诚的化身。所以，假如你思考的永远都是自甘堕落，最后你真的会陷入无底的堕落深渊中不能自拔；假如你一直想象的是纯洁无私，那么你就会是纯洁无私的。

让我们先谈一下你在深思冥想什么，当你内心平静时，你会走向何方。我会真心地告诉你，你将走向的是痛楚的地狱还是安静的国度，你是变得越来越圣洁还是一直不断地堕落。

现实生活中，人们都有一种不可避免的倾向：心中最常见的想法就是自己真的像想象中的那般圣洁。所以，请为自己确立更高的目标，当你一想起它时，自己也会得到更高层次的提高。请保持它的圣洁，不要让任何杂质融入其中，这样你的心灵就会得到净化，与真理就会更加接近。

祈祷的本质就是以神圣的真理为中心的，是灵魂亘古不变的苦思冥想。在祈祷的过程中，如果没有深思冥想的参与，你会像是一个空壳，无法提高自己的思维以及修养，与罪恶与痛楚诀别。

深思冥想与自控是紧密相连的，正因为这样，你要反省自己，去更加了解自己。

请牢记：你现在的首要任务就是改正过去的缺点，好好地去领悟人生的真谛。或许你会怀疑自己的行为、动机以及想法，把它们与自己的理想相提并论，并打算用客观的角度去分析问题，这样你才会在精神以及思维的层面上得到自我的平衡点。

假如你的内心充满了仇恨以及愤怒，那么就去更多地体会理解以及宽容，以便对自己粗鲁的行为有所反思，然后再专心致志地思考博爱、理解以及宽容；当你用崇高的心灵去抵御邪恶的私欲时，那么你对博爱的定义就会有更深层的理解，会了解到它与现实生活的密切关系，并受到它的影响。

在所有的思考以及言行举止中，你都会自觉地去运用这些真理，这样你就会变得更加纯净、善良、慈爱。你可以借助深思冥想的潜能，把自己所面临的一切困难都一一扼杀在摇篮中。当邪恶以及错误被摒除，真理的光芒就会更完整地照亮神圣的心灵。

这样不断地深思冥想，就会让自己变得更强大，以至于能够很好地去迎战最强劲的对手——自私自利。

借助深思冥想的力量，你的知识会不断地增加，会把那些瞬息万变、短暂、只能制造憎恨和痛楚的私欲摒除；而对那些不变的真理，你就要采取更加坚定自信的立场，去领悟其中蕴含的神圣力量。

深思冥想所面临的苦难远大于一丝不苟，因为它需要更强的自控能力。一个人在心灵没有净化之前，也可以做到一丝不苟，而净化的过程与深思冥想是息息相关的。深思冥想的最终目的就是领悟人生的真谛、获取真理，与纯净和正直融为一体。所以，起初深思冥想的时间会保持得比较短，可能只有早晨的半个小时，而在这半小时所获取的智慧会在一天的工作中全部呈现出来。

深思冥想可以让一个人一生受益匪浅，经过深思冥想的历程后，更能在人生的道路上履行自己的职责，因为这会让他变得更加坚强、更加纯洁、更加沉稳、更加智慧。

深思冥想的本质含义有两层意思：

——把思维聚集在圣洁的事情上去净化自己的灵魂。

——在现实生活中去表现这种圣洁的力量，获得神圣的智慧。

人是有意识的高级动物，平时的习惯思维决定一个人的品质。在实际生活中，这种思维都在不停重复着，并且会产生一种习惯性的行动，而就是这种习惯性的行动造就了自己的品质。

由于每天都在净化自己的心灵，深思冥想者就会逐渐形成一种圣洁的习惯，经过不断地实践，日久天长，他终究会成为一个有圣洁思想之人，而在他的言行举止中也会呈现这种品质。

在现实生活中，很多人都生活在矛盾冲突中，内心充满憎恨、恐惧与不安。但是深思冥想会把一个人的精力集中在一个中心点上，掌控好内部的矛盾，摒弃原有的坏习惯，让优良的新习惯与积极正确的新思维来代替。这样他们就会更加倾向于真理，就会变得更加和善、完整、宁静。

人们很喜欢把幻想看作深思冥想，一定要把两者分辨开来。幻想只是一种白日梦，深思冥想是一种很坚决的思考；幻想极其简单而让人充满快感，而深思冥想是复杂有难度的；幻想会让人有惰性，而深思冥想则是努力拼搏与自我控制的起点；幻想可能刚开始会让人觉得五彩缤纷而迷人，最后会沦陷为一种所谓的感官视觉享受，而深思冥想可能刚开始不容易接近，之后会让人领悟到人生真谛，最后得到一种心平气和的状态；幻想是岌岌可危的，会让人丧失自控能力，而深思冥想只会让我们更加警惕，保持自控能力。

人们可以根据迹象来判断自己处于幻想还是深思冥想的状态。

表现幻想的迹象主要有：准备逃避拼搏，游手好闲；想要尝试做白日梦的快感；愈加讨厌自己分内的工作；逃避自己应该履行的责任；害怕面对现实生活；渴望坐享其成；缺乏自控能力。

表现深思冥想的迹象主要有：体能以及精力的不断增加；坚定不移地

追寻智慧；完成事情的阻力不断减少；决定认真负责；不害怕面对现实生活；对财富没有私欲；具备自控能力。

有时在某些时间、地点以及环境下，人们是很难进行深思冥想的，除此之外，进行深思冥想就会比较容易。这些应该明白并要认真察觉的情况包括：

1. 不能进行深思冥想的时间、地方以及环境：用餐的时候或者用餐之后；公共娱乐场所；很拥挤的区域；迅速行进时；早晨躺在床上的时候；抽烟时；躺在沙发上或者在床上放松时。

2. 很难进行深思冥想的时间、地方以及环境：夜间；在豪华奢侈的套房中；坐在舒服的沙发或椅子上；穿着华丽时；上班时；身心疲惫时；吃得太饱时。

3. 进行深思冥想的最佳时间、地方以及环境：每天清晨；在用餐之前；自己独处时；在室外或者很简单的房间内；坐在很硬的椅子上；身心康健、精力旺盛时；穿着朴素时。

从上面列出的各种情景中可以看出，安逸、奢侈以及任其放纵（徘徊在幻想中）就很难进行深思冥想；而生活朴素、自控能力强，深思冥想就会相当容易完成。

深思冥想时，不宜太饱，当然也不能处于饥饿状态；不可以衣衫褴褛，也不可华丽奢侈；身心不宜疲惫，要保持精力旺盛，因为专心思考需要消耗大量的体力以及脑力。

深思冥想时，一定要不断地重复思考崇高的名言、警句以及格言，来把自己内心的抱负唤醒，让自己的头脑清醒。打算进行深思冥想会自然而然地进行这项练习。刻意地重复不会有什么效果，有时还会阻碍深思冥想的正常进行。所选择的语言一定要与当下具体的情形相符合，这样才能全身心去投入思考，你也会顺其自然地进入深思冥想的状态中。

以上的情形是进行深思冥想时最重要的前奏，想要进行深思冥想者一定要专心致志。忠实地遵循这些要求并努力拼搏进行实践之人，一定会取得圣洁、知识、快乐与和睦，一定会品尝到这场深思冥想所创造的盛宴的美味。

博爱是生命的曙光

世界是一个大整体，它的运转是一种戒律的展现。因此，在找到正义或者大爱之后，现实中所看到的一切仍是原有的状态，而不是那种通过自私以及带有偏见的有色眼镜看到的缩影。

我在这里所提到的戒律，是有高低层次之分的。这项戒律越艰难，就会越能得到洁净的财富，摒除痛楚的根源——自私。

博爱是维护世界和平的戒律和根基，所有损人利己的人都必定排斥它，并且打算打压或者轻视这条戒律。因为所有的自私自利行为以及思想都必然会经历一个十分悲痛的阶段，所有的痛楚都是博爱的戒律对无知以及自私的限定，知识也最终从如此痛楚的限定中形成。

大爱的世界是无战争又无私欲的，没有任何痛苦以及限定，有的是平和、恒定以及宁静的完美。生活在大爱的世界中的人的本性就是爱，他们一直活在大爱的世界中，从不屈服于动物本能，而把本身的智慧作为生活的依托。他们本身就是最坚强的生命，为生命而活，从不曾为生活而烦恼，他们一切的需求，都依靠爱的戒律来完善，一切都很安然，不像居住在自私国度的那些人类，只能靠战斗以及痛楚来满足自己的需求。由于他们改变了生活中的境遇，也就意味着改变了所有生活中的结果。正譬如自私是所有战斗的根源，大爱是一切祥和的根源一样。

达到思想最强境界之人不会从外在拥有的事物中寻求快乐。他们领悟到物质的满足，只是满足需求的短暂结果，让它们达到自己目的的那一刻，就会立马消失。

他们都是愉快的化身，明白财富、衣服以及食物都是现实生活中的附属品而已，这样就免除了一切的烦恼与忐忑。他们自认为可以在大爱、纯净、怜悯以及智慧这些永恒法则上成为不朽，更可以与至善融为一体。

或许有时人类不曾意识到自己善良的一面，但他们还是神圣无比的，他们所做的一切都是为寻求最高层次的品质而不断努力，即使有些是徒劳无功的。他们一直认为邪恶来源于无知（心怀叵测的行为），就这样灾难会逐渐消失，而博爱与怜悯替代了一切。

放弃财富，放弃一切私欲，把人生的智慧以及博爱和宁静，一并交给那些心灵贫瘠、疲惫以及悲伤之人，让他们去勇敢追逐属于自己博爱的自由。

于是，悲伤就会远离他们，纵使经历过人世间的沧桑，但现在已经看到人生的曙光，博爱会永远停留在他们的天空。只要你心甘情愿，奇迹就会发生在你身上。

自动自发

卷八

［美］阿尔伯特·哈伯德

阿尔伯特·哈伯德，是美国著名的出版人和优秀的作家。1899 年，他凭借自己撰写的一篇《致加西亚的信》，在著名的杂志《菲士利人》上刊登，震惊全世界。

《自动自发》堪称是阿尔伯特·哈伯德商业与思维的完美结合。主要涵盖了勤恳、敬业、忠实以及自信等内容，是一本提高员工素质的书。从某种方面来讲，该书是《致加西亚的信》的升级版，是一本国家公务员必读之物，也是一本经营励志类图书中的经典之作。

对待工作：勤勤恳恳

懒惰对心灵是一种伤害

懒散会吞没人类的灵魂，让心灵对那些充满上进心的人充满着无限的妒忌。

懒散之人有两种类型：不是因为得了病痛，就是还没有找寻到自己喜欢的职业。世界上没有天生的懒散，人总是希望自己有事情可做。慢慢得到康复之人，总想站起来走路，回到自己的工作岗位，无论做任何事情都是极其开心的。

怠慢会引起无限的闲暇，闲暇也是懒散的一种影响元素。而相反地，自己所喜爱的工作可以激发兴趣，兴趣也会激发无限的潜能以及热情。

克莱门特·斯通曾经说过："理性永远无法驾驭情绪，相反地行动才可以很好地改变情绪。"选择你最擅长、最喜欢的事情，坚持不懈地努力奋斗。

在现实社会中，总有很多人有这样的倾向：我的上司或老板真是太严厉了，根本不值得我们为他努力地工作。然而，你却严重忽略了一个道理：在工作中懒散就是在伤害自己的老板，但受到最大伤害的还是你自己。有些人浪费很多的时间去躲避工作，也不愿意花同样的时间去努力地工作。他们总认为自己可以瞒天过海，事实上，最终愚弄的还是自己。或许老板对自己员工的表现并没有深刻地了解，也不熟悉每一个工作的细节，但是每一个优秀的员工都会知道，努力会得到什么样的效果。可以坚信，升职以及奖励是永远不会发生在那些懒散的人身上的。

假如你可以永远保持着积极的工作状态，那么就会得到别人的赞赏，就会赢得老板的重用，同时也会获取一份无价之宝——自信，你所拥有的聪明才智才能很好地赢得一个人或者一个组织的重视。

那些思维贫瘠之人、愚钝之人以及懒散之人只会看重表面现象，却永远不能看清事物的本质。他们只会一味地去相信机遇、运气以及天命。当看到别人富有，他们就会觉得那只是别人运气好而已；看到那些知识渊博、聪明之人，他们会认为那只是天赋；看到那些美名远扬的人，他们就会很自然地说那是机缘巧合。

他们没有看到别人在努力过程中所承受的苦难以及挫折，他们永远看不到黑暗，只会把注意力放在光明以及成就上；他们从来不曾知道没有坚持不懈的努力，不付出任何代价，没有去克服种种的苦难，是永远无法实现自己的理想的。

任何人都要经过坚持不懈的努力，才会有机会获取成功。成功归因于个人所付出努力的程度，世界上根本就不存在机缘巧合的事情。

不为薪水，认真工作

虽然工作是为了生存，而比生存更可贵的，就是在工作中充分挖掘自己潜在的能量，发挥自己的聪明才智。

有一些年轻人，在刚一走出校门时，就对自己抱有很大的期盼，自认为一开始工作就必须得到重用，就应该拥有满意的报酬。在薪金上，他们总是喜欢攀比，好像薪金就是他们衡量全世界的唯一标准。但在现实生活中，刚踏入社会的新人都是缺乏经验的，也是不能委以重任的，薪金自然也不会太高，因此他们就会有很多的埋怨。

或许是你亲眼所见，或者是听闻上辈和别人被老板绝情解雇的真相，而现当代的年轻一代把社会看作是黑暗的魔鬼，因此也就变得更加现实。在他们眼中，他们努力地为工作付出劳动，公司付给他们的薪金，只是属于等价交换而已。他们从来不曾看到薪金以外的财富，曾经在校园时代的梦想也逐渐被磨灭。没有了自信，没有了热忱，对工作总是抱有一种应付的方式，用躲避、草草了事来报复他们的老板。他们只是想着对得起自己的薪金，而从来不曾想过能否对得起自己的美好未来，能否对得起家人以及朋友的强烈期盼。

之所以出现这种情形，最重要的是人们缺乏对薪金的深刻了解。在现实生活中的大多数人，只是因为当下的薪金太不值得一提，而将比薪金更宝贵的东西也随之放弃，这是多么悲哀的一件事情。

不要只是为了薪金而去努力工作，因为薪金只是一种工作的报酬方式，虽说是最直接的，但也是最浮浅的。假如一个人只是为了薪金而去工作的话，没有崇高的理想，并非一种正确的人生抉择，受伤最深的不是别人，而是你自己。

一个以薪金作为终身奋斗目标的人只会永远生活在平庸的世界中，永不会有引以为傲的成就感。虽然薪金是工作的目标之一，但在工作中所获得的另外的一些东西远远大于信封中那一张张的钞票。

有些心理学家进行研究发现，金钱达到某种高度之后，人们就不会再被金钱所迷惑，假如你一直忠诚于自己的话，就会意识到金钱只不过是一种报酬方式，尝试着去请教成功人士，在他们没有丰厚的报酬的前提下，是否还会继续自己的工作呢？大部分人会这样回答：“是的，我不会有任何的动摇，因为工作是我最热爱的。”假如想要攀上成功之巅，最佳的做法就是找一个即使薪金不高，而自己所喜爱的工作。当你喜爱自己所从事的工作时，金钱也会紧随其后。你也将成为炙手可热的优选对象，并且会获得丰厚的薪金。

人生道路上的追逐不仅限于生存的需要，还要拥有更高层次的需要，还要有更高层次的动力源，不要去麻痹自我，告诉自己挣钱才是唯一的任务——人们就应该有比薪金更高程度的目标。

工作的品质决定了生活的品质。不管薪金的高与低，在工作中兢兢业业、努力拼搏，让自己得到内心的平静，这就是成功者与失败者的截然不同之处。对工作随意放松的人，不管从事什么样的工作都不会获得真正意义上的成功。把工作看作一种挣钱的工具，这种思想也是可悲的。

成功人士向我们揭露一个这样的真理：唯有经历过困难与挫折，才能获取真正意义上的幸福，才会获取更大的成就。唯有努力拼搏，才会获取成功。

此时的放弃，是为了明日更多的收获

或许你的薪金掌控在你的老板手中，可是他再聪明也不能对你实施掩耳盗铃之计，不能阻止你思维的运转，不能阻止你去学习。

假如你意识到自己的老板并不是个聪明之人，丝毫没有注意到我们的付出，也没有给予相应的报酬，那么你也不要垂头丧气，我们可以换位思考：当下的努力并不是单纯为了此时的回报，而是为了更好的未来。我们投身于自己喜爱的职业，完全是为了自己，为了自己的未来。人生并不是只有现在，更重要的是未来。薪金是要多挣一点，但是那只是一个短暂的问题，最重要的是获取更多升职的机会，为自己未来丰厚的收入打下牢固的基础。生存是通过发展而不断解决的，眼睛中只有温饱，那你得到的永远只是温饱。

在手工业时期，年轻人为了学习一门技术而拜师多年，却从来不曾拿到任何薪金，但是他们却从来没有过任何的抱怨，而现代的青年人在学习技术的时候能拿着工资，但还有很多的抱怨。其中的主要原因只是因为对薪金的看法不同而已。在手工业时代的年轻人以及家长，认为学习技术的机会是来之不易的，他们的一切努力都是为了将来可以自己创业。而当下的年轻人看中的只有利益，挣钱除了享受和消费，就不会有其他的价值意义。

随着时代的不断变化，注重利益本身是没有任何错误的。问题是现在的年轻人目光极其短浅，更重要的是忽略了自己的个人修养，没有在现实中得到多少利益与未来的成就之间找到一个平衡点。

短暂的放弃，是为了明天更多的收获。尽管薪金微薄，但我们应该认识到：老板所分派给我们的任务可以很好地锻炼能力，能很好地发挥我们的才能，与同事的密切合作也可以更好地培养我们的人格，与顾客交流可以训练我们的品质。企业文化就是社会生活的另一所教育机构，工作可以丰富思维，积累知识。

就像俾斯麦，别的方面我们可以忽略不计，但是在这一方面，他还是我们学习的榜样。俾斯麦在德国外交部工作的时候，薪金也是极其微薄的，但是他从来不曾因为薪金的微薄而放弃自己的工作。他在外交部学到了很多外交方面的技巧，同时也锻炼了自己的能力，这些对他后期的政治生涯有很深远的影响。很多商界名人在刚开始工作的时候，薪金都是极其微薄的，但是他们的目光从来都没有只局限于当时，而是不断地努力工作。最后当他们功成名就之后，又用什么方式来权衡他们的薪金呢？

在你工作的时刻，一定要牢记：你是在为自己的当下与未来而努力拼搏。不管你的薪金高或者低，你都要清楚地认识到它只是工作中所获取的一小部分而已。不要把所有的精力都放在薪金上，而应该利用更多的时间去学习新的知识，培养自己的才能，充分展示自己的才华，因为这些才是真正意义上的无价之宝。在你未来的财富中，它们的价值远远超过你所有的钞票资产。当你从一个新手、一个没有经验的员工蜕变成一个成熟的、有管理经验的领导者时，实际上你已经有很大的成就了。你可以在别的工作以及自己创业时，充分发挥这些才能，去获得更多的报酬。

假如在工作中遭遇困难，假如你认为自己的薪金微薄，假如你发现自己的上司是一个没有能力的人，也不要垂头丧气，因为没有任何人可以掠夺你那些无形的财富——你的才能、经验、自信以及毅力，最终这一切都会给你带来丰厚的回报。

不要对自己说这样的话："既然老板给予我那么微薄的薪金，我就干得少点，没有必要绞尽脑汁去完成一项艰巨的任务。"当然也不能因为自己挣得少，就自怨自艾："还是算了，我没别人优秀，能拿到这些工资已经很不错了。"消极心态会蒙蔽你的眼睛，使你不能更好地发现自己潜在的能力，会让你丧失前进的目标以及信心，会让你放弃很多成功的机会，使你与成功永远处于平行线状态。

或许我们真的没有任何办法去指挥自己的老板，但是我们可以依照自己的方式付之行动；或许老板并不是彬彬有礼，但是我们做事也要遵循自己的原则。当然，你不应该因为老板的原因，而让自己的才华埋没，断送自己的美好未来。总而言之，不管你的老板是如何的吝啬，你都要继续前进。

试着比较一下两个相同家庭背景的年轻人：一个是热情洋溢、积极进取，对自己的工作总是恪尽职守，总是为公司考虑；而另一个总是喜欢耍小聪明，总是在抱怨自己的薪金微薄，总是以自我为中心。假如你是公司的老板，你的选择会是怎么样，或者是你会给谁更多的发展空间以及机会呢？

在现实生活中，很多人都在为了薪金而不断地工作着，假如你不为薪金而努力工作时，你就超越了现实，也就更明确地迈向了成功。

要对自己的工作，昂首挺胸

无论你地位的高低，也无论你的性别，都不要轻视自己的工作。假如你从心中认为自己的工作是极其卑微的，那么你就在犯一个很大的错误。一位罗马的演说家说道："任何手工劳作都是极其卑微的工作。"就这样，罗马的辉煌瞬息万变。著名古希腊的哲学家亚里士多德曾经也说过这样的话："要想把一个城市管理得很好，就不能让工人成为真正的自由人，那些人根本没有任何的品质可言，他们就是天生的奴隶。”

而在当代，有很多人都认为自己的工作是低级的。他们身在其中，却没有真正领悟其中的含义，只是在生活的压迫下不得不出去工作。就是因为他们轻视自己的职业，因此不会把全部的心思都用在工作上。他们在工作时也是在应付，将大部分的时间都浪费在如何更快地逃脱这个可恶的工作环境。这类人无论在何时何地都永远不会取得成功。

所有的工作都是值得尊重的。只要你真诚地去劳动与创新，就永远没有人会贬低你存在的意义。最重要的是你如何看待自己的职业。那些一味地要求高工资，却没有任何责任感的人，不管是对自己，还是老板，都是没有任何作用的。

或许在某些领域中的某些职业并不是很高雅，工作环境又极其艰苦，根本没有办法得到社会的广泛认可，但是你也不要忽略这一事实：有用才是最大的衡量标准。就年轻人而言，公务员以及银行从业者才是真正意义上的白领一族，才算是真正的绅士。在现实生活中，有一些人为了谋求一个公务员职位，就心甘情愿浪费几年的光阴。可是，同样的时间他完全可以通过自己的努力，在现实生活中找寻一个属于自己的位置，更好地发挥自己的价值。

工作本来就没有高低贵贱之分，但对于工作的态度却有很大的差别，看一个人能否把这件事情做好，最重要的就是看他的工作心态。一个人的工作心态与个人的性格、才华是密不可分的。一个人所呈现的工作态度，也就是他人生态度的完美表达，一个人的职业，就是他的志向以及梦想的完美价值的存在。因此，全面剖析一个人的工作态度，从侧面也就可以更好地了解这个人了。

假如一个人藐视自己的工作，将它看作是极其卑贱的事情，那么他就不会很好地尊重自己。因为轻视自己的工作，他感到无比的艰苦、郁闷，工作自然也不会很好地完成。当下有很多人都轻视自己的工作，从来都没有把工作看作是通往创造之路的阶梯与培养人格的一种工具，而是把它看作是生存的必需品，一味地强调工作是生活的现实代价，是无奈的劳作，这是多么悲哀的事情。

那些轻视自己职业的人，都是人生的弱者。与体面的公务员相比，商界以及服务业需要付出更多的努力，更需要实际的才华。当别人害怕面对挫折时，就会找出很多理由，时间一长就会越来越藐视自己的工作。或许这类人在中学时代都已经形成了懒散的习惯，当他们通过考试之后，就会把书抛到脑后，自认为一些美好的人生道路都向他展现开来。他们对理想的工作并没有具体的概念。莱伯特曾经对这类人给予这样的忠告："假如人们一味地追求高官厚禄，也是一件极其危险的事情。它只能说明这个民族的独立精神已经得到全面的瓦解，更严重一点的说辞，就是假如一个民族只是一味地追求高官厚禄，这个民族就会像寄生虫一样生活。"

每个人降生在这个世界上都会有用，懒散只会为我们带来无尽的灾难。有些年轻人凭借自己的聪明才智来创造美好的东西，为社会奉献一分力量；而另外一些并没有明确的生活目标，垂头丧气，浪费自己宝贵的生命，到暮年只能平庸不堪。原本可以创造辉煌的人生，结果却永远与成功擦肩而过，这是一个极大的遗憾。一位农民，有可能成为伟大的华盛顿，也有可能永远面朝黄土，终老一生。

工作，另一种人生乐趣

即使你所处的环境不尽人意，也不要去厌恶自己的工作，这是世界上最糟糕透顶的事情。假如形势所逼，让你做一些自己不乐意的工作，你也要想办法让它变得充满趣味。以一种积极的心态全身心地投入到工作中，不管做任何事情，都会获得很好的效果。

人们可以通过自己的工作，来获得学习的机会，获取经验、智慧以及自信心。你对工作越热忱，自信心就会越大，工作的效率也就会越高。当你拥有这种热忱时，上班就不会再是一件无聊的事情了。工作会从此变得更有趣味性，也会有更多的人来聘用你做自己喜爱的工作。工作的本质就是为了使自己愉快，假如八个小时的工作时间，就像是在自由玩耍，那是多么划算的一件事情啊。

我曾经见过很多大型公司的职员，他们知识渊博，接受过专业培训，朝九晚六地在写字楼中穿梭，有一份让别人羡慕的工作，拿着很高的薪金，但是这样的人并不快乐幸福。他们是孤单的，从来不喜欢与别人相处，讨厌周一；在他们眼中，工作就像牢笼，为了生存，不得不在牢笼中委曲求全；每天都神经紧绷，患上很多疾病，他们的健康已经受到了不同程度的损害。

当你快乐地工作，梦想成真时，就会喜爱你最初的选择，就不会再有很大的烦恼。假如起初你就觉得压力很大，情绪愈加紧张，在工作中没有得到任何的快乐，更没有任何的满足感，就说明事情已经濒临危险的边缘了。假如我们不能调节好自己的心态，即便换一万份工作，也会是同样的状态。

在工作时，假如一个人以恪尽职守的心态，投入全部的热情，充分发挥自己的才能，那么不管做任何事情，都不会觉得很困难。假如我们以满腔的热忱去做一些最平凡的事情，也能成为伟大的人物；假如我们以冷漠无情的态度去做伟大的事情，也永远不会成为伟大的人物。在任何行业中都有施展才华的机会，事实上没有任何一项工作是可轻视的。

我时常会听到一些刚迈入社会的大学生在不断地抱怨自己的专业，于是我就尝试着向他们提出问题：假如你所学的专业与自己的兴趣爱好千差万别，那么，为何当初会选择它？假如你已经为你的专业付出四年或者更多时间的努力，这就说明虽然你不太喜欢自己的专业，但是也可以忍受。

一切的抱怨都是逃避现实的借口，不管对自己或者社会都是极其不负责任的表现。试想一下，一个真正的成功人士亨利·凯撒，不仅让自己创办的公司拥有上亿的资产，由于他的慷慨大方，还让更多的哑巴开口说话，使很多身体残疾的人过上了正常化的生活，让穷人用低廉的价格得到了很好的医疗保障……所有的一切都是他母亲在他的心中所播种下的种子不断成长起来的结果。

玛丽·凯撒给予她儿子亨利的无价之宝，就是教会他怎样运用人生最重要的价值。玛丽在一天劳累的工作后，还会花费一段时间去做义工，帮助那些不幸人群。她时常对儿子这样说道："亨利，不工作就永远不能完成任何事情。我没有什么可以留给你的，只有这份无价之宝——快乐地工作。"

亨利说道："首先，我的母亲教会我热爱人以及为别人服务的重要价值。她时常说，热爱他人与为他人服务是人生中最有价值最有意义的事情了。"

假如你已经掌控这条积极的原则，假如你将个人的兴趣爱好以及工作紧密地联系在一起，那么，你的工作就会变得丰富多彩，充满乐趣。兴趣会让你充满活力，精力更加充沛，让你在睡眠是平常的二分之一、工作量是之前三倍的情形下，都不会觉得疲倦。

工作不仅是满足生存的需求，更多的是实现自己人生价值的需求，一个人总不想平庸地度过一生，应该尝试着把自己的兴趣爱好与工作紧密地联系在一起，不管做任何事情，都要享受乐在其中，更要真心热爱自己所做的事情。

成功人士都很享受工作的乐趣，并且会把这份热情传递给别人，使大家情不自禁地靠近他们，与他们和平相处。人生最有意义的事情就是工作，与同事和睦相处是一种缘分，与客户、合伙人会谈也是一种人生的乐趣。

罗斯·金曾经说道："唯有经过工作，才能保持良好的精神健康；在工作中认真地思考，才是一件快乐的事情，两者是紧密相连的。"

机会在苦干中滋生，机遇蕴含在每个人的人品中，正像将来的橡树蕴含在橡树果里一样。

在芸芸众生中，有很多不幸的可怜之人，当机遇向他们招手时，他们却不予理睬，是因为他们在床上睡懒觉吗？

机遇永远不会降临在那些懒散之人身上，只会降临在那些坚持不懈、勇敢执着之人身上。从逻辑学的角度来说，机遇本应该降临在那些有充足时间的人身上，但事实上，机遇却降临在那些有理想、有计划的人身上。在我们的思维中，总是认为机遇是活灵活现的，但实际上却截然不同，机遇是一种意念和想法，它只会存在于认清机遇人的内心，所以，不要再去询问自己的老板为何不给你升职加薪，而应该去问最了解这件事情的那个人——你自己。

世界上有很多出身于贫困家庭的孩子，他们虽然出身贫贱，但却能创造出属于自己的事业。富尔顿发明了一个极小的推进机，最终却成为闻名美国的工程师；法拉第就凭借几瓶药，成为英国最著名的化学家；惠德妮凭借商店中几样不起眼的工具，竟发明了闻名于世的织布机；贝尔用极其简单的原理，发明了对人类进步有巨大影响力的电话。

在美国悠久的历史中，有很多让人潸然落泪的故事，主角制定了宏伟的人生目标，尽管遭遇了很多的挫折，但是他们依然用自己坚强的意志力克服了种种困难，获得了最后的胜利。失败者经常用“我没有任何机会”当作借口，他们觉得自己失败的理由就是没有得到别人的器重，好职位总是轮不到自己。而那些意志力坚强的人就不会找各种各样的借口，他们不会坐等机遇，也不会在朋友面前抱怨，而是靠自己的努力去创造机遇，他们都知道，世界上只有自己才能拯救自己。

在获取第一次战争胜利之后，有人曾经问亚历山大是否会等待着下次机会的到来，再去进攻别的城市。听到这些，亚历山大很气愤地说道：“机遇？只有我们自己才能创造出机遇。”不断地为自己创造机遇，正是亚历山大成为最著名帝王的原因所在，也只有不断为自己创造机遇的人，才能筑建这样伟大的功勋。

做任何事情都在等待机遇是极其危险的一件事情，一切的努力拼搏以及热情，或许都会在等待中黯然失色，而最终机遇也不会来临。

在现实社会中，失业者到处都有，所带给人的表面现象就是社会对劳动力的需求不足。但实际上，却有很多职位是空缺的。招聘信息在人才市场、报纸上到处都是，不过，人们所需要的是那些勤奋以及受过良好专业培训的员工。

假如当代的青年人都看了林肯自传，了解他年少时的惨痛经历以及后来的成功，又会有何启发呢？他住在一个很简陋的房子里，没有窗户以及地板，用今天的住房标准来说，他就像生活在原始森林中。他住在离学校很远的地方，缺少最基本的生活用品，更不用说什么报纸以及书籍了。然而就是在这极其艰难的环境下，他每天都会去三十里之外的地方上学。为了借到几本书，他甘愿走上两百里的路程。到了晚上，就是靠着木柴的火光来读书……

林肯仅仅受过一年教育，在那种环境下成长，他还是依然坚持不懈，最终成为美国最伟大的总统，成为全人类的楷模。

只有那些具有精神斗志的人才会拥有成功的喜悦，而不是那些等待机会的人。一定要记住，机遇是靠自己创造的，假如一味地认为自己的机遇掌控在别人的手中，那么，就注定会失败。

“没有任何机会”只是失败者的一种说辞罢了。

对待公司：兢兢业业

职业，人生的使命

职业，是人生的使命，也是人类共同拥有的道德精神。从世俗的方面而言，敬业就是尊重自己所从事的工作，把工作看作是自己身体的一部分，具体表现为一丝不苟、全神贯注、聚精会神以及善始善终等职业品德，其中还掺杂着一种使命感以及责任感。这种责任感在当今社会可以得到很好的发展，使敬业精神转化为一种为人之道，这也是成就事业的重要突破口。

任何一家想要在激烈的竞争中取胜的公司，都会想尽办法让自己的员工具有敬业精神。只有敬业的员工才会提供高素质的服务，才会生产出合格的产品。从更高角度而言，一个国家想要永久不衰，也需要自己的子民敬业。警察恪尽职守地为人民服务；官员们兢兢业业地为人民设定与执行各种政策；政府议员应该勤政为民。唯有每个人都热爱自己当下所从事的职业，才会构建出一个和谐敬业的社会大家庭。

然而，不管我们在任何地方从事什么职业，总会发现一些懒惰、逃避责任之人，他们缺乏的不仅有使命感，更缺乏一种敬业精神。

从表面上来说，敬业有益于企业，有益于老板，但是最根本的受益人还是自己。

当我们把敬业精神转化为一种习惯时，就会从中学到很多的人生哲理，积累很多的社会经验，就能在自己从事的工作中得到快乐。这种习惯可能不会立刻呈现出效果，但是可以肯定的是，当“不敬业”转化为一种习惯时，其后果可想而知。工作上的不负责任可能只会给公司带来一些资金损失，但是它足以毁灭你的一生。

一个人是否能成功很大程度取决于个人的品质。一个敬业之人可能不会获得老板的重用，但是至少能得到别人的尊敬。而那些不负责任之人利用某种卑鄙的手段得到自己梦想的职位，但往往被人视为品质低下，无形之中为自己的成功道路设置了很多关卡。或许不劳而获有足够的诱惑力，但是很快就会付出惨重的代价。他们会失去人生中最宝贵的东西——声誉。真诚与敬业的声誉是人生最大的资产。

我曾经认识一个才华横溢之人，但是他在工作上却很懒惰，缺乏一种敬业精神。在报社急于发稿之际，他却抱着稿件回家睡觉，严重影响了整个报纸的流程。这类人是永远得不到别人的尊重的。人们不会去尊重一个才华横溢而不敬业的人，那些能力中等而恪尽职守的人往往会获得别人的尊重。当你受到别人的尊重时，你的自信心就会很快地增长。不管你的薪金多么微薄，老板多么不重用你，只要你一直恪尽职守，把自己的热情以及精力都全部地投入到工作中，慢慢地你就会为你的工作感到骄傲，就会受到别人的尊敬。以老板以及成功者的心态去工作，工作自然就会做得得心应手。

一个对工作持不负责任态度的人，本质上就是一个缺少自信的人，也是一个不能完全体会幸福本质的人。要知道，当你把工作的责任都推卸给别人时，本质上就是你把自己的快乐幸福同时都推给了别人。

曾经有人这样问一个成功学家：“你认为大学教育对年轻一代的未来而言，是十分必要的吗？”这位成功学家的答案让人陷入无限的沉思：“对经商而言，是无关紧要的。在商场上需要的是敬业品质。事实上，对很多年轻人而言，大学教育是多余的，就好比是在年轻人应该培养一丝不苟的工作精神时，却被父母送进了学校。一旦进入大学，就意味着他们开始了惬意快乐的生活。当他们走出学校时，正值人生的黄金时代，但这时却很难把自己的所有精力都投身于工作中，结果眼睁睁看着大好的机会与自己擦肩而过，真是可惜。”

一心一意，恪尽职守

在英国的一份招聘教师的广告中，写着这样的要求：“工作是很轻松，但是一定要全心全意，恪尽职守。”

在现实生活中，不仅教师需要这样，所有的职业都要求一丝不苟、恪尽职守才能更好地完成，而这正是敬业精神的基本所在。

不管你从事何种职业，都应该一丝不苟，恪尽职守，全力以赴，才能出色地完成任务，获得进步。这不仅是工作的准则，还是人生的准则。假如责任与理想从此消失，那么人生就没有任何价值可言。不管你面临什么样的处境，假如能恪尽职守地工作，最后也会成为一个经济独立的人。那些在人生中获得成功的人，一定是在某一方面经历过努力的拼搏。

了解怎样做好一件事情，比对所有的事情都懂一点要强百倍。在德克萨斯州的一所学校做演讲的时候，一位总统对学生们说道：“与其他事情相比，更重要的是你们知道如何把一件事情做好；与其他有能力做这件事情的人来比，假如你可以做得更好，那么，你就永远不会处于失业状态。”

一个成功的商人曾经说过：“假如你可以真正地制作好一个别针，应该会比你制作出一台粗糙的机器挣的钱要多得多。”

很多人都曾经为一个问题而苦恼：明知道自己比别人更有才能，但是却永远没有别人有成就。不要迷茫，也不要埋怨，而是应该先问自己一些至关重要的问题：

自己是否真的步入正常化的前进轨道了？

自己能否像画家研究画布一样，去研究某一个领域中的一些小细节问题？

为了很好地扩大自己的知识面，或者是为老板创造更大的价值，自己认真地研读过一本专业的书籍了吗？

自己是否在所从事的工作中尽职尽责呢？

假如你不能对这些问题做出肯定的回答，那么这就是你不能成功的原因所在。假如一件事情是对的，那么你就放心大胆去做；假如它本身就是错误的，那么就宁死不做。

那些技术不过关的木工与泥瓦工，将砖头与木头拼接在一起搭建房屋，在这些房屋还没有出售之前，在暴风雨的洗礼下就已经被完全摧毁了；术业不精湛的医科学生没有花更多的时间去学习专业知识，那么手术时就会手忙脚乱，让病人面临着更大的生命危险；学习法学的学生在读书时没有注重自己能力的培养，办起案来就不熟练，让别人多花冤枉钱——这些都是不敬业的表现。

“不管你将来从事什么职业，都要精通它。”把这句话当作你人生的座右铭吧。

有个人去请教一位成功人士：“你是怎么样很好地完成大量的工作的？”

“我只有在一段时间内，聚精会神地做一件事情，才能把它彻底地做好。”

假如你对自己所从事的工作没有做好充分的准备，那么就不要因为失败而怨天尤人。大自然要有高达上万次的进化，才能长出一朵美丽的花和一颗饱满的果实。但是在美国，很多年轻人只要读几本书，就想处理一些困难；听几节医学课，就想要去做手术——你要知道，那个手术是关系到一个人的生命的呀。

如果在学生时代养成一些懒散、敷衍了事以及安于现状的习惯，运用一些方法来欺骗自己的老师，那么一旦进入社会，就永远不可能出色地完成工作。去银行处理事情时迟到，人们会拒绝你的票据；与人约会时迟到，那会让人很失望；假如认为在一些小事上没有必要太过于认真，那么如果他写书的话，就会漏洞百出。一些人从来不会把自己的论文以及书信整理好，所有的文件都堆放在书桌上，办事缺乏条理，不讲究方法，思维松弛，以至于在最轻松的状态下都会出错，那么也会失去别人对他的信任。

这类人就注定一事无成，也会让自己的亲朋好友感到失望与痛心。假如这类人成为领导，就会造成更加严重的影响，其部下也会受到不同程度的感染——当他们察觉到自己的老板不是那种缜密之人，就会暗中效仿。这样一来，自己的一点缺点就会渗透到整个公司，公司未来的发展就会受到很严重的影响。

一位伟大的哲学家曾经说过："假如是必须要做的事情，就全身心地去做吧！"而另外一个却说道："不管你手中有什么样的事情，都要认真地去完成！"

任何事情都不能做到善始善终的人，其心灵也会缺少相应的品格。他不太注重培养自己的品行，没有坚强的意志力，更不能完成自己的梦想。一面不顾一切地玩乐，另一方面却又想修道，自认为可以兼顾一切的人，到最后都是一无所获，最终都会沉浸在无限的后悔中。从某种程度上说，全身心地追逐名誉也比敷衍修道要好得多。

认真地去做每件事情，能够培养自己的严谨性，它能让普通人更好地前进，也能鼓励优秀的人去追求更高的境界。

不管做任何事情，都要竭尽全力，因为它决定你未来事业的成功与否。假如一个人可以很好地领悟到竭尽全力工作能消除工作疲劳这一窍门，那么，他就真正掌控了打开成功大门的钥匙了。能处处以积极主动的态度工作，即使从事最平凡的工作也能为自己增添更多的荣誉。

每天多付出一点

一味地安守本分，只做好自己该做的事，这并不算好的。我们还应该在自己的工作范围之外做些其他的事，超出他人的期望，做得更好。只有这样才能吸引更多的眼球，为自己的前途铺好路。

当然去做自己分外的事情不是必须的，然而你可以主动地去多做这些事，来更好地使自己前进成长。这种主动是很好的品质，它能够让你变得更加敏锐、积极。不管你的身份是什么，公司高层也好，公司底层也好，“每天多做一点”的工作信念都会让你从中得到好处。你的工作对象、领导都会对你有一个新的认识，会对你的能力有所认可，当然会给你更多的机会去运用它。

多做事情或许会花费你不少时间，当然也会给你带来更多的好处，让其他的人更加需要你。卡洛·道尼斯一开始工作的时候也没能得到重用，而如今却是杜兰特的得力助手，还是分公司的老板。他的升职便是得益于这条“每天多做一点”的工作原则。我和他聊天的时候，就问过他这一方面的问题，他淡淡地说道：“在一开始为杜兰特干活时，就发现大多数的员工一下班就回家了，而杜兰特先生却工作到很晚。我便想留下来，到他的办公室看看。当然这些都是我自愿的，不是公司要求的，但是我只是想留下来看看可不可以帮到他。”“杜兰特工作时需要很多东西，当他发现我在他身边，便慢慢养成了喊我的习惯。”在工作的时候，老板为什么想到卡洛呢，因为卡洛经常留在办公室，慢慢地老板就有了这个习惯。这也是他能够更好地接触到老板，最终得到重用的原因。这里有很多的理由来解释为什么要养成这个习惯，虽说事实上没有太多的人这么做。两个原因最为重要，第一，就是在养成了这个习惯后，与旁边的人比较就会感觉你更好一点。这也使得无论你干什么职业，客户都会乐意与你合作。第二，就是让右臂更有力的唯一办法就是更多地使用它。反之，平常疏于使用，那么右臂就会变得软弱无能。在绝境之中诞生出可怕的力量是人生的一个规则。要是在自己的工作范围之外还能够有其他的作为，那么就会显露出你的美好品质，而且也能看出你的实力和你的素养，从而让自己走出绝境。

一切都在变化，无论个人还是大环境，当然你的工作范围也在发生着变化。不要用“这不是我该做的”来推卸责任。当老板给你一些工作范围以外的任务时，何不尝试一番？早一点上班，不要想老板也不知道，老板可是一直在看着呢。你早点上班，可以说明你很喜欢这份工作。每一次的早到，都能够提前做一些详细的规划，看看一天应该做哪些工作，当其他的人还在想到底今天该干些什么时，你已经把他们远远地甩在后面了。要想成功，就得一生坚持不断地学习。无论是什么知识，专业也罢，业余也罢，往往是这些不起眼的知识改变你的命运，而“每天多做一点”便能够为你提供这样的机会。

你做了那些别人的工作，便是你的机遇。以往机会来了，人们为什么没办法把握，这是因为它是以“问题”的方式来的。所以当你的上司或者其他人给你难题时，这也可能是机会的来临。在公司里，一名优秀的职员，不会在乎公司的明确分工，哪个人该来办，哪个人该负责，他所应该关心的是解决问题。当你的上司或他人要求你做些分外的事时，就好好把握吧。换个思维，把自己想成这件事的负责人，那么你又该如何更好地解决这件事呢？

每天多做一点，也许不为回报，但往往回报很多。

艾伦的一次至关重要的职务升迁是由小事开始的。一天下午，律师向他询问有没有速记员，一些工作必须当天完成。他告诉律师速记员有事走开了，自己一会儿也会走。当然，艾伦愿意帮助律师，因为工作是必需的，而娱乐是次要的。当艾伦完成工作之后，律师问他报酬。艾伦开玩笑说：“你的工作就拿 1000 美元吧，别人的就不收了。”律师欣然同意了。艾伦只是开了个玩笑，不是真的想收下那 1000 美元，然而律师却当真了。事情过了很久以后，艾伦都忘了这件事情，律师找到他并且把 1000 美元交给了他，还让艾伦到自己的公司来上班，工资是2000美元。就在那个下午，艾伦放弃了娱乐，选择了多做一点事情，只是出于帮助他人，不是为了钱。他没有义务要放弃娱乐去帮助他人，但是他却为此而得到了1000美元，并且得到了一份更加实惠的工作。

还有一个事业有成的朋友给我讲述过他的故事。

“50年前，为了生活我出来找工作，在五金店当伙计，一年的收入才75美元。一天，来了个买家，他买了许多东西，有铲子、锄头、铁锹、斧头等很多东西。这个买家是刚刚结婚，在本地刚结婚买一些日常用品是一种习俗。我将他买的这些东西给他放在车上，满满的一车，拉车的骡子都显得很吃力。当然，我只是负责在店里卖货，而不是送货上门，这完全是我自己想要这样干的，并且我为我能够这样做而感到高兴。开始送货时事情很简单，但是到后来车子陷在了泥沼里，用尽全身力气也不能让车挪动半分。直到等来了一位好心的商人用他的马车把我的货车拉了出来，我清点了货物，熬到了很晚才回到五金铺。老板并没有为此而表扬我，或是给我涨工资。翌日，那位商人来找我，感谢我为他做的一切，并且很是欣赏我的认真和勤奋。他愿意给我一份500美元工资的职位，我接受了，然后我就有了自己的事业而且很成功。”

不能简单地认为安守本分，老老实实地做好自己的那份工作就行了，这样是不够的，特别是对于刚刚工作的年轻人来说更是如此。如果你想要成功，就要做更多，而且还要做更好。我也是这样的，刚开始我的工作都是一些事务性的工作，难不成我还能在这上面浪费一辈子吗？那些成功的人在做好自己的本职工作时，还会去寻求一些额外的工作来训练自己的能力，以便得到更多的机会。

假如你是一名货运管理员，你或许会发现一些你职责以外的工作错误；假如你是一名过磅员，你或许也会纠正一些工作错误来避免一些不必要的损失；假如你是一名邮差，你或许会在确认邮件到达以后，还会确认一些其他的事情，等等。这些其他的工作或许是他人的事情，但是你做好了它，也许就是使自己以后成功的因子。

付出和回报是成正比的，这是大家都知道的事情。当然也可能付出后没能够立即得到回报，你也不要放弃，还要多付出一些，就像往常一样。回报往往是你意想不到的惊喜，它会是一次升职，它会是一次加薪。当然，回报不一定是老板给你的，其他的人也会间接地将回报给你。

这些成功人士的付出和回报的原则使他们得到了很多益处，对他们进行研究也会发现，这尤其表现在他们刚刚工作的时候。当他们的能力和努力没有得到承认时，他们会自主创业，这时候早年的那些付出就显示出了优势。你当年的付出就像存在银行里的钱一样，当你需要它们的时候，你可以随时使用。

超越庸俗，完美抉择

在很久以前，有位富人要出远门，临走之前他把所有的仆人都叫到身边，把自己的财产都交给他们保管。根据他们每个人所具备的能力，给了第一个仆人十两银子，第二个五两，第三个二两。拿到十两银子的仆人，把它用于经商，并且还挣了十两银子。同样，拿到五两银子的人也挣了五两，而拿到二两银子的仆人却选择把它埋在地下。

过了许久，主人回来给他们结算。拿到十两银子的仆人带着另外十两银子回来了。主人说道："你做得很好，真是一个对任何事情都充满信心的人，我会让你掌管更多的事情，现在你就等着接受赏赐吧。"

同样，拿到五两银子的仆人带着另外五两银子也回来了。主人说道："你做得很好，真是一个对任何事情都充满信心的人，我会让你掌管更多的事情，现在你就等着接受赏赐吧。"

最后拿到二两银子的仆人回来了，他说道："主人，我真心知道您想成为一个伟大的人，收获那些没有耕种的田地，收割那些没有播种的庄稼。但是我害怕，于是我就选择把银子埋在地下。"这次主人说道："既懒惰又缺乏自信的人，你明明知道我想要收获那些没有耕种的田地，收割那些没有播种的庄稼，那么你就应该把银子存到银行，以便我回来之后可以拿到属于我的利息，然后把它给有十两银子的人，我要把它给那些拥有一切的人，让他们变得更加富有。而对于那些一无所有的人而言，有的只是被无情地剥削。"

拿到二两银子的仆人原本以为可以得到主人的赞赏。因为他没有丢失主人的财富。在他的思维中，金钱没有增值，但是也没有丢失，就算完成主人交代的任务了。但是他的主人却不那么想，主人不想让自己的仆人太随其自然，更希望他们可以主动，变得更加优秀。

不要满足于自己当下的工作状态，要做到更好，这样你才能成为一个独一无二的人物。人类永远都不会成为完美之人，但是在我们不断增加才能，不断提高自己的时候，我们对自己的要求也要逐渐地提高，这才是人类精神的本原所在。

对于我们而言，顺其自然是极其平庸的表现，平庸也是我们最后一条退路。为何在我们可以选择更好的时候，要选择平庸呢？假如你可以在一年之内再制造出一天的话，那么为何不牢牢地把握这365天呢？

为何我们只能做别人正在从事的事情，为何我们不主动去超越平庸呢？

我已经十分厌倦平庸。我的感觉与哈德下面的话很相似：

不要总是把别人对你的期盼度比你对自己的期盼高（只）挂在嘴边，而是要去实践它。假如某个人在你从事的工作中找到错误，那么就只能证明你不是完美无缺的，你更不需要去找寻任何的借口。承认这些并不是你最佳的状态。千万不要执着地去捍卫自己的尊严。当我们可以选择完美无缺的时候，为何要毅然决然地选择平庸呢？我极其讨厌那些说自己天赋不高而不能要求太高的话。或许他们会说：“我的个性有别于你，我并没有那么强的毅力，那也并不是我的天赋。”

超越平庸，完美抉择。这是我们值得追求一生的至理名言。正是因为有很多人养成了不重视工作、粗心大意的毛病，以及对从事的工作敷衍了事的态度，才会导致终生都生活在社会的最底层，永远不会有成功的那一天。

在某个结构庞大的建筑物上，有这样一句让人感慨万千的话语：“在此，一切都将追求完美无缺。”“追求完美无缺”值得成为我们一生的至理名言，假如每个人都可以很好地运用这句格言，很好地去实践这句格言，在决定不管做任何事情的时候，都要竭尽全力，以追求完美无缺的结局，那么人类的福利就会成倍地增加。

人类的悠久历史，充满着由畏惧、懒惰、轻视、轻率所酿成的悲剧。不久之前，在宾夕法尼亚的奥斯汀镇，由于堤坝没有按照设计的图纸去打石基，最后导致堤坝决裂，全镇都被浸泡在汪洋中，无数人失去了生命。像这样因工作失误而酿成的悲剧，在我们生活的这片土地上，是随处可见的。不管在任何地方，都会有人犯懒惰、疏忽的毛病。假如每个人都可以尽职尽责地工作，不怕挫折，勇往直前，那么不但可以减少损失，而且会让人拥有更加高尚的品质。

养成马虎的毛病后，不管做任何事情都不会认真。这样，人们就会慢慢轻视他的职业，从而轻视他的人品。不精致的工作，就会造成一个不精致的生活模式。工作是人们生活中必不可少的一部分，做不精致的工作，不但会降低自己的工作效率，也会让人逐渐失去做事的能力。因此不精致的工作，实在是毁灭梦想、打垮生活以及阻碍进步的敌人。

获取成功的唯一策略，就是在做任何事情的时候，都要抱着一种不达目的决不罢休的心态，也要抱着追求完美无缺的态度。

曾经有人说："轻视与疏忽所酿成的灾难是同样严重的。"很多年轻人之所以不能取得成功，最重要的原因就在于做事轻率。这类人对自己所从事的工作从来不会做到完美无缺。

大多数的年轻人，好像都不曾知道升职是建立在忠诚地维护日常工作责任的基础上的。只有恪尽职守地做好当下手中的工作，才有可能获得升职的机会。

相反，很多人在寻找成功的机会时，都会经常问自己："从事这种平凡的工作，会有什么希望可言呢？"可是，就是在最平凡的岗位上，往往隐藏着巨大的机遇。只要你把自己的工作做得比别人更好、更完美、更准确，调动自己全部的精力，在以往的事情中找寻经验，就会引来别人的目光，使自己有发挥能力的机会，心灵就会得到满足。当你做完一件事情之后，就应该这样对自己说："我很乐意去做那份工作，我已经竭尽全力去做了，我更愿意听取别人的意见。"

成败者之间的界限就在于：成功者不管做任何事情，都想达到一种最佳的境界，永远不会放弃；而失败者不管做任何事情，都是敷衍了事。

你的工作品质往往决定你的生活品质。在工作中，你应该时刻对自己严格要求，尽量做到最好；能完成全部，就不要只做一半。不管你薪金的高低，你都要保持一种良好的工作作风。每个人都应该把自己看作是一个杰出的艺术家，而不是一个平庸的木工，要永远带着热情与自信工作。

自动自发

老板不在身边还特别卖力的人，就会得到更多的奖励。假如只有当别人在的时候才会认真地表现，那么你永远都不会获得成功。最严厉的标准往往是自己设置的，而不是靠别人去要求的。假如你可以达到自己所设置的标准，那么总有一天你会升职。

我们常常会察觉到，那些被别人认为一夜暴富的人，事实上在有成就之前，就已经默默地付出了很长一段时间的努力。本质上，成就就是一种拼搏的积累，不管想在哪个领域中获取成功，都需要一段时间的拼搏与精心的计划。

假如你想登上成功之巅，那么你要主动维持良好的精神状态，即使面对挫折或者乏味的工作，也总能坚持到最后，等到获得回报的那一天。当你养成自动自发的习惯时，也就是你即将成为老板以及管理者的时候了。那些伟人就是因为用自己的行动诠释了自己的责任心，证明自己是值得信赖的。

自动自发地去做任何事情，同时为自己的言行举止负责，这就是成就大事的人与碌碌无为之人的根本区别。成功者懂得为自己的行为承担责任，没有任何人可以促使你成功，也没有任何人可以阻碍你完成自己的理想。

和很多人一样，我在十几岁以及上大学期间就做过很多的工作，修理过自行车（后来被解聘），卖过字典。有一年夏天，我为一个选美大赛收集那些预定或者没有售出的门票，那是一些中年人在一些伶牙俐齿的销售员的劝说下预定的，但是他们根本没有心情去看。我还做过家教、收银员、出纳以及夏令营顾问，为了能够完成学业，我还帮别人打扫院子，整理房间，等等。

这些工作都是极其简单的，我一直都认为它们是一些低贱的工作。后来我发觉自己真的错了。正是这些工作在无形中让我积累了经验以及教训，不管在任何处境下，不管什么工作，我都会学到很多的人生道理。

就拿商店的工作来举例，我认为自己是一个优秀的雇员，也做了自己应该做的事情——把顾客的购物额记录下来。然而某一天，在我与同事闲聊之际，总经理竟然走来，他环顾一下四周，然后让我跟他走。他没有说一句话，就开始着手整理那些被订购的商品；当他走到食品区，就开始打扫柜台，把所有的购物车都清空。

我一直很惊讶地看着这一切的发生，许久之后才醒过来，他是希望我与他一起去做这些事情。我诧异的原因不是因为这项新工作，而是意味着我要一直这样坚持做下去。可是，从来不曾有人告诉我做这些事，而现在也不曾有人说过。

这件事情让我感慨良多。它不仅让我成为一名优秀的员工，还让我从中学到了做人的道理。这个道理就是，我要对自己的工作负责任，我要不断地进步，不仅只做别人所安排的事情。当我明白这个道理以后，我对工作的态度就有了很大的转变，觉得工作变得更加有趣味了。我越来越专注于自己的工作，从中学到了很多的知识也克服了很多的困难。后来我离开那家商店去上大学，但是这种人生经历对我以后的事业产生了很大的影响。我从一个旁观者转变成了一个有责任心的人。

如今我已经是一个领导者，但是我依然去寻找那些需要干的事情，虽然不是我分内的事情。在任何工作中，我都可以发现超越别人的机遇。

每一个人在工作中都要相信这一点，它可以改变你的生活。就从现在开始，从你现在所从事的工作开始，不要只是去畅想遥远的未来的某一天再去采取行动。

主动，是指随时都要准备好把握机遇，展示出超出别人所要求的工作和表现，以及拥有“为了更好地完成工作，而不惜打破常规”的认识以及判断能力。一个优秀的领导者一定要培养员工的自动自发性，培养员工的自信心。自信心往往会影响工作的效率。那些自信心低下的员工，不知变通，为了避免错误，都严格地按照公司的规章制度去执行，永远不会做自己工作之外的事情；而那些自信心高的员工，就会勇于承担责任，具有独立思考的能力，能充分地发挥自己的创新能力，更好地完成任务。

对待老板：忠实

老板与员工，也是统一的

在这个竞争激烈的年代，谋利、为自己着想是一件很正常的事情，但不幸的是，很少有人意识到解放个性、实现自我价值与忠诚工作之间并不是孤立存在的，而是有紧密的联系，缺一不可的。很多年轻人都以应付的心态来看待自己的工作。他们频繁地换工作，总是觉得自己的才华被埋没；他们不敬业，不真诚，把所做的工作看作是老板愚弄下属的手段。在他们的观念中，工作就是为了维持生计。

我曾经为了一日三餐帮别人工作，也曾当过老板，我深知这两方面的种种艰辛。并不是所有的老板都是贪婪的，就像不是所有人都是善人一样。

对于老板来说，公司的生存发展都需要员工的敬业精神以及更好的服务；而对于员工而言，需要的是丰厚的薪金以及成就感。从表面而言，两者是孤立存在的，但是在更高层次上，两者又是统一的：公司需要优秀有能力的员工，业务才能更好地进行；员工也需要依靠公司这个发展平台，才能更好地发挥自己潜在的能力。

为了自身的价值，每个老板都会保留优秀的员工——能把信件安全送达加西亚的人。同样，为了个人利益，每个员工都要与公司的利益相吻合，并且努力地工作。只有这样才会得到老板的赏识，才能在自己创业之际，保持良好的敬业精神。

很多公司在招聘时，除了要求工作能力外，个人品质也是一项很重要的评价标准。缺乏品质的人是不能重用的，更不值得认真培养，因为在他们手中的信件永远不会抵达加西亚。所以，我要告诉各位：假如你可以为一个人努力地工作，请真诚认真地去工作。假如他给你薪金，让你解决温饱，那就义不容辞地为他工作，赞赏他，感谢他，更支持他，与他所代表的组织同在。

或许你的老板就是吝啬之人，不能理解你的良苦用心，轻视你的忠诚，那么不要因为这些而产生消极的情绪，将自己与公司对立。不要过于在意老板对你的评判，因为老板也是有缺点的普通人，或许有时也会因为主观因素，而使他无法做出客观的评价。

这个时候的你，一定要自信，只要你已经竭尽全力，对得起自己的良心，你的能力就会得到提高，你的经验也会更加丰富，你的心胸也会变得更加宽阔。

“老板也是不可靠的。”这句话也有一定的道理，但是并不意味着老板与员工是独立存在的。情感需要理智地维护才能保持稳定。老板与员工只有在一定的程度上才会达成完全统一的战线。在一个管理完善的企业中，所有的升职都是靠自己的努力取得的。管理完善的公司升职道路是明亮的，有能力的人都有竞争的机会，只有这样，员工从心理上才会觉得自己是公司的主人，才会觉得自己与公司已经融为一体了。

所以，员工与老板之间是否对立，既与员工的心态有关，又与老板的行为有关。睿智的老板会给员工们平等的待遇，而员工也会用自己的忠诚来回报公司。

对于老板，要有怜悯与理解之心

我曾经也为别人工作过，而现在是为自己工作。以前总是认为自己的老板很严厉，但是现在却觉得员工很懒惰，缺乏主动性。事实上，什么都不曾改变，改变的只是我们看待问题的角度而已。

在成功准则中，其中有一条最重要的定理，就是待人如己。也就是说在做任何事情时都要为别人着想，要换位思考。当你还是一名员工时，就应该多为自己的老板考虑，给老板多一点怜悯与理解；当你成为一名老板时，就要多考虑一下员工的利益，对他们多一点鼓励与支持。

这条定理不仅是一种道德风尚，也是一种动力源，可以很好地推动工作环境的转变。当你尝试着待人如己，站在老板的角度思考时，在你的心中就会不由自主地散发出一种善意，影响以及感染包括老板在内的周围的人。这种善意的做法最终也会给你带来回报。假如你从老板那里获得了一些鼓励与支持，很可能就是以前你为人处世时遵守这条定理而产生的一系列回报。

为何人们可以很轻易地去原谅一个陌生人的过错，却对自己的上司或者是老板恨之入骨呢？最简单的答案就是，彼此之间存在着利益冲突。当老板的行为做法与员工的利益发生矛盾时，一切的怜悯与理解就会瞬间消失。

管理一家公司是一件很烦琐的事情，也会面临很多困难。客户以及公司内部的压力，使老板的心情随时都会受到很大的影响。要知道老板并不是什么神人，他也是一个极其普通的人，也有着自己的喜怒哀乐，也有着自己的缺点。之所以他能成为老板，并不是因为他足够的完美，而是他具备某种天赋以及能力。因此，我们要像对待普通人那样，善待自己的老板，而更要怜悯那些一直努力经营一家公司的人，他们从来不会因为到了下班的时间就放下手中的工作的。

大多数年轻人把自己不能升职的原因都推卸到老板的身上，认为老板不喜欢比自己聪明的员工，甚至认为老板会阻止那些有理想的人获取成功。在现实生活中，对于很多老板来说，缺乏合适的人才才是最苦恼的事情，寻找合适的人才更是一件艰难的事情。

之所以年轻人会有这种想法，也是以小人之心度君子之腹，是纯粹的以己度人。实际上，从员工第一天上班，老板就开始对他考察了。老板会认真地分析他的工作能力、个人品行以及言谈举止，然后才会判断这个年轻人是否有发展的前途。

所以，身为员工要多思考自身的缺点，给老板更好的怜悯以及理解，这样才能赢得老板的器重与赞赏。

或许老板是一个小肚鸡肠的人，即使这样，我们也要多为老板着想。因为怜悯与理解是一种美德，在一个老板那里没有任何的作用，并不意味着在所有老板那里都不会有任何的作用。退一万步来说，假如我们养成这种好习惯，我们就会得到心灵的宁静。

赞赏老板

在任何人身上，都会有值得欣赏的品质。玛格丽特·亨格佛曾说道：“美丽只会存在于观察者的眼中。”她的看法与我们平常所说的“我们会在别人身上发现我们想要的东西”有异曲同工之妙。每个人都是一个复杂多变的综合体，融合好与坏的情绪、思维以及情感。你对别人的想象，往往都会明确地表现出你对别人的强烈期待。

假如你坚信别人是优秀的，你就会从别人身上学到自己所没有的品质；假如你不这么认为，就不能发现别人潜在的优点；假如你的心态是积极正确的，那么就会更容易发现别人积极的一面。当你不断地在提升自己的时候，千万不要忘记培养赞赏别人的习惯，认真发现别人身上的优点。

人们会很容易看到别人的缺点，但是你要能看到别人身上的优点，并真诚地赞赏别人的成就，这样你才能获得真正的友情以及赞美。

这样的道理同样在老板身上适用。正因为他是老板，我们就更加不容易做到这一点。作为公司的领导者，他会自然而然地对我们的很多想法提出指责，也会常常否定我们的策略，这些问题都会影响我们对他做出客观的评定。你一定要知道，他之所以能做我们的老板，一定是拥有我们所没有的优秀品质，正是这些品质让他远远超越我们。

人生都是有缺憾的，很多人都有很强的嫉妒心，不能坦然地面对那些比我们优秀的人。这一点正是大多数失败者的死穴。成功学家曾经说过这样的一段话：提升自己最佳的方式就是帮助别人获得成功。当你全身心地帮助别人时，他们就一定会给予你一定的回报。假如你可以真诚地赞赏自己的上司和老板，当他们获得成功、公司蓬勃发展时，一定会对你有所回报的，正是你的善行一直鼓励着他们前进，有很多机遇都来自于你对他们的赞赏，你在他们最无助的时候给予了精神上的支持。

或许你的老板还没有你聪明，但是只要他还是你的老板，你就一定要听从他的调遣，并且去寻找那些他比你优秀的地方，尊重他、赞赏他并努力地向他学习。假如我们每个员工都有这种心态的话，即使中间有很多的隔阂、很多的误会，也一定会慢慢地化解。

在职时赞赏自己的老板，离职后也要说以前老板的好话。一个公司的招聘领导者曾经与我谈起他招聘时的感悟："面试的时候最能体现出一个人的成熟度，心胸是否宽广，是看他对过去工作的评价，一般前来应聘的人，假如对我说的只是过去老板的一些坏话，那么这样的人，从来都不在我的考虑范围之内。"

"或许一些人真的是因为老板的苛刻而离职的，"他接着说道，"但是最聪明的做法，就是避免去谈论那些不开心的往事，也不要因为自己曾经遭受到不平等的待遇而一直记恨别人。"

很多应聘者都会进入一个误区：认为评判以及指责以前的公司或老板就会提高自己的品行，于是就信口雌黄、不着边际地胡说一通，这种做法看似很聪明，其实是再愚蠢不过的行为了。其中的道理也应该很好理解。

所有的公司都强烈地希望自己的员工可以对公司忠诚，每个老板都想要招纳那些忠心的员工，把那些不忠诚的人拒之以千里之外。假如今天得到一份工作，而又将以前的老板评判一通，谁又能保证你以后不会说现在老板的坏话呢？

对以前的公司与老板可以做一些客观的评价，也是允许的，但是假如这种指责带有个人情绪的话，就会变成对别人不尊重的一种人身攻击了，就会引起现任老板对你的反感。另外，很多公司在招聘时，通常都会通过各种方法去了解应聘者在以前公司的表现。纸包不住火，当你的指责传到以前的公司后，别人对你的评价也是可想而知的。

这种“说前任老板的好话”的准则，也同样适用在生活上。我的一个朋友，打算和一个离婚的女人结婚。一切都井然有序地进行着，但是在接近婚期时，突然事情就发生了巨大的变化。这是什么原因呢？朋友这样说道：“她总是在谈论自己以前的丈夫种种的不好，种种对她的不尊重，对她是如何的不公平，好吃懒做的坏习惯，等等。听到这些真的把我惊呆了，世界上应该不会有那么可恶的人吧？假如我们结婚之后，那么我不就是她评判的对象了吗？认真地思考一下，还是取消了婚礼。”

我曾经认识一个年龄超过四十的人，在公司最近的一次改组中被辞退。失业之后，他见人就说自己悲惨的遭遇，受到不公平的待遇，他会告诉你全公司的一切都是由他处理的，而最后却落下这样的下场。

他陈述时的表情让我愈加坚信，他理所应当会被解雇。他是一个典型“讲述过去毛病”的人，只会叙述那些不幸、消极的事情。而如今的他，还是失业在家，假如这一点没有得到彻底的改变，他会永远处在失业的阶段。

以老板的心态，对待公司

世界上的大多数人，都要依靠一个组织来为自己的事业打下基础，只要你还是某个组织的一分子，就应该摒弃所有的借口，把自己的责任心以及忠诚完全投入工作中，以公司的荣誉为荣，以公司的耻辱为耻。将自己身心完全融入公司中，恪尽职守，任何事情都要先为公司着想，钦佩那些承担着巨大风险投资人的勇气，真心理解领导者的压力，在这种情况下，任何一个老板都会把你看作是公司的顶梁柱。

有人曾经这样说道，一个人会永远从事两种工作：一种是现在所从事的，另一种是自己真正想要从事的。假如你能对自己该做的工作，与自己想要的工作持同样的态度，那你一定会获得成功，因为你在不断地为未来做准备，你正在慢慢地学习超越现在的职位，甚至学习老板以及做老板的技能，当机会来临之际，你也做好了充分的准备了。

当你对某一项工作很精通时，不要沉溺于当下的成功，一定要赶紧想象一下未来，试想一下现在所做的事情还有没有要改善的方面，这些小细节都能让你在未来的道路上取得不同程度的进步。尽管有些已经是老板所考虑的问题，假如现在的你就开始考虑，那么就说明你已经朝着老板的方向迈进了。

假如你是老板，你会对自己今天所完成的工作满意吗？别人对你的评价不是最重要的，重要的是自我评价。回顾一天的工作，真诚地问一下自己：“今天我是否投入全部的精力以及智慧了呢？”

假如你身为老板，一定从内心希望自己的员工能像自己一样把公司当成自己的事业，去努力拼搏，更加勤奋积极。所以，当你的老板向你提出类似的要求时，请不要拒绝。

以老板的心态，真心地对待公司，你就会成为一个真正值得信任的人，一个老板乐意聘请的人，一个可以成为老板得力战将的人。更为重要的是，你的内心不会充满愧疚，因为你知道自己已经竭尽全力了，也已经完成自己所制定的目标了。

一个恪尽职守完成工作的人，最终一定会拥有自己的事业。很多管理完善的公司，都会为员工创造成为股东的机会。因为人们意识到，当员工成为公司的领导阶层时，就会更加忠诚，更具创新能力，也会更加努力地工作。有一条亘古不变的真理：当你以老板的心态对待公司时，你就会成为一个真正的老板。

以老板的心态，真心地对待公司，为公司节约资金，公司也会按比例给你提成。可能奖金不会在短期内兑现，但是它一定会是真实存在的，只不过可能兑现的方式不一样而已。当你养成习惯之后，将公司的财富看作自己的财富去关心呵护，你的老板以及同事都会看在眼中的。美国的自由企业的管理体制就是建立在这样的前提下，就是每个人的收获与付出是成正比关系的。

然而在今天这个高度发展的竞争时代，你可能会感觉到自己的付出与收获永远不成正比。当下次你没有得到自己理想的薪金，没有获得老板的赞赏的时候，提醒一下自己，当下的你是在自己的公司为自己工作的，你的产品就是你自身。

假如你是老板，想象一下你自己是老板喜欢的那种员工吗？当你正在思考一项棘手的计划，或者你正在思考该怎么样避免一份厌恶的事情时，你反问自己：如果这是我自己的公司，我又会怎么样处理？当你此时所采取的行动与你身为员工时所采用的行动一样的话，那么你已经具备处理重大事情的能力，此时的你也会很快成为一名真正的老板。

让自己变得不可代替

假如你可以找到更有成效、更节约的办事策略，那么你在老板心中的地位就大大提高了。老板会让你陪同参加公司的各种会议，会把你升职到更高的岗位，因为现在的你，已经是一个不可替代的人了。

有一位成功学家曾经聘用一个年轻漂亮的姑娘做助手，帮他拆信并把信件分门别类，薪金与相关的工作人员都是一样的。在某一天，这位成功学家说了一句至理名言，让她用打印机准确地记录下来：“一定要牢记：你唯一的限定就是你自己脑海中那个对自我的限定。”

她将整理好的文件交到老板手中，并且很有感触地说道：“您的至理名言深深启发了我，对我的人生也会有很大的意义。”

这件事情并没有引起成功学家的重视，但是，却在小女孩心中根深蒂固。从那一天开始，每次吃过晚饭，她都会继续回去工作，不索要任何报酬地做一些额外的工作——比如代替老板给读者们回信。

她一直在认真地研究成功学家的说话风格，以至于自己的回信可以与老板的口吻一致，有时甚至会出乎意料得好。她一直这样坚持着，对老板是否关注自己的努力并没有放在心上。最终有一天，成功学家的秘书因某种原因辞职，在挑选人员时，老板很自然地就想起了她。

当没在其位的时候，小女孩就已经尝试着做那些事情了，这也正是她被升职的原因所在。当到了下班的时间，她仍然坚守自己的岗位，在没有任何报酬的情形下，依然很努力，最终让自己有资格接受那个职位。

故事并没有完结，这位小女孩能力很出众，获得了更多人的关注，其他的公司也纷纷想要聘请她。为了留住她，老板多次为她加薪，比当初做助手的薪金足足高了四倍。对此，老板的确很无奈，正是因为她一直在不断地提升自己，让自己变得无可替代。

不管你现在的工作是什么，每天都要给自己创造一个获得提升的机会，让你能在日常的工作之外，从事一些为别人服务的事情。在你主动做这些事情时，你就应该了解到，自己之所以这样做，并不是为了得到报酬，而是在不断地训练自己的爱心以及进取心。

你一定要拥有这种品质，然后才能在你选择的事业中，成为一个优秀的人物。你能更好地推荐自己的是以积极正确的心态去为别人提供最优质的服务。别人对你的评价也是很重要的，只要这些评价与你想象中的是一样的。假如你被别人评价为一个积极向上、有奉献精神的人，你就会受到别人的热情欢迎，同事们也会对你很重视，顾客也会很欣赏你的才华。假如你可以长期保持这些品质，你的老板就会重用你。虽然不能获得一时的成功，但是绝对不会永远平庸下去。

社会总是需要优秀的人才。“适者生存”的准则并不是绝对建立在优胜劣汰的基础上，而是在公平的基础上，也是绝对公平准则中的一部分。如果不是这样，那优良的美德又将如何发扬呢？社会又将如何进步呢？那些思维懒散、粗心大意之人与那些思维缜密、努力拼搏的人之间有很大的差距，根本就不可能同步发展。

一个好朋友曾经告诉我，他的父亲告诫孩子们说：“不管你们未来从事什么职业，都要恪尽职守、竭尽全力。能够做到这一点，就不用再担心你们的前途。思想散漫的人遍布在世界的每一个角落，永远缺少的就是那些善始善终的人。”

我认识很多老板，多年来，他们都一直在寻找能够胜任工作之人，而这些老板所提供的职务并不需要专业的技巧，只是需要认真以及恪尽职守。他们所雇用的一些员工，因为粗心大意、懒惰、没有足够的能力或者没有做好自己分内的事情而频频遭遇淘汰的厄运。然而很多失业者却在抱怨现在的法规以及社会的福利对他们不公平。

在现实生活中，很多人都不能养成恪尽职守的工作作风，最根本的原因就是贪图享乐，希望不劳而获，摒弃了把自己工作做好的原则。不久之前，我察觉到一位努力想要获得高薪的女生，她还没有上任几天，就开始谈论自己的旅游计划，月底，就因为自己的玩忽职守而被辞退。

就像两个物体不能同时在同一地点站立一样，让享乐占据头脑是不能达到工作上的完美无缺的。

对待自己：自信

最大的敌人，就是你自己

人类是自然塑造的产物，而并非机缘巧合而生长的。就像世界万物的因果循环效果一样，思维亦如此。

除自己以外，没有任何人值得你一直消沉，不断地沉沦。

你是否觉得自己最大的敌人就是自己呢？很多人都有过类似的经历，不管做任何事情，结果往往都会不尽人意，当问题出现时，也只能指责自己。但是就像你最大的敌人就是自己一样，你完全可以成为自己最好的伙伴。

当自己拥有某种品质，能接受自己，心灵就会逐渐变得成熟，你就会很惊奇地发现自己最好的伙伴就是自己。制订一份详细的计划，慢慢地去培养自己的能力，纠正自己以往的错误。当你付出行动时，就会领悟到其实真正支持自己走向成功的人，就是你自己。

西方有句格言："一个人的思维决定着他的人品。"这句话涵盖了人生的全部意义，揭露出人生的本质。人们内心最真挚的想法可以很好地通过行为来明确地展现，把所有的思维都汇集在一起，就组成了一个丰富多彩的人格。

就像没有播种就不会有茁壮的禾苗一样，人类外在的行为举止都是内在思维的真实表达，不管是一些自然行为，还是一些人类行为，都毫无冲突。

假如行为是思维所绽放的花蕾，那么愉快与痛楚就是思维所结的硕果。所以，获得愉快还是痛楚，都是你的思维所决定的。思维所塑造的性格，往往会决定你人生的航道。假如人存邪念，痛楚就会席卷而来，就像车轮碾过一般；假如真诚善良，快乐就会永远陪伴在你的身边。

崇高品质的形成不是借助本身的兴趣爱好以及运气，而是源于积极思维，也是心存善念的回报。同样的，卑贱龌龊的品质是长期心存恶念的自然结果。

有个贫困潦倒之人，十分想要改变自己当下的处境，在工作中，他却敷衍了事，总认为自己的工资太少，在工作中懒惰是理所应当的。这类人并没有真正领悟到改变处境的策略，他的偷懒以及弄巧成拙的思想，不仅让他永远无法摆脱贫困，而且还会让他一直在困苦中不断地沉沦。

这则故事诠释了这样一个道理：造就处境的最大原因就是自身（很少人会意识到这一点）。在现实生活中的一些人，一方面制定人生的宏伟目标，另一方面又在不断地抱怨自己的处境，将所有的原因都推卸给别人，所以，失败的案例也不计其数。

在工作态度转变的同时，工作的处境也随之改变。坚定自己的信念，丰富自身的智慧，让自己在富有挑战性的处境中站立，就能获得更多成功的机遇。一定要牢记，不管任何事情都要努力去做，千万不要三心二意，不要想着投机取巧，因为这样即便获得了成功，也只是昙花一现，很快就会销声匿迹。

就像学生必须在了解完一门功课之后，才能接着学习下一门一样，在获得成功之前，就要充分发挥自己的聪明才智。假如你不恰当地运用、忽视以及轻视自己的才能，即便天资再高，也会慢慢地消退，因为你的行动不配拥有这般才能。

主宰自己的思维

思维可以成为毁灭自己的武器，同样也可以作为一把利器，开拓出一片快乐幸福、和谐坚定的新天地。

凯斯特是一个极其普通的修理工，虽然生活不算贫困，但是离他自己的目标相差甚远。有一天，他听别人说底特律的一个维修公司招聘，就决定去尝试一下，期盼可以获得一份待遇丰厚的工作。周末他就到达底特律，而面试的时间是周一。

用过晚餐，他独自一人坐在宾馆的房间中，不知何故，他思考了很多，把自己所有的经历都回忆一番，刹那间他感到一种莫名的苦闷：自己并不是一个低智力的人，为何至今仍没有任何成就呢？

他拿出纸笔，写下自己曾经认识多年、薪金高于自己、工作比自己优秀的朋友的名字。其中两个曾经是他的邻居，现在已经住上高级住宅了，另外两个是他的前任老板。他不断地问自己：与这四人比较，除了工作没他们优秀之外，自己到底还有什么地方比不上他们？聪明？客观地来讲，他们并不比自己聪明多少。

经过长时间的沉思冥想，他悟出了问题的症结所在，那就是自己个性的缺陷。就是这一方面，他不得不承认自己与他们相差很大一段距离。

已经到了凌晨三点，但是他还是异常的清醒，感觉平生第一次看清了自己的真实面目，意识到过去的自己总是不能控制自己的情绪，容易冲动，自卑，不能很好地为人处世等。

整个晚上，他都在那里检讨自己。他意识到自己自懂事以来，就是一个自卑、没有上进心、敷衍了事的人；总是认为自己无法面对一切，也从不觉得可以改变自己个性上的缺点。

于是，他下定决心，从今以后，不会再有自己比别人差的念头，绝不自我贬低，一定要很好地完善自己，去弥补个性上的不足。

第二天早上，他很自信地去面试，结果被录取了。在他的观念中，之所以能够顺利地得到这份工作，与前一晚的自我深思有很大的关系。

在两年的时间内，凯斯特声名四起，人人都称赞他是一个积极向上、聪明机智、主动热情的人。随之出现的经济危机，每个人的情绪都受到不同程度地考验。就在这时，凯斯特已是同行中能做生意的人了，在公司进行大规模的调整时，把一些股份分给了凯斯特，并再次给他加薪。

从凯斯特的实例中，我们可以很明显地看出，并不是所有的成功都来自于自己的思维，更重要的是找到自己的缺点，完善自己的个性。只有这样，才能在事业中取得进步，去更好地实现最初的梦想。

只要人可以选择正确的思维并加以坚持，就会抵达成功的彼岸；假如让邪念充满你的整个大脑，则只能进入禽兽的行列中。在这两级中间，有各种不同的人存在，每个人都是自己的个性与生命的主宰者。

作为思维的主人，人们都拥有能力、力量以及爱，掌控一把可以解决所有问题的钥匙。这把钥匙自身有一种能蜕变和再生的装置，并借此实现人们的愿望。

即使处在一种很艰难的环境下，人们仍然可以很好地掌控自己——他可以深思，并努力地去找寻人生的真理，这样就能发生巨大的蜕变，成为一个能巧妙运用能力以及思维，获得成功的领导者。

在现实生活中，很多人都会主动去改变自己的处境，却没有意识到自身的问题，当然他们的处境仍然是一成不变。那些勇于挑战的人，总是想要实现自己的梦想，这个道理也是极其重要的。即便获得财富是人生道路上的唯一目标，也一定要付出很多，那么请您试想一下，成功的人生需要多少的付出与牺牲呢?

不要被思想所奴役

在现实社会中，很多人都感觉自己时刻被老板以及上司奴役着，但事实并不是这样，真正压榨奴役你的不是你的老板或上司，而是你自己。那些整天抱怨自己像奴隶一样时刻被别人所奴役的人，渐渐在他的内心就会产生一种低人一等的思维，就真正地沦陷为一个奴隶。

要培养自己崇尚的人格，只有这样才能让自己挣脱出奴隶的牢笼。在抱怨自己是别人的奴隶之前，先看看自己是否是真正意义上的奴隶。

自我反省，勇敢地面对自己的内心，不要对自己手下留情。你一定会意识到，在自己的内心深处埋藏着很多邪念以及私欲，以及那些不变的习惯或行为，这些东西已经在你的日常行为中随处可见。

纠正这些缺陷，不让自己成为别人的奴隶，这样的话，就永远不会受到别人的控制。一旦你战胜自己，就能坦然面对所有的挫折，困难也不会再阻碍你的前进。

竭尽全力摆脱那些狭隘自私的思想，去追求一种高尚的境界。摆脱自己永远是受害者的错误思想，尝试着去了解别人，你就会更深刻地发现，其实伤害自己的，就是你自己。

在不久之前，我被邀请参加一个公司的年会，并在会上演讲。在会上有一位老者当场宣布自己退休。公司的总裁做了一系列的讲话，述说哈利先生在公司中的丰功伟绩，以及现在他退休，我们是无比怀念以前的时光等。

在年会庆祝即将结束时，哈利先生被人遗忘在一个角落中，他用手背轻轻地碰了我一下，对我说："你能否给我半个小时，我有话想对你讲，顺便发泄一下我心中积累的闷气。"我没有任何理由拒绝这位老者，于是就把他带到我在宾馆的房间中，随便点了一点饮料和三明治。

"在公司那么多年，也算劳苦功高，今天光荣退休，也是一个值得庆祝的日子。"我引出话题。然而哈利先生却说道："今天的我，一点也不快乐。我不知道该说些什么，这会是我一生中最伤心的夜晚。"

"这是为什么呢？"我诧异地问道。我只是想要让他看到我吃惊，其实我一点都不觉得奇怪。

"今晚的我，只是在那里坐着面对我痛苦的一生罢了。我突然觉得自己一事无成，自己彻底被打败了。”

“接下来你准备做什么呢？”我问道，“你才六十五岁而已。”

“我已经不能做什么了，我即将搬到老人院去，住在那里直到死去。我有一笔退休金以及社会保险，这些已经足够我度过剩下的日子了。”他痛楚地说道，“我期盼这一天快点到来。”

我们都陷入了沉默，然后哈利先生从口袋中拿出今晚才领到的退休纪念表，说道：“我想把它丢掉，不想再回忆这段惨痛的经历。”

慢慢地，哈利先生不再那么激动，他接着说道：“今晚，当乔治（公司的总裁）讲话时，你可能无法感受我当时的痛苦。他和我一起进公司，但他有上进心，节节高升，而我却截然不同。我在公司的最高薪金也从来没有超过7250美元，但是乔治的薪金是我的十倍，还不包括年底分红以及福利。每当我想起这些时，我总觉得乔治并不比我聪明多少，只是他肯吃苦，不断地磨炼自己，能全身心地投入到工作中，而我却不能做到。

“其实我有很多升职的机会，比如我在钢筋公司的第五年，有一次公司要我去南方管理分公司，但是我就因自己没有能力掌控好而拒绝了，每当有这样的机会时，我都找寻各种理由拒绝。现在，我已经退休了，一切就这样过去了，而现在的我却一无所获，往事真的不堪回忆啊。”

哈利的一生中，一直处在一种游离的状态中，没有任何要完成的愿望。他不敢面对现实的生活，不敢一路向前，更一直在逃避责任，只是在一味地虚度光阴。

在现实生活中有很多类似哈利先生的人，把自己终身监禁在自己所营造的心灵奴隶牢笼中，这种奴隶在任何一个行业中都存在。在办公室、在超市、在农牧场以及世界的每一个角落，我们都会发现这种奴隶的存在迹象。

而这些奴隶都是自己的选择，并没有任何人强迫他们，之所以会选择奴隶，是因为他们根本不知道如何摆脱这种命运，如何去获得精神自由。

热情，工作的灵魂

与其说成功归咎于人的聪明才智，不如说归咎于人的热情。这个充满竞争的社会，只为那些具有使命感以及自信的人开启绿灯，他们热情洋溢，不管遭遇任何挫折，不管前方看似多么黯淡无光，他们总是坚信自己能够把理想转化为现实。

我喜欢那些热情洋溢之人。热情可以由分享来尽情地复制，而原先的程序也不会受到任何影响，它是一项分给别人而加值的财富。你付出越多，收获就越多。人生中最重大的奖励并不是积累多少财富，而是由热情所带来的精神满足感。

当你热情地工作，使自己得到老板以及客户赞许时，就会获得更多的利益。热情是一种神秘的元素，同时也是迈向成功的垫脚石。真诚、踏实、善良、勤奋以及淳朴，所有的这些特点，对于一个有抱负的青年来说，都是不能缺少的。但最不能缺少的还是热情——将努力拼搏看作是人生的荣耀以及幸福快乐。

戏曲家、科学家、乐曲家、诗人、伟人、文明先驱以及大企业家——不管他们是什么民族、来自什么地域，不管生活在什么时代，都是引领着我们不断走向进步的伟人，他们都充满着无限的热情。

假如你不能全身心地投入到自己的工作中，不管从事什么工作，都只能永远处于平庸阶段，只能平凡地度过一生。

热情是工作的灵魂，甚至可以说是生活的本质。假如年轻人不能在工作中找到乐趣，仅仅只是因为生存才去努力工作，仅仅是为了生存才去完成职责，这样的人生是注定会失败的。

年轻人以这种心态去工作，就一定会犯很多的错误，或者会错误地选择人生的目标，使他们在自己不适合的工作中艰难地前行，浪费大好的时光以及精力。他们需要的是内在力量的爆发，这个世界需要他们做合适的、更好的工作。

从来没有任何时代像现在这样，给那些热情洋溢的年轻人提供那么多的机遇。这是一个年轻人的时代，让年轻人成为真善美的诠释者。大自然的奥秘，就是那些拥有热情洋溢生活的人所揭示的。各个领域，人们活动到每一个角落，都在召唤着那些热情的工作者。

热情是战胜一切挫折的强大力量，它能够让你保持足够的清醒，让你全身的神经末梢都处在一种亢奋的状态，为自己内心想要做的事情付出行动，它不会允许任何阻碍目标实现的因素存在。

著名的音乐家亨德尔，在年幼时，家人不允许他去触摸乐器，不让他去上学，哪怕一个音符都不让他学。但是，这一切又有何用呢？在深夜，他会悄悄地爬到阁楼上去弹琴。在莫扎特年幼时，每天都要做大量的苦力，但是到了晚上还是偷偷地去教堂聆听风琴的演奏。巴赫小时候，只能在月光下抄录要学习的稿件，就连买一支蜡烛的权利都被剥夺了。在那些手抄稿被没收后，他并没有选择放弃。同样的，皮鞭以及谩骂下成长的奥利布尔，在自己热情洋溢的心态下毅然决然地投入到自己的小提琴事业中。

没有极高的热情，军队就永远不会取得胜利，塑像就永远只能惨不忍睹，音乐永远不会清脆悦耳。没有极高的热情，人类就更没有驾驭大自然的强大威慑力，雄伟建筑就永远不会拔地而起，诗歌的旋律就永远不会触及心灵，这个世界上博爱就会消失，不复存在。

而热情会让人们拔剑而起，为伟大的自由而战；热情会让樵夫举起手中斧头，为人类开拓一条光明大道；热情会让弥尔顿与莎士比亚拿起手中的笔，在树叶上留下自己伟大的思想。

“伟大的创造，”博伊尔曾经说道，“没有了热情是永远都不能实现的。没有热情，任何人都不过是宇宙中的一粒砂石；有了热情，任何人都不可小觑。”

热情，是在一切伟大成就获取历程中的重要因素。它渗透到每一个发明、每一幅画卷、每一个雕塑作品、每一首伟大的诗篇、每一部让人惊奇的小说以及书籍中。它就是一股精神的力量。

最伟大的发明创造总是那些有才能并充满热情的人所完成的。在一家大型公司中，那些不居安思危的老员工总是在嘲笑新员工的热情，就是因为这个职位极低的年轻人做了很多自己职责以外的事情。但最终的结果就是年轻人很快从所有的员工中脱颖而出，担任了一个部门的经理，很自然地进入了公司的领导阶层，而起初那些嘲笑他的人都惊呆了。

热情，让我们拥有坚定的决心；热情，让我们拥有坚强的意志。它给思维带来巨大的能量，促使我们立即行动，直到把理想变为现实。不要害怕热情，假如有人愿意把你看作一个狂热疯子，那就让他们尽情地说吧。假如一件事情值得你为之付出，假如那是对你拼搏的一种巨大挑战，那么你就发挥自己所有的热情去全身心地投入，至于那些嘲笑你的人，不要去理睬。笑到最后的人，才是真正的赢家。获得成功的人，永远不会是那些意志不坚定、优柔寡断以及胆小如鼠的人。

假如一个人想要把自己所有的精力都投入到自己想做的事情上（是很虔诚地投入），就根本没有时间去理会别人的看法或评价的，而最终别人也会承受他所创造的价值。

对于你想做的工作，一定要认识到它的价值以及重要性所在，它对这个世界有着重大的意义。对自己的工作要恪尽职守，把它看作是你人生的使命，让这种信念在你的脑海中根深蒂固。

永无止境的热情，让你永葆青春，让你的内心永远充满光亮。记得有两位伟人曾经说过："请用你所有的一切，去换取你对整个世界的理解。"而我要这样说："请用你所有的一切，去换取自己的满腔热情。"

坚韧，生命的脊梁

美国人做事向来比较急躁，这种民族性格得到了世界的认同。追根究底，还有不达到目的绝不罢休的态度，这是推动社会向前发展的巨大的精神动力。但是，事物都有其消极的一面，这种凡事都求快的性格也有相应的缺陷，这种性格让整个民族的人变成了世界上最没有耐心的人。战争年代，缺乏耐心是失败的一个致命的弱点，因为他们不能沉着应战，经常会暴露在敌人的枪口之下。

在商场上也是如此。我们常常会要求要在最短的时间内签约成功，这种急功近利的做法，常常不能考虑全局，进而会因小失大，得不偿失，最终会输给竞争的对手。

富兰克林曾经说过："有耐心的人，无往而不利。"耐心需要勇气，需要对理想和目标全身心地投入，需要永不放弃、不屈不挠的精神。世界万物并非静止不动的，这里所说的耐心也是如此，它是动态的，主动的，积极的，是一种命运主导的伟大力量。这种力量在我们的人心深处源源不断，但需要正确的引导和使用，这样我们才能成功，人生才会有价值。

唯有坚持不懈的决心才可能战胜遇到的困难和挫折，取得成功。一个具有决心的人，他身边的任何人都会信任他；一个具有决心的人，会得到大家的认同和帮助。相反，那些做事吊儿郎当、缺乏毅力的人，没有任何人会信任他，支持他，因为大家都知道他的为人。

许多人会失败，不是因为他能力不够，或者做事不积极，而是因为缺乏耐心。这样的人做事往往是半途而废，有始无终，做什么都是草草了事。那是因为他们总是对自己的行为产生怀疑，整天生活在犹豫之中。有时候，他们看好了一种事业，但是进行到一半的时候，他们就会觉得另一种职业更好。他们时而做这，时而做那，时间就这样都白白浪费了，最终成为一个失败者。

成功的条件有两个：一个是忍耐，一个是坚定。通常，人们会信任那些意志比较坚定的人，意志坚定的人虽然也会遇到困难和挫折，也会失败，但他们不会放弃，即使失败，也不会令他们一蹶不振。

有位经理在描述自己的员工时说："我们所需要的员工是意志坚定，工作全力以赴，有积极进取精神的人。"

这种说法是大多数公司用人的标准。除了做事踏实外，还需要有耐性。拥有耐性的人，经历困难和挫折后，会变得更加坚强，进而会更加有进取心，因而，唯有耐性，方能无人匹敌。

永不屈服、坚持不懈的精神是成功的基础，库雷博士曾经说过："许多人的失败可以归咎于缺乏恒心。"的确，在我们的生活中，有很多年轻人天资聪明，具有事业成功的各种才能，但是由于缺乏恒心，最终一生只能从事一些平庸的工作。他们往往是遭遇到一些微不足道的困难和挫折就退缩，这样能独当一面吗？

一旦你拥有了意志坚定、富有创造力和忍耐力、做事敏捷的能力后，无论你到哪里，都会找到好的工作。相反，如果你连自己都看不起，一味地依赖别人，那么你早晚有一天会被社会淘汰。

塔木德智慧

卷九

［美］塔尔莱特·赫里姆

塔尔莱特·赫里姆是美国著名的作家，他的《塔木德：犹太人的为人处世与经商之道》闻名于世。

《塔木德》被翻译成十几种语言版本，在全世界广为流传。尤其是犹太人，人手一本。从降生到终老一直研读，至今为止还在不断地添加新的内容。

《塔木德》是犹太人的精神食粮，在他们遭遇挫折时，只有《塔木德》赐予他们力量，再次点燃内心的熊熊烈火。

《塔木德》已经融入犹太人的血液中，与其说这本经典被犹太人用生命捍卫着，让它流传百世，还不如说是它点亮了犹太人的内心，让他们战胜挫折，得以更好地发展。迄今为止，犹太人还把《塔木德》作为生活的告慰与灵魂的安息地。

《塔木德》挖掘了希伯来文化的精髓，诠释圣典的精华所在，遵循历史的变迁，将犹太人的为人处世以及经商之道传递给世人。

《塔木德》，一个行为处事的导航

用智慧改变孩子的一生

《塔木德》中有一句至理名言：“人类的三个玩伴就是孩子、资产以及善行。”

这里所说的人类特指犹太民族。这句名言说明犹太人关注的三大点：孩子是民族的躯体存在，善行是精神存在，而资产却是现实的存在。

对于犹太民族而言，善行的本质价值是一个民族精神的存在，没有善行，何谈犹太民族？而这种精神想要成为现实的存在必须与躯体存在融为一体。而资产不仅是精神以及躯体存在的必要条件，还是犹太人精神境遇的最佳证据。总而言之，犹太人的三种存在只能在小孩身上“三位一体”。从这方面而言，犹太人对孩子那种高尚、神圣的情感，也是可以理解的。

犹太人有这样一个典故：

起初，当上帝把“十诫”赐予犹太人时，曾经要求犹太民族起誓，一定要遵守法律。于是，犹太人就以祖先的名义起誓，一定会很好地遵守。

而上帝却认为没有诚意。

犹太人又以自己所有的资产起誓。

上帝还是持否定的态度。

犹太人又以所有哲人的名字起誓。

上帝仍不满意。

最后，犹太人说愿意把“十诫”传给孩子，并以孩子起誓。

这时上帝才点头答应。

这样的寓言故事只有经历过千难万险的民族才可以想象出来。只有一个民族意识到孩子是民族的未来与希望，才能给孩子带上光彩亮丽的花环，孩子才有可能受到百般的呵护与疼爱。从孩子是神圣的这点出发，犹太人的家庭可以名副其实地称之为“孩子王国”。

当孩子还在妈妈肚子里时，就受到家庭的精心照顾。犹太民族明文规定，孕妇可以享受到特殊待遇，一定要精心呵护。在贫困的人家，即使全家集体挨饿，也不能亏待孕妇。

孩子自降生以来，就是全家的重心。借用《塔木德》的话语来说：“一岁就是国王，大家集体要像伺候国王一样取悦他、呵护他。”

执着于学习，才不会在人生道路上迷路

《塔木德》曾说道：“学习是犹太人一生的研究课题。”

七十多年以前，有一个虔诚的基督教徒想要雇用街上的一辆马车。他环视四周，不远处几辆犹太人的马车映入眼帘。他走近一看，马儿们在吃草，却未发现马夫的踪迹。他就问在街道边玩耍的小孩关于马夫们的去向。小孩回答说在马夫集中营。于是这个基督教徒就来到了集中营，看到了这样的场景：在一个狭小的空间中，马夫们正在研读《塔木德》。即使在闲暇的时间，马夫也去研读圣典，这就是传统犹太人的真实写照。

纽特·阿克塞波是把学习当作自己一生课题的楷模。

青年时代的纽特·阿克塞波，一直渴望学习语言、近现代的历史以及研读名家著作，增加自身的智慧涵养。从欧洲移居到美国北卡罗来纳州后，他白天工作，晚上读书。但没多久，他与列娜·威斯里相遇、相知以及相爱，在十八岁时与列娜结婚。婚后，他必须把自己所有的精力都投放到农场的事务上，再加上照顾自己的孩子，数年来，再也没有学习的时间了。

最后，他还清了所有的债务，农场也被他管理得井然有序，可是这时

的他已经六十三岁了。给人的感觉就是即将跨入坟墓的人，没人再需要他，他显得很孤单。

为了让女儿女婿更好地独立，纽特·阿克塞波拒绝与他们同住，而是把自己的农场以每年400美元的价格租赁给他们，自己则在山上搭建一间房子，以便更好地观察他们。在山上的他，自己照顾自己的衣食起居，闲暇时去图书馆借书带回家看，他感觉这样的生活无比惬意。起初，纽特·阿克塞波并没有完全改变自己的旧习惯，五点起床，收拾房间，十二点准时吃午餐，日落准时休息。慢慢地，他意识到这些事情是可以改变的，什么时候做都是可以的。那些是无关紧要的事情。后来他慢慢改变自己以前的作息时间。

以前他白天辛苦一天，天一黑就睡觉；而现在的他，却发生了翻天覆地的变化，晚上会去散步，去感受大自然的气息。这种行为不能瞒过别人的眼睛，镇上的人都觉得这个老头生病了。他也知道别人怎么看待他，于是，就很厌烦别人的那种态度，交往的人也就日益减少，他把所有的时间都花费在阅读上。

纽特·阿克塞波从图书馆借来一本现当代小说。这本小说叙述的是一个年轻学生是如何获得学业以及体育方面的成就的，还描写了这位学生的社交。六十四岁的纽特·阿克塞波，在阅读完最后一页时，做出了一个决定：上大学。之前没有时间学习，而现在的他有大把的时间学习，为何不去学习知识来填充自己的大脑呢？

为了可以顺利考上大学，他每天都努力地学习。正是因为他这份坚定的决心，他最终考上了耶鲁大学。他住进学生公寓，同宿舍的雷·格里布曾做过老师，雷·格里布不喜欢与人交谈，不喜欢音乐，只是一味地打工挣钱交学费。

令纽特·阿克塞波惊奇的是，所有的大学生，没有一个像他那般地喜欢讨论学术。开学不到两周，他就发现不能与同学们和睦相处，其他的人都笑话他，那么大的年龄还来读书。还由于来学习的目的不同，别的同学只是为了更好地挣钱，而他只是为了更好地了解人们的生活状况以及内心的想法，使自己的生活过得更加有意义，而且更重要的就是在学习中寻找人生的乐趣。

你也应该用这种眼光来看待生活：把生活看作是没有穷尽的、漫长的道路，你只有坚持不懈地学习，不断努力地拼搏，才不会在人生道路上迷失方向。

教育如同宗教一样威严

《塔木德》中提到："教育如同宗教一样威严。"

根据一组统计数字显示，在美国的犹太人中受高等教育的人所占的比例，高出整个美国教育平均水平的五倍。在当下社会，重视教育、刻苦学习的回报就是财富与智慧。从总体而言，各国的犹太团体都远远高于其他团体的平均生活水平。犹太人的团结精神在不断地蔓延，历史的变迁造成犹太人不得不分布在世界各地，但庆幸的是，这是他们在商业界发展的一大优势。犹太民族没有任何禁书，即使是抨击本民族的书籍。犹太人爱阅读的传统，更是深入人心。

多数犹太商人都像温文尔雅的学者，他们知识渊博，风度翩翩，身上透露着一股书卷气。这并不是因为犹太人都受过高等教育，事实上，上一辈的犹太商人接受到的教育是极其少的。多年在外漂泊的经历，使犹太人更重视智慧，他们把智慧比作是永远随身携带的资产。认识到智慧的价值意义所在，犹太人对智慧一直保持一种尊敬的心理，被犹太人尊称为圣典的《塔木德》上说道："宁愿付出一切，也要把自己的女儿嫁给有学问的人，就算牺牲一切也在所不惜。"对有学问的人的敬爱就是对智慧的敬重。

犹太人把学习以及研究当作自己一生的义务，久而久之，便成为一种习惯，形成了一种民族传统。

剖析犹太成功人士的艰辛历程，发现他们都是通过学习研究某一行业后才起家的。与犹太人交往你就会觉察到，犹太人知识渊博，眼界开阔，比如一个做钻石生意的犹太人，他们会连太平洋底一些罕见的鱼类都了如指掌。作为一个拥有几千年灿烂商业知识以及丰富的商业实战经验的民族，犹太人的智慧让人惊叹。

犹太商人知识渊博，在他们中精通至少两门外语的人不在少数，他们把外语看作是商界的通行证。渊博的智慧，不仅可以提高他们的判断能力，还提高了他们的谈吐以及修养，从而增加了自信，更值得顾客信赖。同样的机遇、投资以及创新，犹太人的成功率最高，其原因就在于此。一位美国归来的学者说，在当下的美国教育中，最重视教育的、把学校办得最好的还属犹太人。

犹太人不但自己注重学习研究，更重视对下一代的培养。

当犹太人的孩子上学时，父母以及老师都会鼓励他们提出问题。放学回到家，父母就会问孩子在学校向老师提问题了吗？提出了什么问题？小孩会说："我问老师鱼儿为何用鱼鳃呼吸，而不是鼻子，它们的鼻子哪儿去了？在我过人行道时，为何红灯总亮呢？今天老师为什么要穿咖啡色的裤子？"

起初，他们的问题是那么幼稚，但是久而久之，他们的问题会变得让人很难解答，就连一些专业的学者也很难做出解答。

犹太人就是这样鼓励孩子提出问题的，在他们的观念中，思考是获取智慧的开端。

一个睿智、有理想的民族，一定是重视教育的。努力学习的报酬就是智慧与财富。

为时间投资

《塔木德》上说："金钱可以储存，而时间却不能；金钱可以借贷，而时间却不能。在人生的银行中，无人知晓还有多少时间。所以，时间更珍贵。"

投资不是用金钱来权衡，而是用时间来衡量。在时间与金钱两大宝藏中，时间更加重要。当你深刻地意识到时间的宝贵以及价值的时候，你将会变得无比富有。很多上班族，努力工作，用日常的节约来省钱，往往却浪费了很多光阴。例如，在商场购物的人，为了区区几块钱却浪费了很多时间。或许他们的确节省了一点钱，但是却浪费了很多珍贵的时间。

或许你可以通过节省而富有，同样也可以通过吝啬而富有，但这会花费很多的时间。比如，花费两小时 320 美元乘飞机或者是花两天 48 美元坐火车同样可以从美国东海岸抵达加州岛。穷人只能用金钱来计算价值，而富人却用时间来衡量。这就是穷人选择坐火车的原因。

在现实生活中，有众多富有的穷人。他们富有的原因就是把金钱视为珍宝，并且牢牢抓住，就像金钱是个神奇的宝物一样。因此，他们虽然很富有，但是却像穷人一样贫困。

睿智的犹太人只是把金钱视为一个交易媒介。在实际生活中，金钱本身并没有很多价值。因此，当睿智的犹太人有钱时，他们就会用它换取那些有价值含量的东西。可笑的是，越把钱视为珍宝的人，他们买的东西越没有任何价值。或许这就是他们一直贫困的原因。他们总会觉得这样的消费与存入银行一样安全系数很高。事实上，他们这种行为只是在糟蹋自己的血汗钱。

在现实生活中，贫困之人与中产阶级总是整日地辛勤劳作，原因只是把钱看得太重。他们紧握着金钱不放，为了节约有时候会花费大量的时间去买一些打折的商品。很多人想通过吝啬而变得富有，但最终，或许他们真的很有钱，但依旧无比吝啬。

当然，勤俭节约是美德，而变富有的本质最重要的是价值内涵。现实中的很多人，都用金钱来衡量价值。事实上，价值是用时间来衡量的，因为时间比金钱更加重要。很多人想要变得无比富有而去投资金钱，却永远不乐意去投资时间。这就是美国人的致富率只有3%的原因，其中1%还是靠继承家族遗产而致富的。

假如想要获取财富，就一定要投资比金钱更有价值意义的东西，也就是时间。大多数想要富有的人，却不想投资很多的时间。他们宁可去经营一些热门的职业或者是采取可以很快变得富有的策略。或许，他们只是一味地去实施一项业务，而本身并没有任何的专业知识，最后的破产也就不奇怪了。他们只是一味地去挣钱，最终却失去大量的时间与金钱。他们只想去干一项大事业，而从不曾学习一些投资的技巧，或者按照一个长远的计划去付诸行动。假如一个人能很单纯地实施一个计划，那么，很可能就会在短时间内成为百万富翁。

还有一些人只想一夜致富，却永远不想投资时间。他们只会说："任何投资都有很大的风险"或者"在有钱的情况下才能挣到钱"，甚至是"工作太忙，根本没有时间去学习投资的知识"。

这些冠冕堂皇的借口，就是很多人不能变得富有的根源所在。而正是这些意念，可以很全面地说明为何高达90%的人都会出现财政危机，而并不是钱太多的危机。正是由于这些金钱以及投资思想的偏离，而导致他们的财政危机。他们只要稍微改变一下观念，财政问题就会有所好转。那些整天忙碌的人，根本没认真地想过自己到底在忙什么。他们经常会用"我对学习投资知识一点兴趣都没有，投资知识并不能吸引我"为借口，正是这样的思想，让他们与富有擦肩而过。他们无形中被金钱所奴役，整天为金钱而努力，金钱成为他们生活的主宰，勤俭节约，却过着贫苦的生活。

他们宁可这样生活，也不愿去投资时间，制定一个策略，让金钱被自己所奴役。

假如你想要迈向富足的生活，你就要计划投资更多的时间与精力。一个人最起码要有一个完善的财务计划，假如没有这个计划，直接去付之行动是一件很危险的事情。当然也会有成功的机会，但是很渺茫。

看到有些人在暮年的生活中，金钱用尽，一贫如洗，他们只能后悔自己以前没有完善的财务计划。当他们走到人生尽头时，这种状况真的是很凄惨。

时间的价值内涵与金钱是一致的，完全在于你如何运用，舍不得花费时间去获取幸福、让更多的人幸福，就是虚度此生。

《塔木德》的思维智慧
——寻找一种对自己有利的方向

智慧是人生的导师

《塔木德》上说："只要你好好地活着，智慧就永远萦绕在你的身边。"

二战时期，奥斯维辛集中营中的一位父亲对儿子说道："智慧是现在我们唯一的资产，当别人说一加一等于二时，你应该想到的是大于二。"纳粹党毒死了奥斯维辛集中营中的几十万人，这父子俩却侥幸活了下来。

1946 年，他们来到美国的休斯敦，做起了铜器生意。有一天，父亲询问儿子一磅铜器的价格时，儿子答是三十五美分。父亲说道："的确，德克萨斯州的所有人都知道一磅铜器的价格是三十五美分。但是作为犹太民族的子孙，你要回答的是三十五美元，你把一磅铜器制造成门把再看看。"

二十年之后，父亲去世了，儿子独自一人打理铜器店。他制作过铜鼓，做过瑞士名表上的簧片，甚至还制造过奥运奖牌。他曾经把一磅铜卖到 3500 美元的高价，现在的他已经是麦考尔公司的总裁。而让他真正扬名四海的却是纽约的一堆垃圾。1974 年的美国纽约，政府为清理自由女神像下面的废弃物，向社会公开招标。但过了好几个月，竟然还没有竞标者。正在法国游玩的他听到这个消息后，立刻飞到纽约，看到自由女神像下面废弃的铜器、螺丝以及木材后，没有提任何条件，就签订了合同书。

纽约的很多运输公司都对这位犹太人的举动暗自嘲笑。因为在纽约处理垃圾，有严格的法律规定，一不小心就会受到环保部门的投诉。就在所有的人都看笑话的时候，他开始召集工人对垃圾进行明确的分类。把废弃的铜熔化，制造成小型的自由女神像；把水泥以及木材加工制造成塑像的底座；把废旧的铝与铅铸造成纽约广场上的钥匙。最后，甚至把从女神像上扫下的灰，经过一系列的加工，卖给花店。不到三个月的时间，他就把这堆废旧的垃圾变成了350万美元的现金，每磅铜足足翻了一万倍的收益。

在犹太家庭中成长的孩子们，在成长过程中，负责启迪教育的母亲都会让孩子回答这样一个问题："倘若某天你的房子被大火烧毁，你的财富被人窃取，那么你会携带什么东西去逃命呢？"当时的孩子们或许是因为年少无知，所想到的只有金钱，金钱可以买到好吃的好玩的。也有的孩子回答携带钻石以及其他的宝石，有了这些就生存无忧了。显然，这些并不是母亲们想要的答案，母亲们还会进一步地问："有一种无色无味、没有任何形状的宝贝，你清楚是什么宝物吗？"要是孩子不能回答，母亲们就会说："我亲爱的孩子们，你要携带的不是金钱，不是钻石，更不是什么宝物，而是伟大的智慧。因为智慧是任何人都不能窃取的。只要你活着，智慧就永远陪伴在你的左右。"在聪明的犹太人眼中，只有伟大的智慧才是人生最无价的财富，它会指引人类走向成功，让人类永远不会面临贫困。

真相往往是黑白混淆的

《塔木德》上说："有些争辩即使上帝也无法抉择。"

在一个极其复杂的法律问题上，以利泽拉比与同伴们展开了激烈的争辩。他引用很多方面的论证，但同伴们还是不认同。最终他只能祈求神明来证明自己的正确性。

以利泽拉比大声喊道："假如律法与我的观点相同时，就请让这棵角豆树为我作证。"

这棵角豆树就移动了50英尺。

而同伴们却说："角豆树是证明不了什么的。"

以利泽拉比又大声呐喊道：“假如律法与我的观点相同时，请让这条溪水为我作证。”

小溪的水便离开了以往的河道，后退一段距离。

这时同伴们还认为：“河道也不能证明什么。”

以利泽拉比又大声呐喊道：“假如律法与我的观点相同，请让学校的围墙为我作证。”于是，学校的围墙开始崩裂，眼看着就要倒塌。

这时，约书亚拉比说道：“研究《托拉》，学者们的争论，与围墙有何关系呢？”

出于对约书亚拉比的尊重，围墙并没有倒塌；而出于对以利泽拉比的敬爱，围墙也没有恢复以前的样子，就一直这样倾斜而不倒塌。

最后，以利泽拉比只有祈祷上帝为自己作证。

于是，上帝就传来清晰的声音，说道：“你们都与以利泽拉比争辩什么，他的观点与律法是完全相同的。”

约书亚拉比听到这句话站起来说：“这件事不在上帝的抉择。”

约书亚拉比的这句话语出自《圣经·申命记》：“今天我所吩咐给你的诫命，不是你不能办到的，更不是远离你的。不在于上天。”

很显然，这句话的本质是：上天的诫命，人类可以很好地遵守，没有像上天之物那样遥不可及。

那么，这句话语在这里又是何意呢？

杰勒米亚拉比曾解释说道：“曾在西奈山上，上帝就早已把《托拉》赐予以色列民族，我们已不再关注上帝的声音。因为当时的上帝在西奈山上已经写下：以后要听从多数人的意见。”

在很多情况下，犹太人都认为事实的真相是黑白混淆的，不同的人在同一事情上产生分歧，这并不能说别人的观点就是错误的，一定要做出某些改变的话，经常所出现的场景就是，个人保持个人原本的想法。

越是几率为零的事情，处理起来越顺当

《塔木德》上说："世界上的事情很奇怪，越是人们认为概率为零的事情，处理起来就越顺当。"据说，身为犹太人的哥伦布一直引用这句格言。

在 1485 年的 5 月，哥伦布前去西班牙进行演说："只要你们可以拿钱资助我，我就可以从这里到达东方。"当时没有任何人前来阻止，也没有任何人想要支持，因为当时所有的人都认为，从西班牙往西五百海里内，船随时都有可能陷入无底的深渊，到达富足的东方，是一件不可能的事情。

当他第一次航行成功后，第二次前行就截然不同，不仅遇到强大的阻力，甚至还有人在大西洋上企图刺杀他。至于缘由，再明确不过，因为沿着这条航线定能到达富足的东方，他再次前去，东方的黄金、珍珠以及香料等，就可让他富可敌国，不可轻视。

越是几率为零的事情，做得越是顺当。这一真理，在哥伦布去世后被人们所遗忘。直到五百年后的一天，一个美国人巴菲特再次把这个真理重提。

在 1973 年，全世界没有任何一个人会相信，曼图阿农场的股票能够再次上升；曾有人断言曼图阿农场在三个月内就会面临破产。但巴菲特并不这样认为，他觉得只要人们对某一只股票丧失信心之后，这只股票可能就会是一座隐藏的金矿。果不其然，他以五美分每股的价格买进了一万股，不到五年的时间，他就获得了 4700 万美元的利润。尽人皆知，现在的他已经成为仅次于比尔·盖茨的大富豪了。

哥伦布所发现的真理，在前不久又被一人所印证。他只是法国的一个小男生。他七岁的时候，创建了一个提供玩具资料的网站。当时，并没有人注意到他的存在，没有一个同行把他视为敌人，也没有任何一家行业公司来找他签订书面约束条款。在他们眼中，觉得只是一个小孩子的游戏而已，不会有什么大的成就的。结果却让人难以置信，这位小男生不仅把网站不断地做大，通过广告而获得利润，而且成了法国最年轻的一位百万富豪。

越是别人认为不可能的事情，越最有可能做到，这句话绝对是一个真理。当大家认为是不可能发生的事情时，就不会有人去关注，更不会有人去攻击，谁也不会去刻意防范；再一个就是，概率为零的事情一般都不会有强大的竞争对手，第一个吃螃蟹的人就可以好好地把握机会。

还有就是，一般认为概率为零的事情，绝对是十分艰难，甚至是很难想象的事情。因为极其困难，因此畏惧；因为畏惧，因此不去过问。你不仅不会去过问，甚至会认为任何人都不会去过问。

犹太人始终坚信，世界上最伟大的事业，都是在别人认为概率为零的情形下所完成的；人类不断地进步发展，不断地迈向国际化，概率为零的事件，迄今为止，一件都不存在。

方法总比困难多

《塔木德》上说："方法总比挫折多，任何事情都会有解决的技巧。"

某一天，有两个妓女一同来到所罗门王面前。其中一个妓女说道："陛下，这女人与我同住，我在家生孩子时，她也正住在那里。我生下一个男孩，两天后她也生下一个男孩。房间里只有我们两个，再没有任何人出入。在一天晚上，她不小心把自己的孩子压死了，就在半夜趁我睡熟的时候，把自己的孩子与我的掉了包。当第二天我醒来喂孩子奶时，却发现孩子已经死了，再仔细一看才知道不是我的孩子。"

另外一个女人说道："不是的，活着的那个孩子才是我的，死的那个才是你的孩子。"

上一个女人也大声哭喊道："不，不……死的那个孩子才是你的，那个活着的是我的。"

她们就这样在所罗门王面前争论着。

这时的所罗门王想到："既然她们都认为自己的孩子活着，死的是对方的孩子，那么……”他就对自己的手下说：“拿来一把刀。”手下把一把刀奉上。然后所罗门王下令说道：“把这个活着的孩子劈成两半，分她们每人一半。”

孩子的亲生母亲很疼惜地说：“陛下，千万不要伤害这个孩子，求你把他交给另外一个女人好了。”

而另外一个女人却说：“不用给我，也没有必要给她，还是把孩子劈成两半吧。”

所罗门王说道：“不可以伤害这个无辜的孩子，把他交给第一个女人，因为，她才是孩子的亲生母亲。”

以色列人听说了所罗门王的这一善举，都更加尊重他。他们都深刻地明白是上帝赐予所罗门王智慧，让他可以公平公正地审理案情。所罗门王是一位充满智慧的君王，一皱眉头，就可以解决所有的问题。

那个“蛇蝎心肠”的妓女，不仅横刀夺爱，还想把一个无辜的孩子劈成两半，以让自己内心获得平衡。但是上帝永远都是公平的，正义的力量永远会战胜邪恶势力。

当然，只要我们肯努力，勤奋学习，任何事情都有解决的方法，总有一天会像所罗门王那样充满智慧。

充分利用贪婪之人的破绽

《塔木德》上说：“假如你身上没有任何破绽，你就不会上当受骗，骗子的身上，一定会漏洞百出。”

睿智的犹太人明白：“只有知己知彼，才能百战百胜。”无论在残酷的战场上还是在现实生活中，完全了解对手，利用对方的缺点，才能达成自己的目标。

远古时代，有一位犹太商人来到市镇做生意。他从侧面打听到有几家商铺几天后才会有廉价的商品售出，就准备到那时再来。可是，他身上带了大量的金币，由于当时没有银行，携带大量的金币会导致行动不便，也不安全。

于是，他来到一个很僻静的地方，四周荒无人烟，他就地挖洞，把金币埋在地下。可是，当他第二天再去原地的时候，却很惊奇地发现金币不翼而飞了。顿时他傻了，呆站在那里，认真地回忆起来，昨天自己埋藏金币时，没有任何人经过这里呀，为何金币就这样无影无踪了呢？他完全想不通其中的原因。

就在他无助时，不经意间发现，远处有一座房子，而在房子的墙上有个洞，正巧对着他埋藏金币的地方。他突然意识到，里面是否会有人居住，正好通过外墙上的洞口看到他埋藏金币，然后把它挖走了呢？假如真的是这样，他该如何索要回我的金币呢？

这个商人想出了解决的方案，他来到房子前，果然有一个男人在此居住。商人彬彬有礼地说道："你长期居住在城市中，头脑一定很灵活，我想要请教你一件事情，你看是否可以？"

那人很爽快地回答道："你尽管说吧。"

商人接着说道："我是个外地人，特地来这里做生意，临来时身上携带两个钱包，其中一个放了500个金币，另外一个放了800个金币。我已经把其中一个小的埋藏在无人知晓的地方，而这袋多的，应该怎么处理才恰当呢？是再埋藏起来，还是交给别人保管安全呢？"

房主说道："假如让我处理的话，什么方法我都不信任，我会选择把多的那袋金币与少的那袋埋藏在一起。"

商人一走，那个贪得无厌的男人就把自己挖来的金币，又重新埋藏在原来的地方。当他一离开后，守候多时的商人就马上回来，挖回属于自己的金币，500个金币一分不少地又重回自己的手中。

这位犹太商人的手段的确高明至极。他明白，偷窃之人之所以窃取别人的东西，主要是因为他有一颗贪得无厌的心，而这颗贪得无厌之心是无穷大的，会根据事物的价值而不断地变大。因此，借助贪得无厌的心，就能让他把偷窃来的东西，物归原主，也算给他一个沉重的教训。

在与人交往时，不要贪得无厌，因为贪得无厌会露出自己的破绽，让别人有可乘之机；也不要畏惧那些贪婪之人，只要你动脑想办法，就会找出对方的破绽，这样就可以战胜对方。

可以毫无顾忌地面对无赖

《塔木德》上说："不能空口无凭地说谎，但当你面对一个无赖时，一切的规矩都可以打破。"

犹太商人在商界已经是见多识广，但是依然会遇到一些麻烦，如何去化解呢？他们还是会选择智取。犹太民族有则这样的故事：

梅西克是个服装生产商，曾向布匹商人克罗扬批发了价值 1200 马克的布匹，但是却一直没有兑现这笔现金。克罗扬叫自己的手下几次前去催账，而梅西克都避而不见；给他邮寄催款单，他也从不理睬。为此，克罗扬表示很无奈，一直唉声叹气。

就在此时，一个新来的员工说道："我倒有一个要账的方法，您可以给梅西克写一封催款信，让他尽快还你 1800 马克的债务，看他的反应，再做打算。"

克罗扬最终采取了这位员工的策略，给梅西克写了一封信。果不其然，才刚第二天，梅西克就邮寄来了回信，信上是这样说的："克罗扬，你怎么可以讹诈我 1800 马克？随信附上了 1200 马克，以后再也不会在你这里批发东西了，要是去法院，你一定输。"

克罗扬已经没有必要打官司了！

新员工的这种要账策略实际上是一个很巧妙的攻心术。原本克罗扬处于很被动的守势，没有一丁点的主动权，梅西克闭门不见，他没有一点办法，也不至于为 1200 马克去法院打官司吧。

但反过来思考，从梅西克闭门不见的态度可以很明显地看出，他并没有否认这笔账，只是想拖着不还，并没有打算赖账。这样，梅西克就让新员工的讹诈计策有了一定的胜算：欠款 1200 马克的梅西克，可以当什么事情都没有发生过，让克罗扬一人急得像热锅上的蚂蚁。假如真的要走法律程序的话，也是对方先忙碌，大不了最后再还他，自己也没有任何损失。当 1200 变成 1800 马克时，这就让梅西克不得不出来解释，假如不做出回应，就代表默认了是 1800 马克，即使到时候打官司也很难解释清楚是 1200 马克还是 1800 马克了。原本是想占别人的便宜，反而让别人占了自己的便宜，绝不能让别人占了自己的便宜。此刻占理的梅西克不得不出来说明，可这样，原本主动的他也变得被动起来，他再也不能闭门不见了。此时只要他一出现，1200 马克也会随之出现。因为在犹太人的眼中，空口无凭的说谎是极其罕见的事情。

犹太人所奉行的原则是：对于那些正常性的客户一定要真诚守信用，而对于那些不讲信用的客人，处理的方式也可以随机应变。

《塔木德》的成功智慧
——神明只能让人通过黑暗去摸索东西

轻视权威的个性

《塔木德》上说：“两个犹太人也会出现三种不同的见解。”

由于受到压迫而产生的反权威主义，是赋予犹太民族独立的因素，犹太人充满了反叛的精神。正是这种轻视权威的个性，卡尔·马克思这样的社会变革家才会横空出世。正是这种对权威的轻视，犹太人成功后自己也不会成为权威，这就是犹太人特有的个性。

在现实生活中，犹太人坚信，欣然接受有权威的人的负面评论是一件很不幸的事情，对于那些白手起家的犹太富人而言，他们会寻找另一条道路：他们从来不信任那些评判他们，并且反复评判他们的权威人士。他们有远见、有勇气、有胆量地向导师、教授、批评家以及教育中心所给出的评论进行大胆地挑战。

白手起家的富人好像都有很强的心理承受能力。他们有一种承受那些权威人士的批评言论的能力。这种心理防御系统是从小就逐渐养成的。久而久之，他们的免疫系统就会更加有抵抗性。这是何缘故呢？正是因为这些富人，最终也会对那些权威人士的负面评价进行一场激烈的反击。

即便是钢铁，假如没有经过长时间的锤炼，也永远不可能那么坚不可摧。人亦是如此。那些以贫困起家的富有者曾经说，正是那些权威人士的负面评价，激励他们不断地努力拼搏，最终获得成功，去更好地享受成功的喜悦，同时也不断地锤炼他们的抗压能力，更加坚定他们的信念。

在当今市场经济的发展中，即使人们总是努力地工作，也不能完全避免明日的破产。在市场经济发展的时代，你可以拟定一份完美的企划案去申请贷款，但是绝不能避免因一件商业纠纷而被银行所拒绝。的确，一次又一次被银行的信贷员拒之千里是很糟糕的事情。银行的信贷人员，也就是犹太富人口中“不行”的权威人士。

在现实生活中，谁又能够抵御得了一个信贷人员的负面评价，还能一次又一次地去不断请求批准贷款呢？在挫折面前，那些持之以恒的犹太富人就可以做得很好。往往他们最满意的想法会遭到拒绝，甚至有时会被拒绝几十次，那么他们只得转向另外一家。童年的他们就一直生活在这种环境下，经常要与那些权威人士的负面评价展开激烈的斗争。对于他们而言，找到一个有诚信并开通的信贷人员，只是时间与努力程度的问题。

一个人的成就与他看待批评者的态度有一定的关系，关于这点，那些在商界的成功人士是如何处理的呢？要不对于权威人士的负面评价不予理会，要不就把它转化成前进的动力。绝大多数富人都会把批评者当成是对别人做出负面评价以及预言之人。批评者并不会像导师那样热情地改善别人的缺点，而是更热衷于改变别人的目标。实际上，他们只想看到别人失败，那样就会实现他所预言的事情，自己心中就会有一种满足感。

曾经批评者告诉富人：

你不可能成功。

你不具备成为律师的能力。

针对一个生意，那只是最愚蠢的想法。

你没有任何获得成功的希望……

假如一个人欣然接受那些负面评价，迟早有一天会在事业中败下阵来。因此没有任何成功人士会把这些评论小题大做。事实上，大多数的富人都把这种负面评论当成一种没有价值的说教，而他们更喜欢对说教进行一系列的反驳。那些有着负面评论的权威人士的共性就是，吹嘘自己负面的伟大预言。其实他们经常妒忌那些才华横溢之人、有能力获得成功之人。而大多数评判家并不能接受别人对自己的负面评价，为了保证自己不受到任何的负面评价，他们都会采取以攻为守的战略。他们攻击那些已经成功或即将获得成功的人士，这就是他们通过扮演法官、陪审团以及伟大的上帝的角色，而不断地巩固自己地位的一种方式。

很多白手起家的百万富翁对批评者有许多看法。他们心目中的一个批评者——信贷人员，一次次地拒绝他们的信贷申请，并对他们生意的发展持否定态度，甚至还提出一些不着边际的意见。

每个犹太人都懂得，对待别人的建议一定要慎重，并能够容易地从评论者那里获得努力的动力。假如你有远大的理想，并坚持不懈，你的事业也在不断地蒸蒸日上，那么，你可能会成为某些人的威胁。更可怕的是，这些人是我们曾经的朋友以及给予我们帮助的人。

大多数的犹太人并没有把负面的评论当成一回事，而是对那些负面的评价持永远不接受的态度，不去理会那些恶意的评价与事业有成之间所存在的联系。

一位德高望重的犹太学者曾指出：“成功人士，不管你的智力高低，都会比失败者受到更多的批评。”实际上，批评可以很好地锻炼一个人的心智，就像百炼成钢，就像对新兵的训练。去试着访问一些有杰出成就的百万富豪，或许他们都曾经历过“新兵训练”式的洗礼。

关注生活中的小事

在《塔木德》中有这样一个故事：

在大卫王的眼中，蜘蛛是不足挂齿的，是到处结网、无比龌龊、没有一点用处的怪胎。

一次战争中，大卫王被敌人团团包围，他逃亡到一个洞穴中，而洞口恰好有一只蜘蛛在结网。当追兵来到洞口，见到洞口有蜘蛛网就撤退了，大卫王因此而获救。

还有一次，大卫王潜入将军房里，准备夺取将军的佩刀，好在第二天好向将军示威："我既然能拿到你的佩刀，杀你就如蚂蚁一般。"而将军的佩刀在其脚下，大卫王总是找不到下手的时机。在最无奈之时，一只蚊子飞到将军的脚上，让将军不得不移动双脚，大卫王就这样拿到了将军的佩刀。

另外一次，大卫王被敌军包围，在万分危急时刻，脑袋中闪现一计，把自己装扮成一个疯子，敌军不曾料到这个疯癫之人会是国王，大卫王就这样很自然地逃离了。

上述的故事启迪我们，世间的万物都是有用途的，不要去忽视任何一个微小的细节。迄今为止，因细节而失败的实例不计其数，因此对任何事情都要慎重。

在现实生活中，真正把小事细化的人非常少。我们根本就不缺少知识渊博的战略家，欠缺的只是注重细节的行动者；不缺少各类的规章制度，缺少的只是对规章制度的执行能力。我们一定要摒弃心浮气躁的陋习，要更注重细节，做到精益求精。拥有这种精神的人，能避免很多意外事件的发生，为自己赢得更多获取成功的机会。

成功人士往往会注重细节以及生活中的小事，并且很喜欢研究细节。在肯尼迪总统的眼中，任何细节都有着独特的含义。在就职的阅兵礼中，当他注意到海岸警卫员中没有黑人时，他就立刻派人调查；当他在任的第一个春天看到白宫的草坪上长出了蟋蟀草，就亲自告诉园丁除草；当他发现美国特种兵队伍中不再戴贝雷帽时，就立刻下令恢复；更让人难以置信的是，肯尼迪在就任不久后的一次记者会上，竟然很自信地回答了美国从古巴进口 1200 万美元的蔗糖的问题，而这件事情只在四天前的相关部门的报告中第一次提及。

身为总统的肯尼迪，紧抓细节的风格不但没有受到国民的责备，反而提升了自己的形象。

与肯尼迪相比，其他的美国总统也并不逊色。比如，富兰克林·罗斯福总统就是凭着自己超强的记忆力来记住那些细节的。二战期间，有一艘巨轮在苏格兰附近消失，消失的原因是触礁还是鱼群的袭击，至今没有任何结论。罗斯福总统认为触礁的可能性极大，为了更好地支持自己的定论，他很准确地背诵出当地海岸线的具体深度以及礁石的具体深度以及位置。他因此而获得更多人的信服。而罗斯福最拿手的是这样的表演：让客人在只有标志没有任何文字的美国版图上任意画线，他都能够很准确地说出其中的县市。

林登·约翰逊总统在细节把握上也不逊色。当约翰逊在国会参众两院联席会上致辞完毕后，一个议员向他表示祝贺，他说道："对，大家一共为此鼓掌了八十次。"这位议员就去拿会议记录核实，竟然证明总统说得很正确。显然，他在演讲时，必定认真地数着会场拍掌的次数。

注重细节，不仅可以提高自己的分析能力，还能拉近与别人的距离，保持一种紧密的关系，让自己的人生之路不再那么坎坷。所以，在生活中我们一定要注重细节。

魔爪在细节中隐藏，而幸运却在日常小事中隐藏。更好地关注生活中的细节，你就会获得更多的快乐。

通过黑暗，追寻光明

在《塔木德》中，有一个这样的问题："人眼是由黑白两部分构成的，可是神明为何要让人通过黑色的部分来观看世界呢？"这本书的回答是："因为在人生中，只有通过黑暗，才能更好地追寻光明。”而正是这句话对犹太民族产生了极大的鼓舞。

二战期间，在东欧的某条犹太街上，发生了一件这样的事情。每当回忆起这件事情，就会让人无比感动。那时的东欧国家已经被德国完全占据。某一天，所有的居民都要到一个广场去集合，一顿训斥之后，纳粹军官从人群中拉出一个大学教授模样的男子，纳粹军官自认为只要这个老师说放弃犹太宗教，其他的人就一定会追随。

“勇敢地放弃犹太教吧，只要你肯改变宗教，保证你一辈子享不完荣华富贵。”纳粹党员大声地咆哮着，唯恐大家不能清晰地听到他的话。

“我拒绝这样的压迫。”瘦弱的老师说道。

“你的神可以诅咒。只要你诅咒你的神明，那么，你的家庭以及以后的生活都会得到永久的保障。”纳粹军官说。

老师再次很安静地回答道：“我拒绝。”

“放弃犹太宗教，让我们来很好地保护你。”

老师的心情更加平静，说道：“你是绝对不可能做到的。”

“什么是绝对的，你现在是否知道自己在说什么？如果你再这样顽固不化，我就杀掉你。我再问你一次，到底能否放弃犹太宗教？”广场上的人一动不动，屏住呼吸，好像世界就在此刻凝结了。有人看着纳粹军官，有人看着老师，甚至有的女人害怕看到这种恐怖的场面，因为这一幕实在太恐怖了。

“难道犹太神明胜过你的生命？比你一生的命运还要重要一百倍吗？笨蛋，好好问问自己的内心。”

“你没有能力改变我的信仰。”

“只是要你的一句‘放弃犹太神’就可以了。”

“我坚决不要。”老师斩钉截铁地说道。这时，纳粹军官再也忍无可忍，拿出手枪，一枪射中了老师的肩膀。那一瞬间，老师就倒在了血泊中。但这时老师还在不断地说道：“神明就是神明，神才是真正的神。”“猪，你这头顽固不化的犹太猪。”纳粹军官发怒地喊道，“难道你不知道我比神明更高尚吗？你现在的生命不是神明所决定的，而是我，只要你放弃犹太宗教，我就把你送去医院很好地治疗。你的家人以及你今后都会过着快乐幸福的生活。”

“我不需要。”老师一边呻吟，一边回答。

这时的纳粹军官站立不动，有一点发呆。刹那间，纳粹军官的脸上出现恐怖的神态，然后举起手枪，向老师连发几枪，在震耳欲聋的枪声中还依稀听到老师拒绝的声音，最终，老师还是永远倒在血泊之中。

不管在任何逆境下，犹太人都会保持坚持到底的抵抗精神，这也就更深刻地印证了犹太民族的历史。自古以来，犹太人都一直遭受着迫害，但是他们始终没有放弃自己民族的文化以及身份。

在公元前二世纪的希腊，权威安提阿齐四世迫使犹太人改革，进行希腊化，他实行暴政，诱逼他们吃祭奠的猪肉。意志坚定的犹太老人宁死不屈，把强行塞进嘴里的猪肉吐出。管祭祀的人是他的好友，偷偷地对他说道：“我把猪肉换成羊肉，你吃掉，就可以存活。”而老人却回答道：“这种方式与我这般年纪不相吻合，何必为了几年的存活，而放弃自己坚持的信仰，留下惭愧？何不为年轻一代做出榜样呢？”随后就英勇献身。还有一个母亲与自己的七个儿子，在六个儿子相继去世后，当轮到最小的儿子时，敌人以为母亲会疼惜自己的孩子，便会劝说儿子吃下猪肉。母亲思考了一会儿，小声地对儿子说道：“就像你六位哥哥那样勇敢地面对死亡吧，将来复活的时候，我会把你们一起再次带来。”小儿子死后，母亲也随之死去。

虽然犹太人遭受多次的迫害，但是他们从来不曾放弃抗争。在《圣经》中，摩西出使埃及的故事，是犹太民族精神的第一次鲜明写照。公元前586

年，犹太王国亡于新巴比伦时，犹太人把竖琴倒挂在柳树上，宁可缄默不语，也不为敌人歌唱锡安之歌，并发毒誓：“倘若为敌人弹琴，手指从此枯干；倘若把锡安遗忘为敌人唱歌，喉舌僵硬，再也不能歌唱。”这就是伟大的犹太民族精神。

《塔木德》的经营智慧
——借助别人的鞋总比赤脚走得快

用智慧创造财富

《塔木德》上说："睿智的人不会刻意在大路上等着拾金。"思维灵活的犹太人都明白，想要拥有更多的财富，是需要开动脑筋的，用敏锐的洞察力发现未知的领域，才会有更多获取成功的机遇，挣取更多的财富。以下有两点原则是犹太人智慧的精华：

第一，没有智慧的商人不算是真正意义上的商人。

在犹太人的思维中，没有智慧的商人，并不是真正的商人，既然你不是真正意义上的商人，你就没有资格做生意。他们最瞧不起的就是没有知识的商人，因此，犹太商人都是头脑敏捷、知识渊博的。

只要与犹太商人对坐长谈，尤其是共进午餐时，他们是极其健谈的，他们的知识会让人难以置信。正是因为知识的渊博，才让他们拥有高超的思维，从而在生意场上更高人一筹，成为公认的"最会做生意的商人"。在犹太人的观念中，财富与时间是成正比关系的，只有拥有丰富的人生阅历和渊博的知识，在商界才会少走弯路，减少错误发生的概率，这是挣钱的基本保障，也是商人最基本的素质。仅从一个角度观察事物的人，不会成为一个很优秀的商人，甚至不是一个完整的个体。犹太人也喜欢与知识渊博的人做生意，从而进一步丰富自己的智慧。

一个钻石商人问自己的合作伙伴："你是否知道大西洋的深海层有何

种鱼类呢？”起初听到这个问题会很奇怪，因为钻石商人与大西洋深海层的鱼类毫不相干，为何问这样一个离谱的问题呢？

犹太人有自己独特的思维；一个钻石商人需要一个很睿智的头脑，对大西洋的底部的鱼类都了如指掌，可见其对钻石方面的知识更是相当熟悉，对钻石生意的未来发展更是比较了解，与这类人合作，一定会获取财富。

这一点也充分体现了犹太人的智慧。

第二，关注信息的真正价值。

自古以来，犹太民族就十分关心信息的价值。可以确定的是，起初他们只是关心信息的收集整理以及使用，而与金钱毫无关系。远古的犹太人把信息称之为“兆头”，专指那些与成败、生活有关的信息。

《塔木德》上说：“信息是可以用金钱衡量的。”

在希伯来文中，语言有“产品”“运营活动”以及“信息”的含义。

犹太人对信息极其敏感，在无形中就会注意某个词汇的引导作用。

在公元前1300年前后，约书亚就着手于“信息”活动。

起初，约书亚为摩西暗地做间谍，在摩西去世后，他继承了摩西未完成的事业，统领12个以色列的部落打败了约地迦南。

或许是约书亚的鞭策，很多犹太人都从事与信息相关的职业，而这些人在犹太社会圈内的政治地位也是很高的。

他们在收集、整理以及使用信息时，会逐渐形成下面的一些理念：

1. 经济活动能否顺利开展，与活动信息以及产品的信息有密切的联系。

2. 信息、营销产品以及运营三位合一，才能组成完整无缺的经济活动。

3. 营销产品远离信息，就不会产生任何价值。通过语言来很好地诠释产品，表达商业理念，说明产品的价值，这样的商品才有可能很好地流通。

4. 不断收集零碎的信息，再进行系统的整理，才能成为有用的信息。

因对于信息重要性的深刻认识，罗斯柴尔德财团的创建人、犹太人的后裔罗斯柴尔德，在创业初期，就很关注有关信息的工作。他们家族在世界范围内建造了一个大型有效的情报系统，迅速而又准确的信息语言以及快速整理、使用的特长，让罗斯柴尔德财团屹立于世界财富之巅。

美国著名的犹太后裔政治家以及哲学家伯纳德·巴鲁克，在二十岁时，就运用自己的智慧，获取了百万的资产。

在很多人看来是毫无相关的事情，伯纳德·巴鲁克就能准确地找出其中的关联性，并在这层关联性中寻找商机。

在 1899 年的 7 月一个周末的深夜，将近三十岁的伯纳德·巴鲁克，仍在广播上关注美西战争的进程。突然听到美国打败西班牙的消息，此刻在伯纳德·巴鲁克脑海中闪现出：“美西大战已经接近尾声，这时正是吃进股票的最佳时机。”虽然美国的证券公司在周一通常不营业，但第二天一大早，伯纳德·巴鲁克还是以十九世纪最快的车速赶到公司，在私人交易场所吃进了大量的股票，最终创造了一夜暴富的神话。

即便一美元也照样赚取

“只要有多挣一美元的机会,我也会牢牢把握。”一位酷爱研究《塔木德》的犹太商人曾这样说道，“即使小小的一美元，我也决不放弃。”很多慢慢走向成功的人都是这样做的。

美国西部是一个富饶诱人的地方，很多人都聚集在那里，想要开创一片属于自己的蓝天，获得更多的财富。其中有两个青年人，一个叫约翰，一个叫斯蒂芬，他们恰好在路上遇到，说起到西部谋求财富的事情，彼此都充满了无尽的幻想，等到了那里，他们就开始不断地寻找机遇。

某一天，两人一起走路，在地上有一枚硬币，约翰视而不见，而斯蒂芬却弯腰捡起了硬币。约翰有点鄙视地看着斯蒂芬，心中默想到：真是没出息，一枚小小的硬币都要，根本就不是一个干大事的人。而斯蒂芬想的却是：不能让钱白白从身边溜走，那样怎么能成就大事？

两人同时进一家公司，工作很辛苦，工资很低廉。约翰很潇洒地走了，而斯蒂芬却很乐意留下，努力辛勤地工作。约翰换了一家又一家公司，他一直在不断地寻找机遇。

两年后的某一天，两人再次在大街上相遇，斯蒂芬由于自己辛勤的工作，已经成就了一番大事业，自己创办了一家公司，而此时的约翰还是没有一份正式的工作。

约翰很是不解：为何当初一个连硬币都捡起来的人，那么没出息，今天却能创办属于自己的公司？

想要有所成就，一定要先从小事做起。或许正是因为你不屑于理睬一元硬币，而只顾关注大钱，就很难找寻到以及把握到人生中的种种机遇，小钱都不能牢牢抓住，又怎么能抓住大钱呢？

"即便一美元也决不放弃"的挣钱真理表明：犹太人通常采用的策略是"化整为零，积少成多"，最终战胜自己最强大的"敌人"。要实现积少成多的战略方针，一定要做到心有梦想，对自己的前途充满信心；假如只局限于当下，不自信，就很难获得成功。同时，还要具备坚持不懈以及踏实肯干的精神。

正是那份忍耐，创造了犹太人获取财富的理念："在忍耐中得到自己想要的一切，你要为我所付出的忍耐买单。"犹太人坚毅的忍耐力是让人难以想象的，但他们的忍耐力也是需要基本条件，有一定的限度的。睿智的犹太人最擅长的就是谋略，他们拥有让人难以置信的判断力。假如他们认为自己的合作伙伴在某一方面对自己有利，能给自己带来利润，那么他们就会有足够的耐心，等待对方心情变好或者等待机会的来临。

借穿别人的鞋总比赤脚走得快

《塔木德》上说：“在你没有足够的能力买鞋时，可以去借他人的，这样会比你光脚跑得快。”

小仲马在剧本《金钱问题》上曾这样说道：“其实做生意是一件再简单不过的事情了，它只是在借助他人的资金而已。”

的确，当老板与做生意就那么简单：借助别人的资金来达到自己的目的。这就是一条伟大的致富路。富兰克林、希尔顿以及凯撒都是这样去做的。即便你已经很富有，面对这样的机会，也不要轻易放弃。

在商业界，借钱也是拥有资产的一种表现形式，因此具有借钱能力也是商人最重要的一项才能。

假如你可以将借钱以及使用金钱的能力完美结合，一定会从一贫如洗变成一个富有之人。当然，在某种意义上，这类事情说来容易，但实际行动会很困难。

约翰·华那卡被尊称为美国的商业之神，他出生在一个贫困的家庭，从不曾受到良好的教育，但后来却取得了巨大的成就，甚至被光荣地列入名人传中。十四岁的他就去图书馆当学徒，历尽千辛万苦，一边从事销售工作，一边积累财富，直到自己独立经营一家店铺。约翰·华那卡开动脑筋，不断地发展自己的新公司，最后他获得了成功，被人们尊称为美国商业界的权威人士。

他获取成功的方程式就是：在商业界的成功=他人的思维+别人的资金。

其实这个方程表达的意思是这样的，假如你想在商业界获得成功，一定要极其巧妙地运用别人的思维以及资金来创造效益。一定要格外地注意，像约翰·华那卡那样的成功人士，能够很自如地运转上亿元个人资金，而成功的方程式还是要借助别人的力量，从而得知，借助别人的金钱是一件很重要的事情。

尤伯罗斯创办了美国第一家大型的旅游公司。在他担任第 23 届洛杉矶奥运会组委会主席的时候，他给奥运会带来了 15 亿美元的赢利，他也是凭借“借术”而获得成功的。

作为最隆重的体育圣典的奥运会，却穷得一贫如洗。甚至 1972 年在联邦德国慕尼黑所举办的第 20 届奥运会所欠下的债务，直到现在都未能还清。四年之后，在加拿大蒙特利尔所举办的第 21 届奥运会，也亏欠了 10 亿美元的债务。

在莫斯科举办的第 22 届奥运会，亏空也达到了空前的最高值。从 1898 年奥运会创办至今，它已经沦落为最沉重的财政包袱，不管是谁背上这个包袱，都即将处于窒息的状态。就是在这种艰难的情形下，美国洛杉矶却申请无条件举办奥运会。在尤伯罗斯担任奥运会组委会主席后，更是明确强调，举办奥运会，不让政府提供任何资金。

在没有资金的情况下，只能选择借钱。美国是一个商业发展比较迅速的国家，很多企业都想借助奥运会这个平台，来提升自己品牌的知名度进而促进商品的销售。尤伯罗斯对奥运会本身的价值更是心知肚明，他充分把握了一些大型企业想要借助奥运会平台来打响知名度的心理，决定把一些大型私企的赞助作为重要的资金来源。他亲自与每个赞助商谈判，并充分利用自己的销售技巧，来引起同类商家之间的竞争，以此获得更多的赞助资金。对于赞助商，他并没有因为别人的赞助而唯唯诺诺，反而对他们有更高程度的要求。例如，赞助商必须遵守赞助的长期性以及完整性的原则，不得在比赛场内以及半空中悬挂广告，赞助金额不得低于 500 万美元，而本届奥运会只接受三十家赞助商，每个行业中选取一家，赞助商可以获取奥运会某个商品的专卖特权。这些很苛刻的条件，却激起了商家们的热情，各家公司都在提高自己的报价。就用这种方法，尤伯罗斯聚集了 385 亿美元的赞助资金。

而在这些赞助费中占据最大额度的就是电视台的转播权。他极其巧妙地让美国三大电视网展开激烈的竞争，在他们竞争之际，他将转播权以 28 亿美元的价格卖给美国的广播公司，从而获得了本届奥运会 35% 的经费。另外，还以 7000 万美元的高价把广播权利转卖给美国以及澳大利亚等。

举办这样大型的奥运会，工作人员的费用也是一笔巨大的开支。尤伯罗斯借用招募无偿志愿者的方法，成功召集到四万多名志愿服务人员，而代价只是为他们提供简单的快餐以及免费的门票。

在奥运圣火传递上，他的方法更是一绝。以前都是花重金聘请那些社会名人以及运动员，有的国家花费大量资金，其收获的效果也不尽人意。尤伯罗斯看清楚了这一点，就提出只要交纳 3000 美金，就可以传递奥运圣火，很多人一拥而上，并不是他们没有花钱的地方，而是觉得这是一次难能可贵的机会，在朋友、亲人的掌声中，跑一公里，是一件多么值得骄傲的事情。就这项做法就募集了 4500 万美元的资金。

另外，门票的出售也打破了以往的模式，提前一年出售门票，由此而获得了很大的利润。正是由于尤伯罗斯的经营理念，奥运会的总招募资金高达 619 亿美元，总消费 469 亿美元，纯利润高达 15 个亿。这样的收入结果公布后，全世界一片哗然。

借助别人的智慧以及金钱，获得自己的成功，不仅需要胆量，更需要一定的技巧。在犹太商界有一句至理名言："假如你只有一美元，却不能把它做成十美元或者是一百美元的生意，你永远不会成为一名优秀的企业家。"所谓在商业上的成功，并不是只顾及自己的思维，而是应巧妙地借助别人的智慧以及金钱，来创造一番属于自己的事业。在生意场上的失败，只不过是经营者一时被成功冲昏了头脑，在无形中走向专制道路，任何事情都以自己为中心，要别人去执行，对别人的建议不予理睬，抹杀别人的才能，走向一种自己独揽大权的境界。

假如你希望在商业界开拓属于自己的一片天地，就必须借用他人的智慧以及金钱；以自我为中心，禁锢在自己的生活圈中，永远也不会获得成功。

想要致富，就要打破墨守成规

《塔木德》上说："要想获得大的成就，一定要打破既有的刻板成见。"

伟大的犹太民族有这样一个规定，就是在安休日不得工作，只能在家虔诚地学习圣典以及休息。只有一个特别的个体户商人照常营业，从而亵渎了这一规定。在一次讲道的时候，拉比对这位商人大加批评，等礼拜结束后，亵渎安休日的老板就给拉比送上一大笔钱，这时的拉比格外得开心。

等第二周礼拜时，拉比对那位商人就没有那么严厉的批评了，因为他想要商人送给他更多的金钱。

结果却是一分钱也没有得到。

拉比犹豫不决，最后还是鼓起勇气，来到商人的家中询问原因。

"其实道理很简单，当你严厉地批评我时，其他的竞争对手都很害怕，因此，在安休日只有我一个人正常营业，生意很好。而你这次语气的缓和，恐怕下周竞争对手都要在安休日正常营业了。"

去除一些有能力的竞争对手、彻底地垄断经营市场，这些始终是商人们所追求的目标。

彻底的垄断，可以通过经济手段完成，当然，也可以采用政治手段。而对于犹太人而言，政治手段是不可能实现的。在犹太商人的观念中，最佳的垄断环境就是，其他的竞争对手都被禁锢在一种感性的成见中或者因害怕困难而不敢或者不肯介入时。这种时刻，市场回报率会达到顶峰，而维持这种垄断的状况只需要很小的成本。

《塔木德》的生活智慧
——填补或避开自己的不足

不能只做一天的皇帝

在《塔木德》上有这样的格言：“宁愿吃一辈子的洋葱，也不乐意为吃一顿美味佳肴而让剩下的日子承受饥饿的折磨。”“量入为出”是聪明的犹太人所关注的原则。

一位名叫麦塞福的犹太商人，坐在自家庭院的走廊上与朋友大谈生活的真谛。查尔斯递给他一只雪茄。麦塞福抽雪茄的样子，就可以很明显地看出，他是一个对烟草颇有研究的专家。

查尔斯就是我们平常所说的“高档次”的那类人。在公司担任高级主管的职位，有一部很漂亮的名车，进入了他那个层次的娱乐场，抽高档次的香烟，品尝高档酒，有着美满的婚姻生活，自己的三个孩子也很优秀。

谈话一直进行得很融洽，后来当他们谈论到工资以及基本的生活开销时，查尔斯露出了郁闷的神态，原来是因为他收支的巨大差距，他的开销过于庞大。例如，高档次的高尔夫、一月一次的高档餐厅、孩子的花销等。他在每项开支中都贴上了价牌。十几分钟之后，麦塞福意识到中间的差额有相当大的距离——工资与生活开销之间的差距。

麦塞福顿时毛骨悚然，想到：“我的天，这样的差距，我晚上该如何入睡呢？”查尔斯每个月都会有至少两千美元的透支。麦塞福思考一下，问道：“当每月 20 号你工资全部花完时，你是怎么解决的呢？”

“当然就是用信用卡，我真的感觉到生活所带给我的压力。”他深吸一口雪茄，很无奈地看向远方。

事实上，查尔斯在很久之前就已破产，但他已经养成了一种习惯，已经不可能改变那些让自己快乐舒适的东西了。

麦塞福很简单地计算了一下，假如再以现在的状态继续生活几年的话，直到查尔斯去世也还不清所有的债务。这笔债是为了掩饰外表“还不错”而亏欠的，其实也只是为了让周围同类的人所看的。

在现实生活中，有很多人都是为了自己的虚荣心而过着“看起来不错”的生活，看着别人的豪车名宅，经常享用美味佳肴，就忍不住那样去做；当他们也学着别人那样潇洒地进入娱乐场所时，的确让人很羡慕，但是他们的那些奢侈的消费都是用信用卡透支而获取的。

仔细观察一下你周围那些过着“奢侈”生活的人，当与他们深切地交谈时，你会惊奇地发现，他们很多人都面临着像查尔斯那样的困境。

或许我们都想适度地纵容自己，给自己以及周围的一些朋友留下好印象。但是一定要避免用短时间的开心换取长时间的痛苦，而是应该用较长时间的富有去换取没有任何压力、能承受得起的享受。

遵守承诺的约束

《塔木德》上指出，遵守承诺的约束，重视集体的能量，坚持永久的信念，对一个人的成功有很大的影响。

下面的故事就很深刻地说明了让犹太人终生受益的一些原则的正确性。

四个男人从丛林中走出，蓬头灰面，衣衫褴褛，疲倦不堪，寸步难行，就好似刚从监狱逃亡的罪犯。

走在前面的两个人，共同抬着一个笨重的箱子，而后面的两个却拄着拐杖。他们本来素不相识，只不过都是探险家马格拉夫招聘过来探险的人。不幸的是，就在不久之前，马格拉夫被热病无情地夺走了生命，现在只剩下这四个无依无靠的人了。

马格拉夫那股探险的热情是他们所不能理解的（假如可以找到金矿，就是另外一回事了）。要不是高价的佣金，他们是绝对不会跟他来到这恐怖的原始森林。然而，马格拉夫总是面带微笑地说："科学家所发现的事物会比金子还要珍贵。"

当马格拉夫死后，本以为这场探险噩梦会以失败而告终，可是，以现在的情形来看，一切才刚刚开始。在他去世之前曾留给他们一个神奇而又极其沉重的箱子。这是当他知道自己将要死去时，背着他们密封、钉好的。

"把它安全送出，需要你们四个人的合作，两个人一组依次轮流抬着。"他真诚地嘱托道，"我真切地希望可以听到你们每个人的保证，在它没有送达目的地前，要寸步不离，假如你们可以把它安全地交到我好友麦克唐纳的手中，你们就会获得巨大的财富。他就居住在丛林之外的海边。你们可以答应我的要求吗？"

他们都很真诚地向他许下了自己的承诺，因为这是对一个他们共同敬佩的人所许下的誓言，又怎么会不去尊重他呢？在这个极其恐怖的森林中，每当他们互相产生敌意时，总是马格拉夫让他们再次团结在一起。他用自己无限的热情来感染他们的心灵，鼓励他们前行，使这支小型的探险队伍战胜了一次又一次的困难。而如今的他们，已经是人世两隔，而他所留下的那口沉重的箱子，代替他成了维系他们四个人的精神纽带。

这是一个极其奇怪的四人组合：大学生巴里、大个子的爱尔兰厨师麦克里迪、水手吉姆·赛克斯和约翰逊，他们都是马格拉夫在一间酒吧中找寻到的。

身为水手的赛克斯有一张原始森林的地图。当他们停下来休息的时候，他总会拿出来认真地研究一下。他会用手指着某一点说："这就是我们要去的地方，在地图上是那么近，而实际上却离我们很远，想要到达那里，也不是一件容易的事情呀。"

随着丛林的越加稠密，恐惧以及危险也不断地向他们靠近。此刻的他们是多么希望马格拉夫再次回到他们身边呀！在以往的每次挫折中，他总会鼓励他们。不管在任何情形下，他都会鼓舞他们继续前行。

刚开始，他们还在互相谈论。对他们而言，能听到对方的声音就是一种温暖的慰藉。他们很快就发现，交谈只会加重箱子的重量，让自己的身体更加疲倦，于是他们就选择沉默。还有比沉默更糟糕的东西存在，在他们的心中，那种对亲人的思念，对彼此的猜疑以及面对死亡的恐惧。唯一给他们希望的就是，马格拉夫所留下的那个箱子，尽管它越加地沉重，但当一切都成为泡影之后，只有它是真实存在的。是它，促使身心疲倦的他们继续前进；是它，让大家在面临崩溃的边缘，再次团结。

他们对于这个箱子有着复杂的感情：像罪犯憎恨锁链一样对它恨之入骨，又像身在地狱中的人渴望光明的天使一样尊敬它。

不知这个神奇的箱子里面，到底是什么宝贝，他们都在根据自己的思维进行天马行空的想象。不过有一点他们有着一致的观点：崇高的马格拉夫是绝对不会欺骗他们的。正是这样，他们彼此都有防备之心，绝不容许任何一个人私吞这个箱子里的无价之宝。事实上，这些担心都是无关紧要的。像马格拉夫所说的那样，只能凭借他们四个人的力量，才可能把这口沉重的箱子送达目的地。

历经千难万险，黑暗的日子终于结束了，他们终于穿过了浓密的原始森林，到达了丛林的边缘地带，这时的他们已经是心力交瘁了。

经历过挫折的他们，终于找到了马格拉夫所说的那位好友麦克唐纳。而这个穿着带有油渍白大褂的老人很热情地迎接这四个从原始森林逃亡出来的人。

在他们吃过饭后，约翰逊舔着自己干裂的嘴唇，很不好意思地提到马格拉夫所提到的报酬的事情。

麦克唐纳听完，却很无奈地说道：“可是，亲爱的朋友们，我是一个身无分文的人，除了对你们的感谢之外，我并没有任何有价值的东西可以回报给你们。马格拉夫是我的好朋友，对于你们实现对他的承诺，我很感谢你们，但是我是真的没有能力去给你们相应的报酬。”

约翰逊用手指着箱子说道：“在这里面呢！”

赛克斯也重复地说道：“是的，就在这个箱子里面。”

四个人一齐说道：“那就把它打开吧。”

于是他们就动手把箱子拆开，一层又一层的木头。约翰逊有点不耐烦地说道：“到底搞什么呀？”

正在这时，赛克斯说道：“我好像听到声音了，我还听到碰撞的声音，你们都快来看！”四个人都围了上来。然而，麦克唐纳所拿出来的东西，只不过是一块块极其普通的石头。

麦克里迪很失望，气愤地说道：“我早就知道那个人就是个疯子，还说什么箱子里有比黄金还珍贵的东西。”

“不是的。”巴里快速地说道，“我记得他的原话是这样的，当这个箱子送到麦克唐纳先生手里之后，你们就会获取无价之宝。”

“那又如何呢？”麦克里迪愤怒地吼道。

巴里将自己的伙伴都打量一遍，在他的脑海中浮现出原始森林那些可怕的场景，他好像又看到路边的白骨。他还记得在他们走进原始森林之前就有人告诉他们：只要是独自一人闯入原始森林的人，没有任何一个是活着走出来的。

他突然间领悟，并对自己的伙伴说道：“亲爱的朋友们，难道你们还没有反应过来吗？马格拉夫让我们得到的无价之宝，就是我们的生命。假如没有这个箱子的存在，没有我们那些诺言的约束，我们还能活着走出原始森林吗？”

让金钱为社会奉献温暖

《塔木德》上说："《圣经》可以放射光明，而金钱可以为社会奉献温暖。""假如把自己所获取的财富都占为己有，那你并不是真正意义上的富豪。"在犹太商界中，很多成功人士都会很大方地把自己的财富捐献给社会。

英国的牛津大学以及剑桥大学，都有一个"伊沙克·沃夫森学院"，这是以一个犹太人的名字命名的。

这位慷慨大方的慈善家伊沙克·沃夫森，是一位苏格兰的犹太人，他创办了英国最大的"大宇宙百货公司"。这家公司拥有 3000 多个零售店面，其涉及的领域也是极其广泛的，比如：银行界、保险界、房产界以及运输界等领域。

1955 年，伊沙克·沃夫森创建了自己的基金会，在二十年间，为各行各业，主要为教育提供了高达 4500 万美元的捐助。许多大学都授予他荣誉证书。

伊沙克·沃夫森经常会给别人讲述这样一个故事，曾经有人问他："伊沙克·沃夫森是皇家外科医师学会会员、皇家内科医师学会会员、牛津大学的教会法规博士、剑桥大学的法学博士以及这个学校那个学校的博士，他到底是从事什么的呢？"

"他是一个写东西的人。"

"写东西？他都写了什么呢？"

"支票。"

是否拥有挣钱的能力是犹太人衡量商人成功与否的标志。但是那些不仅为自己谋取利益，同时又可以很大方捐助社会的人，才能真正实现自己的价值，才能更好地得到社会的认可。

对一个人而言，过多的财富也没有太多的意义，除非你为社会奉献温暖，把多余的财富奉献给社会。

与很多美国人一样，福勒也在为自己的理想不断地努力拼搏，他从零开始，不断地积累财富。到三十岁时，他已经成为一个名副其实的百万富翁，而他此时的梦想就是成为千万富豪，而且他也拥有这个能力。现在的他已经拥有了自己想要的一切，豪宅、湖上木屋、2000 亩房地产、高档轿车以及快艇等。

问题就这样突然而来：由于工作的辛苦，让他时常胸闷，也渐渐地与自己的妻子、孩子疏远。他的财富是在不断地增加，但是婚姻与家庭却面临着重大的危险。

有一天，福勒在办公室突然心脏病发作，而这之前他的妻子已经向他提出了离婚。现在的他才慢慢领悟到自己把所有的精力和时间都投放在积累财富上了，这让他失去了人生中最宝贵的东西。他就给妻子打电话要求再见一面。当他们再次见面时，都热泪盈眶。他们决定摒弃危害他们幸福的东西——生意以及物质上的财富。

他们决定卖掉自己所有的东西，包括豪宅、湖上木屋、2000 亩房地产、高档轿车以及快艇，把所有的物质财富都捐献给社会。他的朋友们都觉得他疯了，但此时的福勒从来没有那么清醒过。

在接下来的时间里，他与自己的妻子投身于一项伟大的事业中——为美国以及全世界的困苦人群建造温馨的家园。起初他们的想法是极其简单的："至少每个在晚上困倦的人，都可以拥有一个简单体面而又负担得起的住所。"美国的前总统卡特夫妇也很支持他们的做法。

现在的他们穿着工装为"温暖的家园"辛勤劳作。曾经的梦想是成为千万富豪，而现在的梦想是为千万人建设温馨的家园。到目前为止，"温暖的家园"在全世界已经有了六万多套房屋，为三十多万人提供了温暖的住所。曾经的福勒为金钱所困，沦落为金钱的奴隶，万恶的金钱差点带走他生命中最珍贵的东西。而现在的他，是财富的真正主人，他自愿放弃自己的巨额财产，而做了为人类奉献的事情，现在的他才是真正的富豪。

《塔木德》的交往智慧
——人人平等

换位思考

有一户犹太家庭中饲养了一只狗，全家人都极其喜爱这只狗，特别是他们的小男孩，对这只狗更是关怀备至，一起吃住，形影不离。

不幸的是，这只狗在某一天突然猝死，让小男孩很是伤心，达到了一种痛不欲生的地步。尽管他父亲也很伤心，但是知道狗是迟早要死的，这是一个不能改变的事实，只能把它埋葬，但小男孩却执意要把狗埋葬在自家的后院。

父子俩闹得不可开交。在万般无奈的情况下，只能去请教拉比。尽管拉比为别人提供很多解决问题的方法，但从未曾涉及过狗的埋葬问题，但是他能体会到那个小男孩伤心的心情。

于是，拉比就努力地寻找有关资料，庆幸的是在《塔木德》上找到一个相关的故事，叙述的是在远古时代，在一个家庭中上演了一个这样的故事:

有一次，一条毒蛇闯入了牛奶间，把自己的毒液与牛奶融合在一起，恰好这件事情让家中的狗看到了。

晚上，这家人准备喝牛奶的时候，狗就一直叫个不停，并扑上去打翻了牛奶瓶，自己喝了起来。当大家都在生气时，这只狗突然死去了。

这下大家才明白，原来这是一瓶有毒的牛奶，因此大家都对那只狗有无限的感激之情。

听完这个故事后，父亲就赞同了儿子的意见。

这个故事表面上是在讲述狗的故事，实质上是教育人要从别人的角度想问题，多为别人着想。

当然，这件事情能够完美地解决，与拉比的处事能力有很大的关系。他并没有把一些道理强加在别人身上，只是通过另一只狗的故事，来解决这一问题，既尊重了孩子的意愿，又维护了父亲的权威，最终达到双赢的局面，父亲也能顺水推舟。

为了营造一个和谐的社会，在日常生活中，我们也要多站在别人的角度思考问题，多为别人着想。

犹太人对这点是非常精通的，即便在最复杂的情况下，也会从别人的角度思考问题。

艾布拉走进一家百货商店就开始砍价。明码标价的 15 美元商品硬被他砍到 10 美元，后砍到 9.97 美元，但现在他对这个价格还是不满意，希望降到 9.96 美元。

销售员表示："这已经是最低价格了，不能再降了。"

艾布拉并不死心，还是希望可以降到 9.96 美元。

销售员也很坚定地说道："这是绝对不行的，一分钱都不可以再降了。"

艾布拉还是不同意。

"亲爱的先生，为了这区区一分钱，在这里争论不休，也太不划算了。说实话，真的不能再降了。再说了，您历来都是赊账的，相差一分钱，又会有什么差别呢？"

艾布拉却说道："我之所以砍价，是因为我太爱你们的商品了，多砍一分钱，当我赖账的时候，你们也可以多减少一分钱的损失呀。"销售员无奈地笑了。

面对这样的顾客，对方都会选择宽容对待。

做一个善于聆听者

《塔木德》提醒我们："要用自己两倍的说话时间来倾听别人的讲话。"

与注意力不集中、做事粗心大意的人相处，是一件十分痛苦的事情。假如你处在这种状况中，只能说明对方在强烈地侮辱你。当然，对于任何人来说，被侮辱都是很难承受的事情。不管你是谁，当你与一个值得关注的人相处时，就应该聚精会神、一心一意地去应对。同样地，当别人全神贯注地专注与你的交谈时，你也要以同样的热情去关注别人。当你与一个若无其事的人交谈时，就好像是他在暗示你，你是一个不值得注意的人。退一步讲，即使对方对你这种心不在焉的态度不去计较，也就是暗示你的这种举动不能对别人造成影响，但是，假如你的注意力不集中，对于你个人来说，也是没有任何好处的。因为假如你是一个聚精会神的人，你就可以很细心地观察对方的性格、态度以及对方的一些生活习惯，但是由于你的注意力不集中，就可能导致你将毫无收获。换句话来说，注意力不集中的人，即使在一生中与很多成功人士相处，也不会在这些人身上获得任何有价值的经验。一个注意力不集中、不能完全投入精力去做事的人，是无法很好地完成一项工作的。

假如你想成为一个健谈之人，就先做一个善于聆听的人。正像一个犹太人所说的那样："要想让别人对你感兴趣，首先你要先对别人感兴趣。"提出别人愿意回答的问题，鼓励别人谈论他自己以及他的成就。

一个成功的商界会谈，到底有什么秘诀呢？一位成功犹太商人是这样解释的："其实成功的商业会谈，并没有任何的神秘之处，最重要的是你要专注于与你谈论的人，再也没有比这更有用的方法了。"

艾略特是一位杰出的聆听大师。著名的美国小说家亨利·詹姆斯曾经回忆道："艾略特的聆听并不是沉默不语的，而是以动作的形式展现的。他很端正地坐着，双手放在膝盖上，除了拇指来回地绕动，没有其他的动作；

当他面对别人时，好像眼睛与耳朵都在聆听别人的讲话。他总是仔细地倾听，并一面听一面去思考你讲话的含义。最后，那个与他交谈的人，就会在无形中发现，他已经把自己所要说的话都完美地表达出来了。”

这是个简单易懂的道理，你不必上完四年名牌大学才能够理解这一点。

在现实中，我们知道一些商人租赁昂贵的店面，店面装修得富丽堂皇，花费大量的资金去打广告，但却雇用了一些不懂得倾听顾客谈话的员工——那些员工打断顾客的讲话，与顾客发生矛盾争执，不给顾客面子，甚至还把顾客赶走。

我们还会发现，一个脾气暴躁、不好相处的人，在一个有忍耐力、有同情心的倾听者面前也会屈服。这样的倾听者，在面对别人的恶意刁难、不讲理的谩骂下，还能依然保持沉默不语。下面用一个实例来诠释这一道理。

几年前，纽约的电话公司接触到一位很恶毒的顾客。这位顾客用很犀利的语言来责骂接线员，他拒绝支付自己认为的不合理费用。他写信给报社，同时还去公众服务委员会提起诉讼，他这一行为导致电话公司增加了很多起诉讼。

最后，公司派出一位很有经验的调解员，去访问这位“暴力”的顾客。这位调解员专注地倾听这位客户的倾诉，并表示同情，耐心地让这位喜欢争辩的老先生发完自己的牢骚。

这位调解员这样叙述道：“我静静地听他讲了差不多三个小时，我一共访问他四次，每次我都坐在那里，静静听他发牢骚。在第四次访问结束之前，我已经是他正在创办的‘电话用户保障会’的一名会员了，我现在仍是该组织的会员。很有意思的一件事情是，据我所知，我是老先生创办那个组织的唯一会员。

“在每次的访问中，我都静静地听他诉说，也很是同情他所说的每一点。我从来都没有像电话公司接线员那样和他说话，自然而然，他的态度也友善多了。我在第一、二、三次访问他的时候，都没有提到我找他的目的，直到第四次我圆满地解决了这件事情，使他把所有的账单都付清了，并让他把为难电话公司的诉讼也撤销了。”

无疑，这位老先生所谓的维护公众权益，实际上他想得到的是自重感而已。他首先以挑剔得到这种自重感，最后在调解员那里得到自重感后，所有无厘头的挑剔都消失了。

辛格曼·弗洛伊德也是伟大的倾听艺术大师。曾经有一位见过弗洛伊德的人，这样叙述弗洛伊德聆听别人谈话的态度：“那简直让我难以置信，我会永远记住他的。他的那种高尚的品格，在别人身上我从未发现过，我也从来没有见过这样聚精会神的人，有着那样敏锐的洞察能力以及判断事情的技巧。他的眼神是那样的温暖与谦和，他的声音是那般的柔和，其他的动作也是极其少见的。但是他对我的那种关注，可以流露出他喜欢我说话的方式，即使我说得不好，也没有任何的变化，这真的是太让人吃惊了。真的让人难以想象，别人这样听你说话的价值意义是什么。”

不要忘记在和别人交谈的时候，他对自己的需要或自己的问题比对你的感兴趣100倍。他注意自己身上的一颗痣，都比注意发生一场地震的次数要多得多。

当你下次和别人交谈的时候，如果想要给别人留下好印象的话，一定要牢记：做一个善于聆听的人。

要树立防范意识

犹太人教育下一代的方式是怎么样的呢?

在童年时代，人们都有一颗单纯善良的心，他们并不知道世界的本质，只是一味地感觉世界很美好，世界在他们心中就像一片万里无云的天空。在他们的思想中，不仅信任自己，还会信任自己身边的人。如此单纯善良的人，是无法去适应现代的社会大环境的。而犹太人所养成的习惯，就是不会信任任何人，包括自己的父母以及自己的妻儿。

因此，这些父母从小就给孩子灌输一种思想：社会是复杂多变的，不要轻易去信任任何一个人。

下面的一则故事正好可以很形象地诠释犹太人的教育方式：

有一天，三岁的约翰与姐姐在客厅高兴地玩耍。这时，爸爸从外面回来，把约翰抱到壁炉上，然后松开手，对儿子说道："约翰，来，跳到爸爸的怀中。"

约翰还以为爸爸也在和自己玩耍，就笑着向爸爸的怀中跳去。当约翰即将落到爸爸怀中时，爸爸却突然放下了手，约翰就落到了地上，大哭起来。

小约翰爬到对面妈妈的怀中，妈妈也只是笑着说道："爸爸真是太坏了！"而站在一旁的父亲，也只是用嘲讽的眼光注视那么容易上当受骗的儿子……

在犹太人眼中，这是再正常不过的事情了。他们只是说："像这样的事情多重复几次，孩子就会想当然地认为，父亲是不可相信的，自然而然就不会那么轻易去相信任何人了。"

这种只相信自己的思维，是形成孩子独立意识的基础所在。

在犹太人的观念中，商场如战场一样残酷，陷阱无处不在，怎样避开陷阱，怎样制造陷阱，是商人的必修课。

从德国移民到美国密沙比的梅里特兄弟，他们努力工作，积累了一些资金。后来，他们很惊奇地发现，密沙比有大量的铁矿资源。兄弟俩决定秘密采取行动，成立一个铁矿公司。他们悄无声息地收购土地，很顺利地成立了铁矿公司。

对于铁矿石的开采，洛克菲勒早就垂涎三尺，当他准备行动时，梅里特兄弟成立的铁矿公司已经进入正常化的运营阶段。

1837 年，经济危机的龙卷风席卷美国商业界。与很多公司一样，梅里特兄弟的公司也面临着严重的资金问题。在兄弟二人一筹莫展时，当地的一位牧师来找他们，他们很恭敬地把牧师请到家中。在交谈中，兄弟二人不自觉地提及这次经济危机给公司带来的问题，并告诉牧师公司已经陷入经济危机的旋涡中，在资金周转上面临很大的问题。

这位“热情”的牧师说道：“你们为何不早点告诉我呢？我是可以帮助你们的。”

兄弟二人听后很惊喜，就对牧师说道：“您有什么建设性的意见呢？”

牧师说道：“我有一个很好的朋友，看在我的面子上，或许会帮助你们解决资金周转问题。”

兄弟俩很感动地说道：“您真是好人，我们却不知道拿什么来报答您。”

牧师问道：“你们到底需要多少资金呢？”

梅里特说道：“四十二万美元。”

牧师迅速写了一封借贷四十二万美元的介绍信。

“利息该如何计算呢？”兄弟二人问道。

牧师很慷慨地说：“我怎么能要你们的利息呢？要不这样吧，比银行的低二厘。”

这件事对于兄弟二人来说，简直无法相信。天上会有馅饼掉到自己头上？

牧师拿出一张借贷字据：“今日梅里特兄弟借贷考尔贷款四十二万美元，利息三厘，空口无凭，特立此据为证。”

梅西特兄弟二人认真阅读了字据，觉得一切都没有纰漏之后，就很高兴地在上面签了字。

半年之后，牧师来到梅里特兄弟的家中，刚一进门，就很严肃地说道：“我的朋友洛克菲勒，早上给我电报，说要立刻收回那四十二万美元贷款。”

此刻的梅里特兄弟根本没有钱去还贷款，迫不得已被逼上法庭。

原告律师这样说道："在借据上写的是考尔信贷，它是贷款人随时可以收回的信贷，因此利息比银行要低一点，根据美国的法律，借款者要不立刻还清所有的贷款，要不宣布破产。"

在这种不可调和的情形下，两兄弟只有宣布破产，以五十二万美元的价格把自己的资产变卖，当然买主就是洛克菲勒。

梅里特兄弟在创办铁矿公司前，严守秘密，生怕别人超越自己一步。这一步走得十分正确。然而，当铁矿公司走上正常化轨道后，却放松了警觉性，他们忽视了仍有很多人对铁矿垂涎三尺。

在困难中，谁都希望可以得到别人的帮助，而在激烈的商场上，人人都会为利益而行动。很久不见一面的牧师突然到访，并且很大方地提出帮助，正是在两兄弟为资金周转而苦恼之时，就是这及时雨让他们冲昏了头脑，失去了应有的警觉性，这是很可悲的事情。当提到贷款之后，利息比银行低的差距也没有引起兄弟二人的怀疑，这更是可悲的事情。借据上并没有写明还款日期，兄弟二人却没有察觉到，最终把自己亲手经营的铁矿公司拱手相让。这是个极其惨痛的教训。

在犹太人的思维中，要诚实守信，不要使用欺骗的手法谋取利益，同时也要防止别人用欺骗的手段骗你。

《塔木德》的处世智慧
——心胸宽广、有优良品质的人才会赢得别人的尊敬

谎话不是永远不能说的

在犹太人的思想中，人不是永远不可以说谎的，那可以在何时说谎呢？在《塔木德》中有两种情形鼓励人们说谎，一种是在别人买完东西，征求你意见时，即便东西真的不堪入目也要赞扬一番；另一种是在朋友婚礼上，不管怎样都要去赞扬新娘的漂亮，并祝福他们幸福快乐，白头到老。

原本在《塔木德》中是禁止说谎的，之所以提出上述两种情形是可以说谎的，这就证明了犹太人不是那种墨守成规的人，他们阅历多而且通达人情世故。

在现实生活中，犹太人是如何把握说谎的原则的呢？

分清说谎的类别

既然谎话是不可避免的，那么我们不妨用宽容的心态去对待，认真仔细地来解读谎话。

总结起来，在日常生活中，说谎分为三大类：

心口不一：平常的谎话，比如“你太太真漂亮”“你的儿子很聪明”之类的话语，尽管是口是心非，但是在赞美别人的同时也利于自己，虽然听者明白你的含义，但是他们还会选择欣然接受。这类的谎话被称之为“现当代社会交际法则”中的第一章节——赞赏。

真话假说：完全意义上的谎话，比如老板不给你升职加薪，无论是为

了安慰你还是希望以后可以相处融洽，都会很随意地为你编造一个理由，如“公司今年没有空缺”，或者是“公司今年的效益不好”。或许这些也是事实真相，但当时真正不给你加薪升职一定是另有原因。

这种方式只是善意谎言中的一方面，但往往受骗者还被蒙在鼓里。

数字小游戏：数字也是会欺骗人的，只看你以何种方式拿捏，比如说在新加坡人的统计表中看到这样一个问题，你到底会选择居住哪一种住宅呢？

统计的结果显示：公寓，20%；平房，30%；独立式，10%；租屋，40%。潜意识给你传递的信息就是喜欢居住租屋的人是最多的。因此你就可以下结论：“新加坡人比较喜欢居住租屋。”事实上，思维敏捷的读者进行更深一步的思考，将前面的数字相加是60%，就得知，其实新加坡人很多人是不喜欢居住租屋的。

这种数字游戏在商业界与政治上是司空见惯的。

谎言的功效

从小就有人教育我们不要说谎，“狼来了”的故事在我们内心深处已经生根发芽。可不幸的是，当长大后，所接触到现实社会的种种无休止的谎言已经把我们小时候所学到的思维方式推翻，谎话可以改变我们的道德层面，它有一定的实际价值。

认真地思考一下，其实谎言在我们的现实生活中也是有很多作用的。日常生活中，我们总会有一些不为人知的小秘密。一个不涉及原则的谎言，能让生活过得更舒适，也能避免很多不必要的麻烦。尤其是在现代社会大发展时代，每个人都希望充分地利用每一秒钟，根本没有多余的时间去反思，没有过多的精力去解释一切。

例如，在公司通往洗手间的楼道上，遇到一个感情很要好的同事，他很关心地说道：“怎么看你最近脸色那么差呢！”对他的关心，心中很是感激，但是又不愿意说出实情，也为了避免他的再次追问，便会说道：“是的，最近身体有点欠佳，不过都是一些小毛病，没什么大碍的。”直接将话题岔开。

谎言已经成为一种推辞的理由。在你忙碌时，接到一个朋友的电话，在讲五分钟之后还没有想挂的意思，于是只有用这一招：“真是不好意思，我要去开会了，下次再聊吧！”明示对方结束自己的谈话。

交流上出现以下小瑕疵，往往可以用谎言来弥补。为了安慰一个失恋的密友而回家很晚，母亲问起原因，不想说假话，但解释起来又很麻烦，就会随口说一句“是和高中同学聚会”，敷衍了事。

事实上，不真诚，并不是一种罪恶的表现，假如可以合理运用，说谎的前提是不伤害别人，偶尔讲一些不伤及自尊的谎言，相信一般人也是能够接受的，有时候还会为生活增添一些乐趣；尤其是当真相比谎言更让人受到伤害时，说谎会平复激动的心情，甚至有时还会达到一种很巧妙的效果（这就是另一种善意的谎言）。例如好朋友失恋，痛不欲生，明知道一些话只是废话而已，说了也没有任何的价值，但是却对他此时的心情很有用，可以很好地缓和他此时的心情。你总不能用一些“我早已经奉劝过你了”“你还真是作茧自缚”之类的实话，让他更加痛苦不堪吧？

谎言的基本原则

当然，谎言也会导致一些恶果，即便是小的谎言。

所以，马克·吐温曾经说过：“我们一定不要说谎，因为不知道何时还需要我们再次说谎。”

对于不喜欢说谎的人而言，谎言会是一件极其复杂的事情，你还要记住在何时何地，对谁说过什么话，还要随时去圆自己的谎言，不小心说漏嘴，就会让人抓住把柄，严重时会让自己名誉扫地。

说谎，也需要一点聪明的智慧，要懂得如何把自己的谎言说得与真的一样，但一定要记住，不要沉浸在谎言中，会得不偿失，最终作茧自缚。

说谎就如同玩游戏，假如你想玩好，就要熟悉掌握其中的原则，在日常生活中的谎言，一定要是不伤害人的，最好有一些积极的意图，而且要懂得适可而止。谎言一旦说得过多，你的心就会变得更加无情，道德观也会随之扭曲，也会逐渐地丧失自己的人格。

在私下能进行自控的人，才是神圣

在犹太人的思想中，有这样一个观点，就是人类在动物和天使之间居住，越靠近天使的人，就会越接近伟大的神圣。

“那么，神圣到底是何物呢？”一位拉比曾经这样问学生。

学生们回答道，甘愿为神奉献生命就是神圣，经常祈祷就是神圣，真诚地守候安休日就是神圣等。学生们各抒己见。

可是拉比却说道：“正确的回答应该是，神圣就是所选择吃的‘食物’，和你将如何去做爱。”

学生们听到这种回答，顿时一片哗然。

“到底神圣是什么，难道不再吃猪肉，不再做爱了，就是极其神圣了吗？”

拉比所说的理由很简单，也是现实，守候安休日的形态，大家都很清楚；为了神明而奉献自己的生命，别人也心知肚明。然而，你在家中吃些什么，却无人知晓。在做客或者是在公共场合所吃的食物，都是犹太律法所允许的食物，但是回家里吃的却截然不同，这样的情形发生的概率很高，性行为亦如此。没人知晓你做爱的姿态是否符合法律规定，只有你自己知道。这也就是说，在家中的一切饮食与发生性行为时，你可以站在动物与天使之间的任何一个角度。只有这时，能提高自己修养的人才会是真正的神圣。

犹太人的这一观念，出自中国的道德俗语“慎独”。

在大众面前受到社会的强烈压力，遵循法则是十分容易的一件事情。而在自己独处时，外界的一切压力都会随之消失，只会剩下良知压制下的邪念。因此，在《塔木德》上有这样一句话：“在别人面前羞涩，与在自己面前羞涩，是两个不同的概念。”

犹太民族的大门永远敞开着，不能很好遵守上帝法律的人可以自己走进教堂，因为犹太民族的共同体都长期处在某一个“独居”的状态，更不用说单个的犹太人了，这样的一个民族只能要求国民多“慎独”，多进行自我约束。在拉比的真诚教导中，“独居华丽的都市并不是一种犯罪”，之所以能同“穷人也能拾金不昧”与“富人也可以奉献社会”同列为“神会夸赞的三件事”，它们的共同点就是一个“独”字。犹太民族的上帝所称赞的“慎独”，是犹太人延续的基本要求。《塔木德》上说：“纠结于事务之人并不睿智，在没有人的地方一定要小心做人。”

犹太人不仅注重自己的品格，而且在教育孩子的问题上也是很慎重的。下面的故事就能很生动地诠释出他们的行为举止。

比尔十一岁的时候，一有时间就会去自家在湖中小岛上的木屋旁垂钓。

有一天傍晚，他与父亲去钓鱼，把鱼饵挂在鱼钩上，用鱼竿放钩。

鱼钩打破湖面，在夕阳的映射下，激起涟漪；伴随着月亮的升起，涟漪更加美丽。

当看到鱼钩被折弯时，他就知道鱼儿上钩了。父亲投来羡慕的目光，仔细看着儿子“戏弄”那条鱼。

最终，儿子把那条疲惫不堪的鱼拖出水面。那条鱼是他自己从来都不曾见过的大鲈鱼。

在月光的照耀下，父子俩凝望着这条大鲈鱼，它的鳃在不断地张合。父亲看看表，才晚上十点，离钓鲈鱼季的时间还差两个小时。

“亲爱的儿子，你必须把这条鲈鱼放掉。”父亲说道。

“到底是为什么呀？”儿子大声地嚷道。

“还会有别的鱼出现的。”父亲回答道。

“但却没有这只大。”儿子又一次嚷道。

儿子不断地朝湖周围张望，湖中没有渔船，更没有钓客。他又看看父亲。

虽然不曾有人看到他们，也不会有人知道他们何时把这条大鲈鱼钓到的。但从父亲的眼神中，儿子知道这个决定完全没有协商的余地。他只好很不情愿地把大鲈鱼放生了。

那条大鲈鱼拖着自己沉重的身体沉到水中。小男孩在心中默想：或许我这一辈子也不会再钓到那么大的鲈鱼了。

那件事情发生在三十四年前。而如今的比尔已是一个杰出的建筑设计师了。但他的父亲仍在湖中小岛的木屋中生活，他也时常带着自己的子女去那里垂钓。

果真如此，从那以后，他再也没有钓到像几十年前那样强劲有力的大鲈鱼了。可是，那条大鲈鱼一直闪现在他的眼前，每当遇到道德问题时，他都会想起那条大鲈鱼。

犹太人教育孩子：不管在任何场合下，都要保持良好的道德风尚，这也是一个人是否可以被社会所认可的重要条件。

培养谦虚谨慎的美德

在《塔木德》上有这样的要求：“要以看待上帝那样谦虚谨慎的态度看待你周围的人。”在犹太人的眼中，谦虚谨慎是成功者必备的素质，拥有这种品质的人，才会在为人处世上温文尔雅、待人友善、尊重别人，很好地聆听别人建设性的意见，能谦虚地请教别人。要妥善地对待自己，在成绩面前不骄傲；在挫折与缺点面前不回避，能主动地去改正。

一个人获取成功的前提和基础就是谦虚谨慎。

拥有谦虚谨慎品质的人厌恶装腔作势、盛气凌人，他们能够虚心地向别人请教。在托马斯·杰斐逊任职美国第三届总统时，就明确提出："在世界上的任何一个人都会成为你的老师。"托马斯·杰斐逊出身于贵族家庭，父亲曾担任军中的上将一职，母亲也是名门望族之后。在那个时代的贵族除了下达命令之外，几乎很少与平民有任何的接触，他们从心底看不起平民。庆幸的是，总统托马斯·杰斐逊却没有继承贵族的这一陋习，他主动与平民百姓进行交流，他的朋友圈中有很多社会名流，但是更多的却是一些普通的老师、奴仆、农民以及一些工人。他善于向别人虚心地学习，懂得他们各自的优点。有一次，他对法国最有成就的人拉法叶特说道："你应该像我一样到民众家走访，看看他们的饭菜，品尝一下他们的面包，只要你这样去做，你就会真正了解为何民众会有强烈的不满，也会懂得法国大革命的真正意义所在。"他作风稳健，深入实践，虽然是高高在上的总统，却很清楚底层民众的疾苦，知道他们需要什么，正是这样，他才能在关注与民众关系的基础上，成为一位伟大的领袖。

拥有谦虚谨慎的品质，还可以让一个人谦虚地面对自己的成就与名誉，把它看作是一种鼓励自己前进的动力，而不会陷入成功的幸福中不能自拔，沾沾自喜，停止前进的脚步。伟大的居里夫人以自己谦虚的品质以及卓越的成就获得了世人的赞赏，她对名誉的那种特殊的看法，让很多有点小成就就沾沾自喜的人自愧不如。也正是受她品格的影响，她的子女们也走上了科学研究的道路，而且也是诺贝尔奖的获得者，成为令人羡慕的两代三次获得诺贝尔奖的家庭。

为了获取卓越的成绩，一定要把谦虚谨慎当作人生的美德来培养。

人的胸怀，应该比红海更宽广

《塔木德》上说："人的胸怀，要比红海更宽广。"

在为人处世这方面，犹太人是相当豁达的。以色列独立战争中的一次内讧让我们深受启发。

在第一次中东战争停火之际，以色列在扩大国防军的编制。就在当时，国防军的领导人找到以色列“伊尔贡”武装的负责人贝京，强烈要求重新编制“伊尔贡”。国防军的领导人预计贝京不会把自己研制的武装白白相送，对于贝京这位有远大志向的年轻政治家而言，交出武装就等于交出了所有的权力，很有可能就会断送自己的前途。但是，贝京的举动却让他们难以置信。在贝京的引导下，以色列的很多小武装都加入了国防军。

更有趣的事情是，之后的贝京在不断地走私有巨大杀伤力的武器，而运载军火的轮渡也被国防军击沉。当贝京一伙被释放后，“伊尔贡”的成员极其不满，贝京再也不能压抑自己的情绪，通过地下电台辱骂本－古里安是一个“谋划”他的“笨蛋”，还夸下海口说，只要他乐意，在一瞬间就可以把本－古里安消灭。

贝京不断地警告本－古里安的部下以及他本人：“假如我们出来反抗政府，他们一定会消灭自己，那些不释放我们的军官以及士兵的人，也一定会消灭自己。”还声明撤销了誓死效忠国防军的誓言。

当晚就召开了民众理事会，在会上，本－古里安针对性地指出：“某些人用一支手枪就可以杀死几个人，‘伊尔贡’走私了5000支，足以葬送一个国家。”他还有一句让“伊尔贡”永远铭记在心的话语：“感谢上帝的垂怜，加农炮把那艘可恶的轮渡葬送大海。”正是这句话让“伊尔贡”人永远憎恨本－古里安。而贝京的手下对他说道：“找一个合适的机会，把本－古里安干掉吧，也好让他们尝一下我们的厉害。”

贝京的回答却让手下的人难以置信，更大吃一惊：“不，我们不能那样去做，犹太民族已经遭遇了太多的挫折，不能再出现内部战争了，在这个最关键的时刻，更不应该挑起内讧。”

也是这句话证明了贝京的大度。

以色列成立之后，贝京建立了自由党派，长期处于在野位置，在1973年的运动中，联合其他的党派建立了“利库德集团”。1977年的5月，在大选中贝京击败工党，最终担任总理，实现了自己的梦想，他的成就与自己的豁达是有密切关系的。

别让妒忌把你埋葬

《塔木德》上说：“妒忌、贪婪以及野心，都会置人于死地。”妒忌被犹太人称之为“绿眼睛的魔鬼”。假如你对某个人有妒忌之心，可以很确定的是，它不仅会伤害到你所妒忌的人，而且你受到的伤害会远远大于他。妒忌就如同病痛，会慢慢侵蚀你的整个身体。

由于别人在生活以及事业中获得的成绩而感到伤心，这种感觉会给人带来极大的痛苦。在现实生活中有多少婚姻暴力是妒忌引起的？又有多少婚姻葬送在妒忌心之下？有时候人们的妒忌是真实的事情，而有些只是空想而已。有多少自杀案件是妒忌心的产物？有多少人是因为妒忌而犯罪坐牢？还有，就是被一个不相干的人妒忌，会给你带来无尽的困扰，也会让你浪费很多金钱，甚至对你的身心以及声誉造成很大的影响。一般来说，妒忌心会带来很严重的后果：

谋杀。亚当的长子正是因为妒忌自己的弟弟亚伯，才将其杀害。

背叛。约瑟的兄弟之所以把他卖到埃及为奴，只是因为他是父亲最疼爱的儿子，他们无法忍受他那些光彩夺目的荣耀。

友情的破碎。一个中年新闻工作者，妒忌一个小说家朋友，更妒忌他可以出书。而那位小说家妒忌这位新闻工作者只因一篇文章而被提名角逐普利策奖，因为这个奖是小说家永远无法得到的，从此以后两人就如同路人。

在生活中，很多纠纷，都是由于妒忌而引起的，假如彼此都有宽容之心，那么就会减少很多世间的纠纷。

当你很强烈地感受到妒忌，一定是置身于某个竞争中。你唯一的目的就是打败你的对手，但是你却不曾知道你的对手到底是谁，或是什么。是你的同事，还是同事在办公室所浪费的时间？是你朋友的新衣服，或者是他穿新衣服的模样？或者是你的朋友？你的邻居？或者是你邻居的花园？

或许你总以为自己妒忌的是这个人，当你仔细观察后会发觉，你妒忌的并不是这个人，而是他的一些行为而已，并不是他所有的一切知识与财富。事实上，你会妒忌别人只是因为你把自己与别人相比，看到别人比自己优秀、更有魅力等。你只是在参加一场只有自己存在的战争而已，其实你的对手就是你自己。

要想消除自己的嫉妒心，你只需要脚踏实地去做事，这样你才会拥有像你妒忌之人那样的成就。既然妒忌的心绪不能让你由倾听者成为主角，那么你为何还要让这种思想任意发展呢？

忍耐，一种高素质

《塔木德》上有这样的忠告：“假如你表现得很差劲，首先要采取以退为进的策略，而不是冒失前进。能耐心等待的人总会得到自己想要的一切。”

忍耐，也是一种高素质，不能够忍耐的结果往往是需要更长时间的忍耐。

据史料记载，犹太民族中最能忍耐的人，就是拉比希雷尔。他的忍耐程度已经达到了最高层次。在犹太人中流传着一个这样的故事：

有一次，两个人用谁能惹怒拉比希雷尔作为条件比赛，获胜者就可以得到 400 马克。

而这天恰好是安休日前夜，拉比希雷尔正在洗头发。

正在这时，有个人来到他的门前，大声咆哮道：“拉比希雷尔在家吗？

拉比希雷尔在家吗？”

拉比希雷尔匆忙用毛巾包裹住头发，快步来到门口，问道：“亲爱的孩子，你有什么事情呢？”

“我想请教您一个问题。”

“孩子，你说吧，是什么问题呢？”

“为何巴比伦人的头会是圆形的呢？”

“你的确提出了一个很值得关注的问题，原因只是因为他们当时缺乏技术熟练的接生婆。”

那个人听完之后就离开了。

没过多久，他又来了，在门口大声地喊道：“拉比希雷尔在家吗？拉比希雷尔在家吗？”

拉比希雷尔再次用毛巾包裹住头，来到门口，问道：“孩子，你有什么事情吗？”

“我想请问您一个问题，可以吗？”

“当然可以，孩子，你讲吧。”

“为何生活在帕尔米拉的原居民都有一双烂眼睛呢？”

“你提出了一个值得重视的问题，那是因为他们每天都生活在沙尘弥漫的地域。”

那个人听完之后，又走了。

没过多久，他又回来了。

“为何非洲人是宽脚板呢？”他又问。

拉比希雷尔说道：“你提出了一个值得关注的问题，那是因为他们长期生活在沼泽地中。”

这次他听完之后，却没有走，接着说道：“我还有很多的问题想要请教您，但又害怕您会生气。”

拉比希雷尔把头发包裹好，坐下说道："孩子，你有什么问题，尽管问吧。"

"您就是被尊称为以色列亲王的拉比希雷尔，是吗？"

"是的。"

"要是这样，希望以色列不要有那么多像您这样个性的人。"

"为什么这样说呢？"

"因为我为了您，已经输掉了 400 马克了。"

等拉比希雷尔弄清楚事情的来龙去脉后，对他说道："一定要牢记，因为拉比希雷尔而输掉 400 马克是一件很值得的事情，即便再多一倍也不算多，不过拉比希雷尔是永远都不会被惹怒的。"

《塔木德》的幸福智慧
——适当享乐且懂感恩的人生哲理取决于获取的幸福

不能与现实的生活脱轨

很久之前，有个杰出的拉比，一直受到人们的爱戴。因为他拥有善良的品行，待人友善并富有爱心；做事严谨，注重细节；同时，对神明也很虔诚：在日常生活中谨慎到甚至都不会把一只蚂蚁踩死，对于神明建造的物品更不会去破坏。因此，他一直受到弟子们的尊重与爱戴。

在他过了八十岁以后的某一天，他感到身体变得虚弱。他意识到，自己即将死去，于是把自己的弟子们都叫到身边。

等弟子都到齐之后，拉比就大声痛哭起来。弟子们都很诧异，便问："老师为何要哭泣呢？难道您曾经有一天忘记读书？有因自己的疏忽而忘记教导学生吗？您是否有一天忘记行善呢？您是整个国家最让人敬佩的人，对神明最虔诚的人就是您了，并且您从来不曾插手肮脏的政治，照这样来说，老师没有值得哭泣的理由呀！"

拉比却回答道："就像你们所说的那样，我才想哭啊。我刚才问了一下自己：你是否读书了？是否向神明祈祷了？是否行善了？是否做了正当的行为？对于这些问题，我都可以做出肯定的回答。但是当我问到是否参与一般人的生活时，我只能给出否定的回答，因此，我哭了。"

之后的拉比们都用这个故事来教导一些不在犹太人公共活动中露面的人，以便他们可以很好地参与一般人的生活。从这里很容易得出，这个所谓一般人的生活不是指代那些一般层面的衣食住行，也不是指代平常人的感情生活，而特指那些犹太人共同参加的活动，也就是犹太人的集体生活。

在《塔木德》上明确宣告：假如一个犹太人完全与世隔绝，只是用十年的时间去学习的话，十年之后他就不能再向神明祈祷宽恕自己了。因为无论你的学问是多么的高深，自己与世隔绝，这本来就是一种罪恶。

永远与痛苦擦肩而过

《塔木德》中有这样一句话："在痛苦中隐藏着一种动力，而痛苦也是一种宝贵的财富。"

痛苦作为一种客观存在的东西，几乎每个人都会遇上，因为它的客观性决定不论你愿意或者不愿意都会发生。痛苦具有随着空间和时间的变化而发生相应变化的特点。这一特点决定痛苦是可以克服和战胜的，以至于可以把痛苦转化成为一种动力，进而升华成为财富。也正是这一特点决定了不是所有的不幸都是痛苦，也并不是所有的痛苦都是不幸。而问题的关键是怎么控制、利用乃至驾驭痛苦。正如一位伟大的犹太牧师在《好人遭受不幸时》书中所说的那样："我们一定要摒弃那些沉浸在过去痛苦中的问题，比如'事情为何要发生在我的身上'之类的严重问题，转化为展望未来的话题，比如'既然事情已经发生了，我该如何去解决呢？'"

其实一个人如果能够适当地把痛苦发泄出来，那么痛苦自然就会被自己所掌控。但在痛苦发生的过程中，就需要每个人用自己的方式去承受。因为想要医治好心灵创伤，最重要的就是调整好心态，再通过一些具体积极的行动来自我调节，而这种具体的行动就是掌控和驾驭痛苦的办法。

对于痛苦的掌控无外乎有两种办法：一是摆脱，二是引导。想要摆脱痛苦，最直接的办法就是倾诉和转移注意力。痛苦会随着时间的流逝而消失，至于时间的长短这就需要看痛苦的程度和具体情形了。但要注意的是，如果对身处痛苦中的人抱有幻想，认为他们能够迅速地驱除一切不安、困惑、烦躁、愤怒和自疑，这样不仅不能够克服和掌控痛苦，相反会使痛苦持续的时间更久。痛苦到极致便是解脱。对于痛苦来说，解脱的门径，也就是摆脱痛苦的门径。所以当痛苦发展到一定阶段时，就会有新的力量诞生，这种力量会给你带来莫大的支撑力，这就是正确引导痛苦带来的结果。

犹太民族始终相信痛苦是一笔巨大的财富，如果可以通过自己的努力来掌控和利用它，它将会给你的人生带来鼓舞和希望。

犹太人是不赞成因为痛苦而天天郁郁寡欢的。《塔木德》上说："在人去世之后，虫子会把他吃掉，而在活着时，会被烦恼折磨得遍体鳞伤。"因此犹太人认为，痛苦或者不良的精神状态会给健康带来危害，所以一定要努力且正确地疏导和排解。对此犹太人总结了以下几点：

自然发泄

排解不良的情绪就是让它发泄出来。在生活中有些人会有这样的体会，当你在承受不良情绪时，你会想要通过哭泣来发泄；当你痛痛快快地大哭一场后，你会发现你的悲伤、压抑和忧愁都会随着眼泪而消失。如人们在生活中常常会遇到这样的案例：当你在为突如其来的灾难感到悲伤时，就会有人劝"哭出来吧，这样会让你心里痛快一些"，结果当大哭一场后，往往你也就从悲伤中走了出来。

通过哭泣来发泄当然是一种不错的办法，此时的"哭"要比"笑"更有价值。一些专家通过实验证明，哭或者因为其他感情冲动流出的眼泪，其产生的化学物质和眼部受到外力作用产生的眼泪中的物质是有所不同的，前者含有更多的蛋白质。其中随着眼泪流出的一些化学物质，正是导致人们患有高血压等疾病的"罪魁祸首"。由此可见，哭不仅有利于排解不良情绪，还对健康有一定的好处，从生物学的角度来说，哭也是机体对有害物的一种自我调整。而通过哭来发泄，也是排解不良情绪的方式。

逐渐发泄

情绪压抑时，在绝大多数的情况下不宜一时发泄出来，可以采取逐步发泄的方式。当一个人遭遇到不幸时，如恋爱的失败、亲人的去世、工作中遇到的不顺等，这时要做的是首先让自己平静下来，因为一个人在心态烦躁时往往会失去理智，这样不但不会让坏情绪发泄出来，反而会因为冲动把坏情绪扩大化。在先自我稳定的情况下，可以通过向他人倾诉的方式来逐渐地发泄，可以找自己的家人、朋友，通过向他们倾诉来排解不良的情绪。因此，广交朋友、扩大社交也是排解不良情绪的一味良药。

此外，当在情绪不佳时，也可以通过写作、运动、听歌来抒发情感，这也是化解不良情绪的有效办法。

投身工作

瓦解不良情绪最有效的办法可以说是建立平稳安定的心态，即用顽强的意志来抵抗不良情绪的干扰，保持一种良好的心态。在生活遇到不幸时，首先想到的是通过自我调整来战胜它。一切的理智以及感情都能转化为行动的原动力，不管是快乐满足的感情，还是悲痛不堪的感情，都能在无形中鼓励人去好好工作与学习。

人们常说“化悲痛为力量”说的就是这个道理。意志坚强者可以通过强大的意志力来抵抗坏情绪；而意志薄弱者，则会因为不良的情绪发病。事实也证明，那些胸无大志的人，往往会因为一点点的不良情绪就使自己无法正常地生活，每天都会处在“阴霾”中，这样久而久之就认为不良情绪是无法克服的；而那些意志力坚强的人，他们不论面对任何不良情绪，都会积极地调整自己的情绪，让自己始终保持一种良好的心态。

转移注意力

各种情绪的出现都不会是无缘无故的，它们都跟环境有着密切的关系，人们不可以离开大的环境。当在承受环境带来的困扰和压力时，要学会通过转移注意力来自我调节。例如，在遭遇到外部不良环境的干扰时，如果你是一个体育爱好者，你可以通过打一场球或游一次泳来控制当下不良情绪的蔓延；如果你是一个文艺爱好者，你可以通过音乐、舞蹈来排解不良情绪；如果你天生性格安静，就可以通过阅读一本优美的小说、散文或诗歌来自我调节。另外也可以听上一段笑点十足的相声，或者看上一场喜剧电影，等等。这种自娱自乐的行为会很快转移你的注意力，那样你就会很快忘记那些不愉快的事情。

另外，当你因为承受压力而产生不良情绪时，你还可以通过亲近自然来自我调节，可以独自一人漫步在绿树成荫的街道上，也可以约上三五好友一起到郊外旅游，把自己置身于绚丽多彩的大自然中，让心陶醉在那鸟语花香之间。这样会使自己的身心产生愉悦的感受，那些不良的情绪也会随着大自然的美景而消失。大自然可使你舒畅气息，忘却忧烦，寄托情怀，美化心灵。

过好今天

在一般人的眼中，一天就是从早上到晚上这一段时间；但在犹太人的眼中，则截然相反。或许这就是犹太人在经历过长期压迫后，仍然可以坚强的真正原因吧！

犹太人眼中的一天是从日落开始的。倘若以安休日为例的话，它就是以周五的日落为开端，到周六的日落为终点，这种特殊的时间观念是犹太民族特有的。

在《塔木德》中讨论过："为何一天开始于日落时分呢？"他们的结论是：

与其在光亮中开始，黑暗中结束，还不如在黑暗中开始，在光亮中结束，这样会让人更加欣慰。人生不就是如此吗？通过这件事可以很明显地看出犹太人乐观的心态。

是的，犹太人一直都是极其乐观的，几乎达到了一种不顾一切的地步，他们认为只要一切都没有成定局，就有好转的机会。当然他们也在不断地努力拼搏，不管遇到任何的困难与挫折，他们都绝对不会选择放弃，而是会一直坚持不懈，永远抓住那一丝希望。

《塔木德》上说：“连今天所要发生的事情都不曾知晓，为何要为明天的事情过早地烦恼呢？”

在日常生活中，有些人在意识到自己感觉幸福快乐时就会很吃惊，就会思考到底什么地方出现了问题，并开始预算这种状态会持续多久。拥有幸福快乐的人，同时也会拥有一份焦躁不安的恐惧，以至于他们不能很好地把握幸福，往往在就要获得幸福快乐的那一瞬间与它擦肩而过。

在很大层面上，我们心灵所达到的平静程度，决定我们能否适应现当代的生活模式。不管昨天或者过去曾经发生什么，明天将会发生什么，你只会永远活在当下。

不容置疑，在生活中，很多人都把大把的时间浪费在各种各样的焦虑的事情上。让过去的困难以及将来的挫折主宰我们当下的心情，为之而焦虑、恐惧以及绝望。约翰·列农曾经说过：“生活就是在我们忙着制定其他策略时所发生的一切。”当我们忙于制定其他的方案时，我们的子女在慢慢长大，我们的爱人以及亲人相继离开，我们身体在变形，我们的理想在消逝，简单地说，我们错过了真正的生活。

现在很多人的生活好像是未来某一天的现场彩排，事实上却不是，没有人可以很明确地保证，未来的他或她是否依然健在。而当下才是我们唯一可以把握的时间，也是我们唯一可以掌控的时间。当我们关注今天时，恐惧就会消失。而这里所谓的恐惧就是我们对未来事情的担忧——我们没有足够的金钱，子女将会面临困难，我们将会老去，等等。

为了更好地战胜恐惧，最佳的策略就是把自己带回当下。马克·吐温曾经说过："在我的人生中，遭遇过很多的挫折，但只有一些事情是真实存在的。"这句话很好地告诫我们：不要为明天而烦恼。试着把自己的注意力拉回当下，你的坚持就会有很大的效果。

假如天上的星星只会出现一次，那么所有的人都会出去观看，而且看到它的人都会大加讨论其壮观以及漂亮。传媒界也会提前做很多的宣传，而事后也会赞美。假如星辰只会出现一次，那么我们一定会做充分的准备，绝对不会错过这次机会。而在现实中，它们每晚都会出现，因此我们几乎不会去刻意地仰望天空。

就像罗丹所说的那样："在现实生活中，不是缺少美，而是缺少发现美的眼睛。"不会真正欣赏我们每天的生活正是我们最大的悲哀。其实我们并没有必要去到处寻找，美就在我们身边。

遗憾的是，现实生活中的此时此地都会被人所忽略，在无意中，我们已经预支了当下的生活。认真思考一下吧，在早上还没有起床时，你就会担心因起来后的严寒而错失被窝中最后的温暖；吃早饭时又会担心在上班的路上堵车；在上班期间你又在想下班后怎么过；参加聚会你会计算多久才能到家。

我们一直都生活在下一秒中。我们着急等待着周末、寒暑假、子女的长大以及自己退休。或许等我们老的时候，就真的会说："真的等不及要死去了。"

我们从来没有停止运转。我们去谩骂堵车的街道；在超市中，我们像无头苍蝇一样乱撞，没有一点耐性；我们不断地调换电视频道；我们一直盼着子女快点长大。难道这就是宇宙对我们的惩罚吗？我们把宇宙毁坏，它就用时间来掌控我们。

梭罗曾说：“我们可以很果断地杀死时间，而不会留下任何祸患。”我们的确已经杀死了时间。这只是曾经的一句玩笑话而已，而如今的我们，真的在毁灭我们宝贵的时间。而我们的时间都花在杀死智慧、杀死享受幸福快乐的能力上了。我们太以自我为中心，但我们没有任何的时间去享受其中的快乐，这就如同浮士德和魔鬼所交换的条件一样。

弗莱特的观念却是，当代人之所以不能很好地拥有此时此刻的美好的生活模式，只是因为他们总是担心时间太少，不够用，就像我们担心金钱不够花销一样。认真地学习享受现在所拥有的时间、财富以及爱，是我们人生中最重要的一个课题。

没有绝对的公平

在《塔木德》中讲述了一个这样的故事：

一位国王有一块葡萄园，他雇用了很多工人在里面做园丁。有一天国王去葡萄园散步，他便挑选了一位有能力、技术极强的园丁作为向导。

依照犹太人的传统习惯，每天工作完就会发放当日的薪金，就是现在所谓的“工资日结”。

在葡萄园内，所有园丁的工资都是一样的，但当那个与国王散步的园丁领工资时，很多人都议论纷纷：他怎么能和他们领取一样的工资呢？

国王说道：“这个人在两个小时内却完成了你们在两天内的工作，这是很公平的。”

在现在这个鱼龙混杂的时代，很多人认为公平就是生活中应该有的现象，我们会经常听到有人说，“这是极其不公平的”或者是“因为我没有那样去做，你也没有资格去那样做”。我们每日都会想着公平公正，当发现不公平时，心中就会不快，应该说，要求公平并不是一种错误，但假如因为没有获得公平，而产生一种消极的思想，这就是个值得关注的问题了。

在现实生活中绝对的公平是不存在的，你所寻找的绝对公平就像神话传说一样，是永远不能找寻到的。这个世界也不是依照公平而创建的。比如，小鸟吃虫子，对于虫子就是不公平的；蜘蛛吃苍蝇，对苍蝇来说也是不公平的；豹子吃狼等也都是同样的道理。只要仔细观察大自然，就会很明显地看到世界就是不公平的。海啸、龙卷风等都不会是绝对公平的。公平只会出现在神话中。人们每天的生活都是不公平的，是否快乐，与公平毫无关系。

这不是人类的悲剧，而是社会的一种真实现象。

在现实生活中，我们受到公平心理的影响，当公平没有出现时，我们就会产生忧虑、愤怒。但是，在过去没有绝对的公平，今后也永远不会存在。

感恩知足才能快乐

《塔木德》中说："睿智的人会时刻拥有感恩之心，感激上帝所赐予自己的一切美好事物。"

在日常生活中，并不是所有的人都拥有感恩之心，并不是所有人都能知足。

《达到经济自由的9个步骤》一书的问世，让奥曼一夜成名，成为百万富翁。让他买得起劳力士手表、名牌服饰、高档跑车以及去私人小岛度假，他却很坦白地承认从来没有满足感，甚至在朋友面前他仍旧表现出一种很寂寞的表情。

奥曼曾说道："现在的我，已经比想象中的要富有，但我现在仍感到悲痛、空虚以及迷茫。居然金钱都与快乐不成正比，我现在真的不知道什么才会给我带来快乐。"

就像奥曼那样，为了金钱打拼了半辈子，才真正领悟到"金钱并不等同于快乐”这一真理的人很常见。假如他愿意在圣诞假期静心阅读普拉格所写的《快乐是严肃的题目》这本书，就会领悟到，感恩才是快乐的真正窍门。

在普拉格的书中，指明一个这样的观点：人类之所以感到不快乐，是因为自身出现了问题，把有问题的部位修理好就可以了。依据他的观点，没有感恩之心是造成人类不快乐的最大病因。尤其是在布施礼物的“愉快假期”中，他会很明确地提醒身为父母者，一定要好好教育自己的孩子要懂得感恩与心理满足。他是这样认为的：“假如给予孩子太多，会让他们所期望的更大，就等于剥夺了他们追求快乐的权利。”他还认为做长辈的有责任要求自己的孩子发自内心地说声“谢谢”。

犹太教与佛教一样，都教导人们时刻心存感恩。不管遇到什么事情，犹太教徒都会感谢上帝：为了吃的食物、清晨的苏醒、度假以及看到美丽的彩虹，都会感激上帝的赐予。佛教教徒“上报四重恩”（三宝恩、父母恩、国家恩和众生恩），其中的众生恩也类似犹太教的感恩的范畴，甚至更大。

各行业的人都努力工作，我们才会拥有一切衣食餐具以及避风的房屋，普天下的各种动植物以及矿物的存在，为我们提供维持生命以及观赏的宝贵资源。

大千世界虽然缺点很多，但仍旧美好。我们要学会感恩与满足，只有这样我们才能生活得更加快乐幸福。